U0295932

国家出版基金项目
NATIONAL PUBLICATION FOUNDATION

ARJ21新支线飞机技术系列

主编 郭博智 陈 勇

支线飞机项目管理

Regional Aircraft Compliance
Design and Certificatin

郭博智 李 玲 叶群峰 等 著

上海交通大学出版社
SHANGHAI JIAO TONG UNIVERSITY PRESS

大飞机读者俱乐部

内容提要

本书以 ARJ21‐700 新支线飞机项目管理工作为基础,从民用飞机项目管理的特征和过程出发,以项目管理的方法和应用,构建民机项目管理的技术体系。全书内容主要包括项目控制、项目审核、项目管理工具,还包括设计更改相关的项目控制流程、各个研制阶段的职责分工和工作流程等内容,以及采用的创新性技术途径、管理措施和方法。

本书可供从事型号研制的工程技术及管理人员参考使用,亦可作为航空院校本科生和研究生的教学参考书。

图书在版编目(CIP)数据

支线飞机项目管理/郭博智等著.—上海:上海交通大学
出版社,2017
大飞机出版工程
ISBN 978‐7‐313‐18587‐7

Ⅰ.①支⋯ Ⅱ.①郭⋯ Ⅲ.①飞机-设计-项目管理
Ⅳ.①V22

中国版本图书馆 CIP 数据核字(2017)第 312077 号

支线飞机项目管理

著　　者:郭博智　李　玲　叶群峰　等		
出版发行:上海交通大学出版社	地　　址:上海市番禺路 951 号	
邮政编码:200030	电　　话:021‐64071208	
出 版 人:谈　毅		
印　　制:上海万卷印刷股份有限公司	经　　销:全国新华书店	
开　　本:710mm×1000mm　1/16	印　　张:17.75	
字　　数:336 千字		
版　　次:2017 年 12 月第 1 版	印　　次:2017 年 12 月第 1 次印刷	
书　　号:ISBN 978‐7‐313‐18587‐7/V		
定　　价:168.00 元		

大飞机出版工程

丛书编委会

总主编

顾诵芬（中国航空工业集团公司科技委原副主任、中国科学院和中国工程院院士）

副总主编

贺东风（中国商用飞机有限责任公司董事长）

林忠钦（上海交通大学校长、中国工程院院士）

编　委　会（按姓氏笔画排序）

王礼恒（中国航天科技集团公司科技委主任、中国工程院院士）

王宗光（上海交通大学原党委书记、教授）

刘　洪（上海交通大学航空航天学院副院长、教授）

任　和（中国商飞上海飞机客户服务公司副总工程师、教授）

李　明（中国航空工业集团沈阳飞机设计研究所科技委委员、中国工程院院士）

吴光辉（中国商用飞机有限责任公司副总经理、总设计师、中国工程院院士）

汪　海（上海市航空材料与结构检测中心主任、研究员）

张卫红（西北工业大学副校长、教授）

张新国（中国航空工业集团副总经理、研究员）

陈　勇（中国商用飞机有限责任公司工程总师、ARJ21飞机总设计师、研究员）

陈迎春（中国商用飞机有限责任公司CR929飞机总设计师、研究员）

陈宗基（北京航空航天大学自动化科学与电气工程学院教授）

陈懋章（北京航空航天大学能源与动力工程学院教授、中国工程院院士）

金德琨（中国航空工业集团公司原科技委委员、研究员）

赵越让（中国商用飞机有限责任公司总经理、研究员）

姜丽萍（中国商用飞机有限责任公司制造总师、研究员）

曹春晓（中国航空工业集团北京航空材料研究院研究员、中国工程院院士）

敬忠良（上海交通大学航空航天学院常务副院长、教授）

傅　山（上海交通大学电子信息与电气工程学院研究员）

ARJ21新支线飞机技术系列

编　委　会

总　　序

　　国务院在 2007 年 2 月底批准了大型飞机研制重大科技专项正式立项,得到全国上下各方面的关注。"大型飞机"工程项目作为创新型国家的标志工程重新燃起我们国家和人民共同承载着"航空报国梦"的巨大热情。对于所有从事航空事业的工作者,这是历史赋予的使命和挑战。

　　1903 年 12 月 17 日,美国莱特兄弟制作的世界第一架有动力、可操纵、比重大于空气的载人飞行器试飞成功,标志着人类飞行的梦想变成了现实。飞机作为 20 世纪最重大的科技成果之一,是人类科技创新能力与工业化生产形式相结合的产物,也是现代科学技术的集大成者。军事和民生的需求促进了飞机迅速而不间断的发展和应用,体现了当代科学技术的最新成果;而航空领域的持续探索和不断创新,也为诸多学科的发展和相关技术的突破提供了强劲动力。航空工业已经成为知识密集、技术密集、高附加值、低消耗的产业。

　　从大型飞机工程项目开始论证到确定为《国家中长期科学和技术发展规划纲要》的十六个重大专项之一,直至立项通过,不仅使全国上下重视我国自主航空事业,而且使我们的人民、政府理解了我国航空事业半个多世纪发展的艰辛和成绩。大型飞机重大专项正式立项和启动标志着我国的民用航空进入新纪元。经过 50 多年的风雨历程,当今中国的航空工业已经步入了科学、理性的发展轨道。大型客机项目产业链长、辐射面宽、对国家综合实力带动性强,在国民经济发展和科学技术进步中发挥着重要作用,我国的航空工业迎来了新的发展机遇。

　　大型飞机的研制承载着中国几代航空人的梦想,在 2016 年造出与波音公司

B737 和空客公司 A320 改进型一样先进的"国产大飞机"已经成为每个航空人心中奋斗的目标。然而,大型飞机覆盖了机械、电子、材料、冶金、仪器仪表、化工等几乎所有工业门类,集成数学、空气动力学、材料学、人机工程学、自动控制学等多种学科,是一个复杂的科技创新系统。为了迎接新形势下理论、技术和工程等方面的严峻挑战,迫切需要引入、借鉴国外的优秀出版物和数据资料,总结、巩固我们的经验和成果,编著一套以"大飞机"为主题的丛书,借以推动服务"大飞机"作为推动服务整个航空科学的切入点,同时对于促进我国航空事业的发展和加快航空紧缺人才的培养,具有十分重要的现实意义和深远的历史意义。

2008 年 5 月,中国商用飞机有限公司成立之初,上海交通大学出版社就开始酝酿"大飞机出版工程",这是一项非常适合"大飞机"研制工作时宜的事业。新中国第一位飞机设计宗师——徐舜寿同志在领导我们研制中国第一架喷气式歼击教练机——歼教 1 时,亲自撰写了《飞机性能及算法》,及时编译了第一部《英汉航空工程名词字典》,翻译出版了《飞机构造学》《飞机强度学》,从理论上保证了我们的飞机研制工作。我本人作为航空事业发展 50 多年的见证人,欣然接受上海交通大学出版社的邀请担任该丛书的主编,希望为我国的"大飞机"研制发展出一份力。出版社同时也邀请了王礼恒院士、金德琨研究员、吴光辉总设计师、陈迎春副总设计师等航空领域专家撰写专著、精选书目,承担翻译、审校等工作,以确保这套"大飞机"丛书具有高品质和重大的社会价值,为我国的大飞机研制以及学科发展提供参考和智力支持。

编著这套丛书,一是总结整理 50 多年来航空科学技术的重要成果及宝贵经验;二是优化航空专业技术教材体系,为飞机设计技术人员的培养提供一套系统、全面的教科书,满足人才培养对教材的迫切需求;三是为大飞机研制提供有力的技术保障;四是将许多专家、教授、学者广博的学识见解和丰富的实践经验总结继承下来,旨在从系统性、完整性和实用性角度出发,把丰富的实践经验进一步理论化、科学化,形成具有我国特色的"大飞机"理论与实践相结合的知识体系。

"大飞机出版工程"丛书主要涵盖了总体气动、航空发动机、结构强度、航电、制造等专业方向,知识领域覆盖我国国产大飞机的关键技术。图书类别分为译著、专著、教材、工具书等几个模块;其内容既包括领域内专家们最先进的理论方法和技术成果,也包括来自飞机设计第一线的理论和实践成果。如:2009 年出版的荷兰原福克飞机公司总师撰写的 *Aerodynamic Design of Transport Aircraft*(《运输类飞机的空气动力设计》);由美国堪萨斯大学 2008 年出版的 *Aircraft Propulsion*(《飞机推进》)等国外最新科技的结晶;国内《民用飞机总体设计》等总体阐述之作和《涡量动力学》《民用飞机气动设计》等专业细分的著作;也有《民机设计 1000 问》《英汉航空缩略语词典》等工具类图书。

　　该套图书得到国家出版基金资助,体现了国家对"大型飞机"项目以及"大飞机出版工程"这套丛书的高度重视。这套丛书承担着记载与弘扬科技成就、积累和传播科技知识的使命,凝结了国内外航空领域专业人士的智慧和成果,具有较强的系统性、完整性、实用性和技术前瞻性,既可作为实际工作指导用书,亦可作为相关专业人员的学习参考用书。期望这套丛书能够有益于航空领域里人才的培养,有益于航空工业的发展,有益于大飞机的成功研制。同时,希望能为大飞机工程吸引更多的读者来关心航空、支持航空和热爱航空,并投身于中国航空事业做出一点贡献。

2009 年 12 月 15 日

序

　　民用飞机产业是大国的战略性产业。民用客机作为一款高附加值的商品,是拉动国家经济发展的重要力量,是体现大国经济和科技实力的重要名片,在产业和科技上具有强大的带动作用。

　　自新中国成立以来,中国民机产业先后成功地研制了 Y-7 系列涡桨支线客机和 Y-12 系列涡桨小型客机等民用飞机。在民用喷气客机领域,曾经在 20 世纪 70 年代自行研制了运-10 飞机,国际合作论证了 MPC-75、AE-100 等民用客机,合作生产了 MD-80 和 MD-90 飞机。民机制造业转包生产国外民机部件,但始终没有成功研制一款投入商业运营的民用喷气客机。

　　支线航空发展迫在眉睫。2002 年 2 月,确定了开展新支线飞机的研制,按照市场机制发展民机,并于 11 月 17 日启动 ARJ21 新支线飞机项目,意为"面向 21 世纪的先进涡扇支线飞机(Advanced Regional Jet for the 21st Century)"。从此,中国民机产业走上了市场机制下的自主创新之路。

　　ARJ21 作为我国民机历史上第一款按照国际通用适航标准全新研制的民用客机,承担着中国民机产业先行者和探路人的角色。跨越十六年的研制、取证和交付运营过程,经历的每一个研制阶段,解决的每一个设计、试验和试飞技术问题,都是一次全新的探索。经过十五年的摸索实践,ARJ21 按照民用飞机的市场定位打通了全新研制、适航取证、批量生产和客户服务的全业务流程,突破并积累了喷气客机全寿命的研发技术、适航技术和客户服务技术,建立了中国民机产业技术体系和产业链,为后续大型客机的研制打下了坚实的基础。

习近平总书记考察中国商飞公司时要求改变"造不如买、买不如租"的逻辑,坚持民机制造事业"不以难易论进退",在 ARJ21 取证后要求"继续弘扬航空报国精神,总结经验、迎难而上"。马凯副总理 2014 年 12 月 30 日考察 ARJ21 飞机时,指出,"要把 ARJ21 新支线飞机项目研制和审定经验作为一笔宝贵财富认真总结推广"。工信部副部长苏波指出:"要认真总结经验教训,做好积累,形成规范和手册,指导 C919 和后续大型民用飞机的发展。"

编著这套书,一是经验总结,总结整理 2002 年以来 ARJ21 飞机研制历程中设计、取证和交付各阶段开创性的重要成果及宝贵经验;二是技术传承,将民机研发技术专家、教授、学者广博的学识见解和丰富的实践经验总结继承下来,把丰富的实践经验进一步理论化、科学化,形成具有我国特色的民机理论与实践相结合的知识体系,为飞机设计技术人员提供参考和学习的材料;三是指导保障,为大飞机研制提供有力的技术保障。

丛书主要包括了项目研制历程、研制技术体系、研制关键技术、市场研究技术、适航技术、运行支持系统、关键系统研制和取证技术、试飞取证技术等分册的内容。本丛书结合了 ARJ21 的研制和发展,探讨了支线飞机市场技术要求、政府监管和适航条例、飞机总体、结构和系统关键技术、客户服务体系、研发工具和流程等方面的内容。由于民用飞机适航和运营要求是统一的标准,在技术上具有高度的相似性和相关性,因此 ARJ21 在飞机研发技术、适航验证和运营符合性等方面取得的经验,可以直接应用于后续的民用飞机研制。

ARJ21 新支线飞机的研制过程是对中国民机产业发展道路成功的探索,不仅开发出一个型号,而且成功地锤炼了研制队伍。参与本套丛书撰写的专家均是 ARJ21 研制团队的核心人员,在 ARJ21 新支线飞机的研制过程中积累了丰富且宝贵的实践经验和科研成果。丛书的撰写是对研制成果和实践经验的一次阶段性的梳理和提炼。

ARJ21 交付运营后,在飞机的持续适航、可靠性、使用维护和经济性等方面,继续经受着市场和客户的双重考验,并且与国际主流民用飞机开始同台竞技,因此需要针对运营中间发现的问题进行持续改进,最终把 ARJ21 飞机打造成为一款航空公司愿意用、飞行员愿意飞、旅客愿意坐的精品。

ARJ21 是"中国大飞机事业万里长征的第一步",通过 ARJ21 的探索和积累,中国的民机产业会进入一条快车道,在不远的将来,中国民机将成为彰显中国实力的新名片。ARJ21 将继续肩负着的三大历史使命前行,一是作为中国民机产业的探路者,为中国民机产业探索全寿命、全业务和全产业的经验;二是建立和完善民机适航体系,包括初始适航、批产及证后管理、持续适航和运营支持体系等,通过中美适航当局审查,建立中美在 FAR/CCAR‐25 部大型客机的适航双边,最终取得 FAA 适航证;三是打造一款具有国际竞争力的喷气支线客机,填补国内空白、实现技术成功、市场成功、商业成功。

这套丛书获得 2017 年度国家出版基金的支持,表明了国家对"ARJ21 新支线飞机"的高度重视。这套书作为上海交通大学出版社"大飞机出版工程"的一部分,希望该套图书的出版能够达到预期的编著目标。在此,我代表编委会衷心感谢直接或间接参与本系列图书撰写和审校工作的专家和学者,衷心感谢为此套丛书默默耕耘三年之久的上海交通大学出版社"大飞机出版工程"项目组,希望本系列图书能为我国在研型号和后续型号的研制提供智力支持和文献参考!

ARJ21 总设计师

2017 年 9 月

前　　言

中国商用飞机有限责任公司 ARJ21－700 型号飞机的项目管理技术,是随着飞机研制的推进逐渐发展成熟的。民机项目系统具有组成复杂、技术含量高、投资规模大、可靠性要求高、项目风险高、投资回报高等特点,因此需要科学的管理方法、组织管理模式和先进的技术、方法、工具等来构建 ARJ21－700 飞机的项目管理体系。

自中国商飞公司成立后,ARJ21－700 飞机项目的管理工作应用系统工程原理,对项目范围、进度、质量、经费、风险、人力资源、物资和信息沟通各要素进行全面和综合的策划,使 ARJ21－700 飞机项目研制管理过程中的各项工作相互协调和促进。ARJ21－700 飞机项目管理的推进依据顶层计划的制订与规划,开展考核并配备有完善的保障体系,实现项目组织管理、需求管理、全寿命周期管理、技术管理、进度管理、质量管理、风险管理、试验管理、供应商管理、试飞管理和适航取证管理,全方位控制确保项目研制成功。

本书的作者均为奋战在民机研制一线的工程技术人员、管理人员及专家,在型号研制中积累了许多宝贵的经验。在内容上一方面参考了国内外相关资料;另一方面融入了作者自身在民机研制工作中的探索经历和经验总结,并提供必要的实例说明。在书中,作者始终坚持真实呈现型号研制的项目管理工作,力求基础的详实性,注重工程的实用性。全书共分为 15 章,第 1 章,介绍了 ARJ21－700 飞机项目管理概念及应用;第 2 章,介绍 ARJ21－700 飞机项目管理体系;第 3 章,介绍 ARJ21－700 飞机项目管理策划工作;第 4 章,论述了 ARJ21－700 飞机项目组织管理工作;第 5 章,介绍了 ARJ21－700 飞机项目需求管理工作;第 6 章,介绍了 ARJ21－700 飞机项目全寿命周期管理工作;第 7 章,介绍 ARJ21－700 飞机项目技术管理工作;第 8 章,介绍 ARJ21－700 飞机项目进度管理工作;第 9 章,介绍 ARJ21－700 飞机项目质量管理工作;第 10 章,介绍 ARJ21－700 飞机项目风险管理工作;第 11 章,介绍 ARJ21－700 飞机项目试验管理工作;第 12 章,介绍 ARJ21-700 飞机项目供应商管理工作；第 13 章，介绍 ARJ21-700 飞机项目试飞管理工作；第 14 章，介绍 ARJ21-700 飞机项目适航管理工作；第 15 章，对飞机项目管理工作进行了总结和展望。

本书内容是在集思广益的基础上，结合型号研制过程中的科研经验而完成的，编写团队由 ARJ21-700 新支线飞机项目的亲历者组成，编写组由郭博智和李玲领衔，其他参与人员主要包括陈勇、谢灿军、王飞等长期工作在 ARJ21-700 型号项目管理一线的实践者。叶群峰、孙雨辰等同志参与了统稿工作。在本书历时一年半的编写过程中，得到了许多同行专家和老师的大力支持和帮助，书中还引用和参考诸多文献资料，所参阅或借鉴的文献全部列入最后的参考文献中。在此谨向所有提供支持和帮助的专家和老师们表示衷心的感谢。特别感谢上海交通大学编辑团队仔细审阅了本书，并提出了许多宝贵的意见。

由于本书编写人员的知识和经验有限，书中存在的错误和不妥之处，恳请读者批评指正。

著者

2017 年 9 月于

中国商用飞机有限责任公司上海飞机设计研究院

目　　录

1 ARJ21-700飞机项目管理概述

1.1 概述

1.1.1 项目管理的概念

随着项目及其管理实践的发展,现代项目管理的内涵得到较好的充实和较大的发展,已逐渐成为一种新的管理方式、一门新的管理学科的代名词。

"项目管理"一词有两种不同的含义:其一是指一种管理活动,即一种有意识地按照项目的特点和规律对项目进行组织管理的活动;其二是指一种管理学科,即以项目管理活动为研究对象的一门学科,它是探求项目活动科学组织管理的理论与方法。前者是客观实践活动,后者是前者的理论总结;前者以后者为指导,后者以前者为基础。就其本质而言,两者是统一的。

综合各项目管理专家及机构给出的定义,可以将其概念总结为:项目管理是以项目为对象的科学管理方法,通过一个临时性的、专门的柔性组织,对项目进行高效率的计划、组织、指导和控制,以实现项目全过程的动态管理和项目目标的综合协调与优化。

项目管理贯穿项目的整个寿命周期,对项目的整个过程进行管理。它是一种既运用规律且经济的方法对项目进行高效率的计划、组织、指导和控制的手段,又在时间、费用和技术效果上达到预定目标。

1) 项目管理概念的定义

(1) 项目。

项目就是从开始到结束,经历一段时间的一项一次性工作,它有明确的目标和实施组织,且有预先设定的一定量的资金。而在通常情况下,实施项目的组织都是临时性的,项目结束后,项目组织就会解散。

简单地说,项目就像是一个系统,在这个系统中,项目团队成员在同一个环境下,通过使用设备工具材料等资源,一起工作,最终获得项目交付物。

（2）项目计划。

用来描述完成项目所需要采用的方法和过程的管理文件。项目计划描述了要做什么工作，需要什么资源，使用什么方法，在项目中的质量保证过程是什么，以及项目组织结构是什么等内容。

（3）资源。

在项目实施过程中，为获得项目交付物而使用的一些材料、工具等，就是项目资源。通常，资源可分为五大类：人、方法、材料、设备工具和环境设施。

（4）项目管理的目标。

每一个项目都约束具备时间约束、费用约束和质量约束的三重约束，这三重约束是经过项目客户、供应商和管理层共同讨论得到的。项目管理的目标就是要在满足三重约束的前提下，获得客户需要的产品或服务。

2）项目计划的基本内容

（1）项目工作描述。

（2）工作分解结构。

（3）任务描述。

（4）责任矩阵。

（5）时间及费用估算。

（6）网络图/进度。

（7）资源负荷图。

（8）风险分析及规避计划。

（9）沟通/管理计划。

3）项目生命周期

项目管理的内容多是以其生命周期过程为重点展开，它使项目团队成员能够从开始到结束对整个项目的实施有全面系统的了解。在项目生命周期内的每一个阶段，项目活动都会有所不同。一般而言，项目生命周期包括以下 5 个阶段：

（1）定义阶段。

（2）计划阶段。

（3）启动阶段。

（4）控制阶段。

（5）收尾阶段。

4）项目的三重约束

项目的三重约束为时间约束、费用约束和质量约束，每一个都为界定产品和服务提供了帮助，具体内容如表 1－1 所示。

表 1-1 项目的三重约束状况

时间约束	费用约束	质量约束（范围）
计划项目 设计项目 生产产品	人力需求费用、材料费用、 设备工具费用、环境费用、 制造产品的费用	技术质量、安全性、 生产和使用产品的方法

1.1.2 项目管理的应用和发展

项目管理是一门很年轻，但是很具有活力的新兴学科。自从美国阿波罗登月计划实施以来，在世界各地的项目中得到了广泛的应用，目前项目管理已经应用于生产实践的各个方面，按项目进行管理是人们日益强调的一种理念。

1）国外的项目管理的应用和发展

（1）项目管理应用的重要性。

项目管理通常被认为是第二次世界大战的产物（如制造原子弹的曼哈顿计划），直至20世纪80年代，项目管理仍主要被国防建设部门应用。而今天，项目管理的应用已扩展到各行各业，项目管理者也不仅仅被认为是项目的执行者，他们要胜任更为广泛的工作，同时具有一定的经营技巧。

ABB（Asea Brown Boveri）公司是一家处于全球领先地位的工程公司，其大部分工作都要求进行良好的项目管理，它为其项目工程师开发了一个专业发展计划，以使他们最终成为获得资格认证的项目管理人员。

IBM公司是全球最大的信息技术和业务解决方案公司。它曾公开承认对其未来发展起关键作用的因素是掌握项目管理。它发展了自己内部的资格认证计划，同时也鼓励其职员去获得项目管理的资格认证。

摩托罗拉公司是世界上最成功的通信设备和服务供应商之一。在20世纪90年代中期，它启动了一个旨在改善其项目管理能力的计划，而今，摩托罗拉公司更鼓励其项目经理去获得项目管理的资格证书。

今天，项目管理在西方如此流行的一个主要原因是它的运作从根本上改善了中层管理人员的工作效率。传统的做法可能是当企业设定了一个项目时，参与这个项目的至少会有这样几个部门——财务部门、市场部门、行政部门等，而部门之间的协调、摩擦无疑会增加项目的成本，影响项目实施的效率。

项目管理的吸引力在于使企业能够处理需要跨领域解决方案的复杂问题，并能够实现更高效率地运营。来自不同部门的成员因为某一项目而组成团队，这个团队因而具有广泛领域的知识——不仅仅是技术知识，而且是对金融和预算、客户关系、合约以及后勤部门等都有深入的了解。这是一种弹性的工作方式，需要时将专家召集到一起，任务完成后又回到各自的部门。与传统的管理模式不同，项目运作不是通过等级命令体系来实施的，而是通过所谓的"平面化"结构。其最终目的是使企业或机构能够按时地在预算范围内实现其目标。

（2）项目管理应用的发展。

20世纪60年代，美国阿波罗登月计划的巨大成功证明项目管理经受住了实践的考验，阿波罗登月计划是人类首次全面系统地应用项目管理的方法进行大规模项目实施的典型案例，阿波罗登月计划的成功使得项目管理在实践中的应用得到了很大发展，也奠定了项目管理在实践中的科学地位。

20世纪70年代，项目管理首先在大型国防企业中开始流行并进一步得到了完善。在80年代，随着项目管理知识体系的逐步推广、确立和完善，项目管理的理论化程度越来越高，项目管理逐步开始向民营企业转移推广，应用范围逐步扩大，在社会上得到越来越广泛的重视。进入90年代后，随着现代科学技术的飞速发展，管理科学领域的内部革新与知识结构的重组，项目管理以其清新的面目脱颖而出，成为现代企业、政府部门和各类组织的最新管理科学，在社会上也得到越来越多的青睐，并在各行各业得到越来越广泛的应用。项目管理开始真正热门起来。

当今的世界正经历着经济一体化的剧烈变革，企业乃至国家间的经济竞争越来越激烈。企业管理的效率高低直接影响到经济效益，是决定企业能否顶住激烈的竞争并生存下去的关键。时代的前进呼唤管理科学的新产物——项目管理。

经过几十年的实践探索、总结提高和理论完善，项目管理目前已经形成了一套独特而完整的科学体系，产生了一套完整的科学管理项目的实用方法论。项目管理的理论与方法在各行各业的大小项目中都得到了十分广泛的应用，其中不乏成功的例子。下面是国外专业机构对一些具有国际影响力的项目管理的评价总结。

a. 项目计划作用较为突出的项目：The Benfield Column 修复工程，Composting at Larry's Market 食品垃圾处理项目，科威特油田重建工程，悉尼水道清理工程。这些项目中的良好计划，为整个项目的顺利实施起到了先决作用。

b. 项目组织作用较为突出的项目：新奥尔良计算机辅助调动系统工程，悉尼奥运会，美国政府的战略项目控制计划。这些项目都成功地运用了项目管理中的各种组织方法，使整个项目得以顺利实施。

c. 项目积极性调动作用较为突出的项目：洛杉矶地铁建设工程，阿波罗登月计划，阿根廷最大水电厂的拍卖项目，美国太空飞机计划；克内尔（Quesnel）机场项目。这些项目都是成功地利用项目管理中的有关方法来达到充分调动各方积极性的典型项目。

d. 项目指导作用较为突出的项目：土星计划（Saturn Project）的计划管理，捷克斯洛伐克创业环境的培养项目；英吉利海峡隧道工程等。

e. 项目控制作用较为突出的项目：匹兹堡国际机场工程；米德菲尔德（Midfield）能源设施项目；纽约污泥处理项目；圣西卢亚（St. Lucia）核电厂工程。这些项目较好地利用了项目管理中的控制原则和方法，使项目得以按时、按质、按要求竣工。

f. 项目沟通作用较为突出的项目：香港机场工程；美国核废料处理项目；超导体超级对撞机项目；诺斯布里奇(Nortbridge)地震救灾项目；挑战者号航天飞机事故处理项目。

以上这些项目的顺利实施都归功于掌握了项目管理科学且训练有素的项目管理人员。实践证明，掌握项目管理科学方法的、良好的项目管理人员能够高效地组织实施项目，创造巨大的经济效益。

当今世界，发达国家的各个行业都对训练有素的项目管理人员有很大的需求，大有"千军易得，一将难求"之势。项目管理正在朝专业化、职业化方向迈进。随着项目管理专业化、职业化程度的不断提高，职业项目经理将会更加受到重视，并在社会经济的发展中发挥越来越大的作用。

2) 我国项目管理的应用

1980年，邓小平亲自主持了我国最早与世界银行(简称世行)合作的教育项目的会谈，从此中国开始吸收利用外资，而项目管理作为世行项目运作的基本管理模式，随着中国各部委向世行贷款、赠款项目的启动而开始被引入并应用于中国。随后，项目管理开始在我国部分重点建设项目中运用，云南鲁布革水电站是我国第一个聘用外国专家、采用国际标准、应用项目管理进行建设的水电工程项目，并取得了巨大的成功。在二滩水电站、长江三峡水利枢纽工程和其他大型工程的建设中，都采用了项目管理这一有效手段，并取得了良好的效果。但是，与国际先进水平相比，我国的项目管理的应用范围窄(仅在建筑、水利、国防等国家大型重点项目以及跨国公司的在华机构中使用较多)，发展缓慢，项目管理的理念与方法主要是针对工程建设项目的，而不是面向一般项目。

21世纪，当我们致力于建立并完善现代企业制度的时候，发达国家正努力投入项目管理中。美国学者David Cleland称："在应付全球化的市场变动中，战略管理和项目管理将起到关键性的作用。"这一动向提醒我们在高度重视企业管理现代化的同时，应给予项目管理足够的关注。我国迫切需要项目管理，原因如下。

(1) 大量投资要通过项目来运作。我国第一个五年计划时期仅有156个重点建设项目，总投资额仅为550亿元，而如今我国在各种项目上的投资数以万亿计，几乎涵盖了经济、文化、科教、国防等所有重要领域，诸如银行贷款项目，能源、交通、水利等基础设施项目，房地产项目，农业发展项目，中小企业技改项目，环保项目，扶贫项目，科研、教育项目，体制改革项目，体育、文化活动项目等。项目的数量、投资额度、资金来源和币种的多元化以及管理上的复杂性都大大超过以往。尽管改革开放以来我国的项目管理工作有了很大改进，但拖期、超支以及关、停、并、转的情况仍占一定比例，尤其是政府部门和国有企业主办的项目，经营效益亟待提高。

(2) 机构中的任何创新和改革都是项目活动。当今，无论是企事业单位还是政府机构都面临着严峻的竞争压力,几乎都在不断推出新产品、新技术、新工艺和各种改革措施。实际上任何创新和改革都是项目活动,由于这些任务具有一次性和独特性的共同特征,人们日益认识到采用常规的运行管理是难以应付的,必须组成专门的项目班子,采用项目管理方法。因此,在企事业管理和政府管理机构中也同样出现了项目管理的强烈需求,项目管理的需求几乎渗透到任何形式的机构中。

(3) 中国经济融入全球市场和项目管理全球化的需要。中国经济正日益深刻地融入全球市场,我国每年从世界银行获得约 30 亿美元的贷款,连续多年成为世行的最大借款国,再加上亚洲开发银行(简称亚行)贷款、国际经济援助、出口信贷等,利用外资及我国港、澳、台地区的资金数额每年都达几百亿美元,此外还有许多项目要通过国际招标、采购、咨询和建设—经营—转让(built-operate-transfer, BOT)方式运作。我国涉外项目的比例将越来越高,这些涉外项目通常都要求采用项目管理的国际模式,而这方面的专业人员相当缺乏。

1.2　项目管理在 ARJ21‐700 飞机项目中的应用

1.2.1　民用飞机研制意义

民用飞机是安全性、可靠性、舒适性、经济性和环保性相统一的商品。

民用飞机的使用对公众安全和生活质量有重大影响,必须满足适航规章的要求,同时满足乘客对舒适性、安全性和环保性的要求。总体来说,安全性是第一位的,而安全性的不断提高只能通过不断应用新技术才能实现。因此,民用飞机是一种充分应用高科技并对技术选用特别讲究的特殊商品。

同时,民用飞机是以实现用户的增值为最主要目的的特殊商品,必须讲求经济性,在当下的市场需求下提供合适的机型,为客户带来经济效益。经济性的另一层含义为飞机的耐久性和故障快速维修性。实现这种增值的必要条件是企业必须同时向用户提供不可或缺的"产品支援和客户服务",即卖的不只是产品而是产品加服务。因此,直接面对客户销售是销售民用飞机的主要方式。

随着民用飞机承担的客货运量越来越大,它将在某些领域不可替代,在交通运输和国民经济发展中的地位也将越来越重要,其安全性、经济性、环保性的影响范围和程度将越来越大。随着人们对生活质量的追求,人们对民用飞机舒适性的要求也越来越高。

民机产品和服务面临剧烈的市场竞争,必须让客户认识到主制造商的不可替代性,以确保竞争优势。支线客机面对市场主要是国内航空公司,与其保持良好的合作关系,为之提供良好的运营保障,以共同成长、共同发展的姿态合作显得尤为重要。

支线客机通常是指 100 座以下的小型客机,主要用于承担局部地区短距离、小城市之间、大城市与小城市之间的旅客运输,是航空运输业的重要组成部分。

支线客机作为一种特殊的产品与所有民用飞机一样,讲求安全性、可靠性、经济性、舒适性和环保性。

目前民用飞机是航空运输业的主要营运工具,对实现安全、经济地将"地球变得越来越小",促进人类社会的经济发展和社会进步,发挥了不可替代的重大作用,也有力地推动了航空工业的发展。

30多年来,我国先后研制了运-7、运-8、运-10和运-12等多个民用飞机型号,其中运-7曾一度成为我国民航的最大机队,新舟60达到了20世纪80年代末国际涡桨支线客机的水平;运-12走完了CCAR-23部研制的全过程,取得了国际适航证;运-10是20世纪70年代,我国自行研制的第一架涡扇发动机干线客机,但未能设计定型和投入使用;随后,我国与麦道公司合作组装了MD-82飞机,合作生产了MD-90,开展了飞机零部件转包生产;与德国合作进行了MPC-75预发展和100座客机国际论证,引进了部分民用飞机设计的先进技术,当时我国已基本具备了制造国际90年代窄体客机的能力。

通过"七五"以来开展的民用飞机预研工作,尤其是在"十五""十一五"期间,围绕喷气支线客机开展的关键技术研究工作,我国在超临界机翼设计技术,60 000小时长寿命结构设计试验技术,复合材料尾翼结构设计试验技术,降噪声学设计技术、风洞试验技术和结构适航取证试验、试飞关键技术,机翼壁板成形技术等方面取得了一定的突破。

通过ARJ21-700新支线飞机的自主研制,我国第一次走完了符合CCAR-25部等适航规章要求的运输类飞机研制和试飞符合性验证全过程,建立了支线飞机与国际接轨的标准、材料、工艺和设计规范要求,具备了100座以下当代先进支线客机的研制能力。

我国目前仍未建立起完整的大型民用飞机技术体系,民用飞机关键技术与航空发达国家相比还存在较大差距,主要表现为:尚未走完一个150座级以上的大型民用飞机型号研制的全过程,通过攻关掌握的一些关键技术还未得到型号验证,未来宽体、中长距离的先进民用飞机总体设计、气动设计、电传与主动控制、复合材料主结构设计等核心技术以及机载设备和发动机的综合集成技术严重匮乏。

针对我国的民机目前发展达到的水平可评估如下:

(1)我国在民机设计的技术能力上,能够独立自主地开展支线客机、单通道和双通道客机的研制。

(2)在制造技术上,能够制造出150座机的客机。

(3)现有各飞机制造厂的规模是按制造总重100 t以下的飞机建设的。

(4)在民机市场经营和客户服务上刚起步,渠道不通畅,中国民航产业还没有形成自己的品牌,还未赢得客户的信任。

（5）针对民机的适航审定只有 FAR25 部这一个的国际双边协议，借助 ARJ21-700 飞机的合格审定，FAR25 部的审定能力正在提高。

（6）民机技术基础建设和民机预研技术储备不足，队伍有待成长。

1.2.2　ARJ21-700 新支线飞机概述

1）新支线飞机的产品定位

（1）根据产品上市时国内市场的实际需求，选择 70 座级先进涡扇支线飞机作为基本型投入市场，设计和生产符合国际先进标准，通过缩短、加长系列化发展，满足市场多方位要求。

（2）面向国内外两个市场，先投入国内市场，以国内市场为主。

（3）新支线飞机采用经型号研产验证的先进技术和主制造商/供应商研产模式，在市场竞争的规律下，发挥企业独特的优势，将安全性、可靠性和经济性融入设计理念，打造飞行员喜欢飞，航空公司愿意买的优质飞机。

2）影响座级选择的重要因素

（1）根据首轮国内市场调研结果，517 架支线飞机需求中 70 座级占 44%，50 座级占 23%。

（2）航空客运调查显示，对一次运载两个旅游团组的飞机有显著需求，70 座级是理想的旅游包机。

（3）目前和未来数年内，国外主要支线飞机制造商在我国主推 50 座级喷气支线飞机，我国航空工业将继续生产 50 座级涡桨支线飞机满足市场。

（4）用 70 座级飞机替代较小的退役支线飞机符合航空运输发展规律，适合干线机的替代飞行，目前国内航线中旅客小于 100 人的有 812 条，占总数的 96%，大部分航线可以用新支线飞机替代飞行。

3）新支线飞机的特点

（1）面对国内支线飞机蓬勃发展的新趋势，支线飞机具有广阔的潜在市场。

（2）新支线飞机根据市场需求，具备如下特色：

a. 对航线和机场良好的适应性。

b. 适应干线/支线营运、公务机/支线飞机服务、客运/货运 3 种互相结合的市场需求，与主力 150 座干线客机保持最大限度的通用性，易于改装为公务机和货机/客货混装机。

c. 具有符合 21 世纪新型支线飞机潮流的宽敞机身和低噪声特点所体现的舒适性。

d. 适用替代干线飞机的瘦长航线和低流量航班营运。

（3）满足新支线飞机的市场要求。

4）新支线飞机设计要求与目标

新支线飞机将以国内市场为切入点,既满足开发西部地区的航空运输的需要,也充分适应东部地区中小城市经济发展对航空运输的要求。

新支线飞机争取占有部分国际市场,面向第三世界国家。

新支线飞机以 CCAR-25 部、FAR25 和 CS25 为适航基准,首先取得 CAAR 的型号合格证(TC),随后取得 FAA、EASA 的型号合格证。

根据市场要求、民机产业的现状拟定新支线飞机设计技术要求,作为工程设计的指导性技术文件。

(1) 设计原则。

a. 新支线飞机应以安全性为前提,强调高可靠性和良好的维修性,特别是追求良好的经济性,以低使用成本取胜,兼顾良好的舒适性。

b. 新支线飞机应特别考虑我国西部地区的特殊营运环境和使用要求。

c. 新支线飞机将采用成熟的先进技术,充分利用现有基础,以降低研制风险和研制成本。

d. 新支线飞机应具有系列化发展的潜力和一定的国际竞争能力。

e. 新支线飞机的动力装置、机载设备和机体材料面向全球,择优采购。

(2) 设计目标。

a. 基本型为 72~79 座客机,分为设计航程为 2 220 km(1 200 n mile)的标准航程型和设计航程为 2 960 km(1 600 n mile)的增大航程型两种构型。

b. 以安全性为前提,强调高可靠性和良好的维修性,追求经济性,兼顾符合 21 世纪潮流的舒适性,按 CCAR-25 部、FAR25 和 CS25 进行适航审定。

c. 国内航线、机场全局适应性好,充分考虑我国西部地区的特殊营运环境和使用特点,满足进一步发展东部经济和西部大开发对发展支线空运的多种需求。

d. 动力装置、机载设备和机体材料面向全球择优采购。

e. 2016 年交付进入市场,及时充实现有机队,替代退役飞机,适时推出加长型、缩短型客机和货机、公务机等发展型,以系列化发展满足多方位需求。

1.2.3　ARJ21-700 飞机项目管理特点

在中国商飞成立之前,原上海飞机设计研究所(简称 640 所)在面对种种阻碍的情况下,克服困难,配合项目公司筹备组,按照项目进展的要求于 2001 年筹备,统一组织队伍,最大限度地有效利用人力资源,在维持全所生计所必须的民品合同的同时,开展项目预发展工作。640 所围绕项目主要开展了以下工作:

(1) 接受项目公司工程设计分工的任务,组织设计队伍,派遣工程技术人员参加新支线飞机项目公司工作。

(2) 组织 640 所新支线飞机项目联合工作队,至 2001 年 12 月,派遣工程技术人员 168 人参加新支线飞机项目联合工作队,至 2002 年 3 月,又有 71 人参加新支线飞机项目联合工作队。

（3）开展收集资料，编写总体气动、结构强度、航电机械系统的顶层设计文件、设计规范、设计指南、试验规划、标准材料规范选用和翻译、图文等。

（4）全所大规模高强度地自行开展 CATIA 培训，建立 MD-90 前机身电子样机，建立电子样机的设计规范，建立机头外形数模。即使面临缺少研制保证资金，供应商对网络系统改造指定方案的问题，640 所还是多方筹措资金，完成计算机网络和应用平台初步建设、开展虚拟产品管理（virtual product management，VPM）、协同产品商务平台（collaborative product commerce，CPC）方案研究。

（5）接受多项项目工作包任务：新支线飞机内饰方案和布置设计、新支线飞机外观造型设计、参加航展展示片策划等；在集团公司领导指示下参与 640 所与 603 所（中航工业第一飞机设计研究所）的整合。

2008 年 5 月 11 日，中国商用飞机有限责任公司（简称中国商飞）正式成立，在此之后中国商飞是 ARJ21 新支线飞机项目的法人责任单位。负责申请并持有型号合格证（TC）和生产许可证（PC）。中国商飞负责组织参研单位完成项目工程设计、研制、转入批生产、客户联络、市场开拓、销售、客户服务等工作，确保飞机研制成功。以市场为导向，按市场经济规律运作，通过项目的研制和商业的双成功，摸索和创建出我国民用飞机产业发展的道路。

中国商飞总部下属中心包括：北京民用飞机技术研究中心，上海飞机设计研究院，上海飞机客户服务有限公司，上海飞机制造有限公司和民用飞机试飞中心。

上海飞机设计研究院（简称上飞院）负责项目总体方案技术论证、项目可行性研究，预发展阶段工程工作；预发展阶段结束后，在此基础上，进行发展阶段工程研制工作。

上海飞机设计研究院归口管理设计方针、设计标准、适航管理、构型管理和客户服务等顶层管理工作。上飞院承担具体工程工作，并负责技术支持工作。

中国商飞制订和实施项目的零级、Ⅰ级网络计划，上飞院制订和实施相应的Ⅱ级和次级网络计划，完成设计工作。

客户服务有限公司与客户对接，负责保障运营、维护维修，提供技术出版物，航材管理和培训服务。在上飞院的支持下把客户的要求转变为相应的工程技术要求，上飞院负责这些要求的工程实现。

中国商飞负责项目的成本控制，在项目总成本控制要求下完成相应工程工作，从工程设计角度保证实现全项目的成本控制目标并控制设计结果。

中国商飞负责发动机、设备/系统供应商管理。负责与供应商的技术协调、相关采购清册和标准、设备/系统鉴定验收等技术支持工作。

设计任务采取联合工作队承担，新支线飞机项目公司发放工作包，通过直接向国内外公开招标、采购和项目公司自行承担等方式完成。

项目公司与参研单位签订总承包合同或主承包合同。各参研单位与其配套产品研制单位签订分承包合同。项目公司根据工作包内容及复杂程度、预计周期和经费预算等实际情况,作为或不作为分承包合同的第三方。

在中航工业第一集团和国务院外国专家局的帮助下,建立新支线飞机研制项目国内外专家咨询网络。适时邀请国内外委任咨询专家提供专题咨询报告、评审报告或专家建议。

邀请用户参与项目研制有关阶段尤其是预发展阶段的工作,以在项目研制过程中及时输入用户要求。项目研制初期与上海航空公司、四川航空公司和山东航空公司进行了联系,邀请其选派有经验的机务、飞行和高级管理人员(共 6 名)作为用户代表,参与项目总体方案论证和初步设计。

根据中国商飞下达的项目计划编制上海飞机设计研究院的二级型号计划,按与中国商飞协调的工作内容组织联合工作队参加各专业的预发展阶段的初步设计工作。根据项目要求,制订工作包考核管理办法、与项目公司签订工作包合同、与项目公司谈判联合工作队管理工作、与项目公司谈判房屋租赁等综合服务协议、工作包项目的日常管理(立项评审、组织实施、进度控制、过程控制、验收评审、交付、归档等)和对联合工作队人员进行工作考核。

1.2.4 项目管理在 ARJ21-700 飞机项目试飞取证中的应用效果与创新

ARJ21-700 飞机是我国第一款拥有自主知识产权的支线客机,其试飞取证工作严格按照 CCAR-25 部的要求来进行。上海飞机设计研究院为了高效全面保障 ARJ21-700 飞机试飞,结合试飞取证工作的特点和难点,建立了一套相对完善、行之有效的试飞技术管理体系和组织模式;同时,随着试飞取证工作的不断深入,创造性地制定了一系列合理的程序和规范,有力地推动试飞技术保障工作的开展。这些创新点可以为后续型号的民机试飞提供经验参考。

1)主要创新点

(1)建立了一套新型的技术管理体系和组织模式。

ARJ21-700 飞机试飞取证工作的特殊性和复杂性决定了其试飞技术保障工作不能简单照搬传统的模式,因此中国商飞建立了一种新型的试飞技术管理体系。从组织模式上,首先保证技术保障人员的相对固定,减少流动性。设立中队长和副队长,同时将设计人员按照职能和专业分工设置数个科室;从技术管理层面,以试飞副总师和技术负责人为核心,以架次主管为主导,组织协调适航主管、项目主管、科目主管以及外部合作单位等层面开展试飞技术保障工作。

(2)创造性地制定了一系列合理的程序和规范。

由于 ARJ21-700 飞机是国内首次严格按照运输类飞机适航标准试飞取证的飞机,其试飞取证工作鲜有可以借鉴的经验。随着试飞的深入,为了更好地保证试飞技术保障工作有序、高效地开展，制定了一套逐步完善的技术管理文件体系。例如，《ARJ21－700 飞机试飞现场技术管理规定》作为试飞现场技术保障工作开展的依据性文件，明确了试飞现场技术保障人员的工作界面和职责分工，提出各项试飞技术工作的具体要求和工作流程，使试飞现场工作秩序更加规范；《ARJ21－700 飞机试飞情况确认程序》明确了试飞完成后试飞结果的有效性确认程序，可以缩短表明符合性试飞和审定试飞间隔，有效地促进后续试飞开展。对于外场试飞，还须编制试飞技术准备报告和试飞技术工作总结报告，对技术保障工作准备和完成情况进行检查和总结，作为试飞过程的记录积累经验。

2）解决的关键技术

ARJ21－700 飞机试飞技术管理涉及试飞技术保障工作的诸多方面，解决的关键技术主要体现在以下几个方面。

（1）飞机构型管理。

试飞构型到位是试飞科目顺利开展的重要前提。试飞构型可能会受到各种因素影响不能及时到位或者频繁更改，进而导致试飞科目构型评估报告频繁更改，最终影响试飞计划的实施，为此，在试飞科目执行前，应明确构型需求，包括相关系统的软硬件构型，要求做到功能到位。

通过制定专门的程序《ARJ21－700 新支线飞机项目试验试飞构型评估报告管理规定》，对构型评估报告的流程进行管理和规范。构型评估报告中对涉及本试飞科目相关系统的软硬件构型偏离情况进行评估，以向中国民航局（简称局方）表明构型已满足科目要求；相关人员通过会签流程来控制构型到位情况的准确性；严格控制工程指令（Engineering Oder，EO）和外场单的发放，以保证一段时间内的构型相对冻结；架次主管应对试飞科目的需求构型和飞机的装机构型清楚掌握，保证对构型控制的预见性和计划性。

（2）试飞结果有效性确认。

试飞结果有效性的确认是影响试飞计划实施的因素之一。通过制定《ARJ21－700 飞机试飞情况确认程序》，明确了试飞结果确认的工作步骤、职责划分及时间节点。

ARJ21－700 飞机申请人表明符合性试飞和局方审定试飞情况确认工作可以分为 3 个阶段：试飞架次有效性确认、科目试飞结果确认和试飞科目关闭确认。

试飞架次有效性确认结果作为当天和后续短期内试飞任务安排和调整的依据，同时作为科目试飞结果确认的初步依据，但不涉及条款符合性。

科目试飞结果确认，对于局方重复试飞，表明符合性试飞完成后的结果确认主要用于向局方表明试飞结果的符合性，为开展审定试飞提供依据。对于其他类型的试飞，结果确认主要确认试飞科目的完成情况，以及所获取试验数据是否满足编制试飞报告和试飞分析报告的要求，并支持后续试飞的开展。主要用于作为中短期计划编制和调整的依据。

试飞科目关闭确认结果是为了表明试飞科目的相关报告已获得审查组的批准或签署,与该项试飞科目相关的试飞工作均已完成且关闭。将作为中长期计划编制和调整的依据。

(3) 试飞故障处理。

制定了《ARJ21-700飞机试飞期间故障处置程序》,试飞期间出现的属于飞机设计构型内的试飞故障按照该程序进行处理。按试飞科目性质及故障的影响对故障进行分类,分为发生在审定试飞期间的故障、影响飞行安全的故障、影响试飞任务执行的故障和其他故障。

出现故障时,首先对故障进行分类,按需组织排故小组和制订排故方案,然后按确认现象分析机理、查找原因、制订措施、落实改进、措施验证和举一反三的流程排除故障。对于审定试飞期间发生的故障、影响试飞安全的故障,则需要进一步检查、分析和评估。对于影响试飞任务执行的故障,应及时给予答复并根据试飞计划合理安排排故;对于未关闭故障,需要进行跟踪和管理,并按需编制评估报告、提出使用限制条件和补充操作程序或列入攻关计划。

故障处理应当快速,以保证顺利飞行。故障也需要认真记录和管理,不只是记录故障现象和处理结果,还应对排故过程进行跟踪和记录。外场试飞前,根据故障记录筛选出影响较为严重的、出现频率较高的故障,可以为备件准备提供重要参考。

(4) 试飞优化组合。

良好的试飞优化组合可以提高试飞效率。大强度试飞期间,将试飞任务分解到试验点,提高每份任务单的任务量,同时又将操稳和性能试验点按重量重心打包,避免多次调整重量重心的繁重工作量,又大大减少了试飞架次数。

科目之间的结合,也是试飞优化的一种重要形式,在构型到位的情况下,可以将不同科目进行结合试飞。例如,起飞性能科目在耗油阶段可以结合进行航电科目试飞,而在起飞和着陆阶段也可以结合进行起落架刹车系统的试飞。

2 ARJ21-700 飞机项目管理体系

创立科学的项目管理体系是一项工作的基础,不仅项目管理可以有科学的理论实践作为指导,而且确保项目能切实有效地实施。因此,科学的项目管理是对项目管理成功的有力保障。

本章主要介绍了构建 ARJ21-700 飞机项目管理体系的理论依据,包括成熟度模型、项目管理体系等,同时,也在此基础上提出 ARJ21-700 飞机项目管理体系模型,并进行详细的阐述。

2.1 概述

ARJ21-700 飞机项目具有以下特点:系统组成复杂、技术含量高、投资规模大、可靠性要求高、项目风险高、投资回报高等。因此,需要科学的管理方法、组织管理模式和先进的技术、方法、工具等来构建 ARJ21-700 飞机项目管理体系。

构建项目管理体系的目的是更好地推行组织的项目管理,使组织的项目管理能力得到稳步提升。建立一套符合国际项目管理规律、适合组织特点、易于操作、持续改进的项目管理体系是非常必要的。在飞机的项目管理实践中,我们对项目管理体系进行了不懈的探索,经过多年来对飞机项目管理经验的不断总结,已经形成了飞机项目管理成熟度模型。

在构建 ARJ21-700 飞机项目管理体系时,要充分考虑 ARJ21-700 飞机项目管理的实际情况,将各种知识、技术、技能和工具手段等融入 ARJ21-700 飞机项目管理体系,并把能创建具有中国社会主义特色、能更好地指导项目管理实践的体系作为基点。在继承飞机项目管理成熟度模型和总结以往飞机实践的基础上,提出基于项目管理成熟度模型的 ARJ21-700 飞机项目管理体系。

ARJ21-700 飞机项目管理体系主要包括 ARJ21-700 飞机项目规划体系、运行体系和保障体系三部分。基于成熟度模型的项目管理体系就是在项目管理体系中融入更多的成熟度评价指标,同时加入能够形成持续提升项目管理能力的方法工具、组织结构等,使体系具有项目管理能力的度量指标,确保 ARJ21-700 飞机项目管理体系能够在成熟度模型的思想指导下逐步提升。

2.2 项目管理体系构建的原理

2.2.1 项目管理成熟度模型

1）项目管理成熟度模型概述

项目管理的实践表明，项目管理的过程将会影响项目的成败。

一个项目的失败，原因可能有：对资源、时间、费用等估计不足，需求管理不善，集成管理薄弱，不正确的风险管理以及错误的技术解决方案等。所有这些原因都可以归结为项目管理过程的失败。

一个项目成功的关键因素在于项目有一套合适的项目管理过程。如果项目中一些重要的任务采用合适的项目管理过程，并且有正确的执行，那么这个项目的成功性就会增加。任何项目管理的组织都有协调、应对、处理项目变化和项目内外部关系的方式，这些方式可能是初级的、低效的，也可能是高效的，因而就需要一个"量"来度量项目管理过程的水平，因此提出"项目管理过程成熟度"的概念。

项目管理成熟度（project management maturity，PMM）的概念是由早期的项目管理过程成熟度（project management process maturity，PMPM）概念演变而来的。

项目管理过程成熟度是项目管理过程改进的一个重要概念，它可以用来界定项目管理过程，得到清晰的定义、管理、测量、控制以及有效的程度，以便发现问题并加以改进。基于"过程保证质量"的理念，一个组织的项目管理过程成熟度水平的高低很大程度上反映了该组织成功完成项目的可能性的大小，项目管理过程成熟度已成为代表一个组织项目管理能力的关键指标，但这也并非唯一的指标，而是项目管理成熟度的一个重要组成部分。

一个成熟的项目管理中，把项目管理的过程形成文件，并与实际开展工作采用的方法能协调一致，与此同时整个项目管理的组织会广泛而积极地投入项目管理改进活动，在必要的时候，将过程定义不断更新，并通过实践和成本/效益分析等方法不断提高组织的项目管理能力；项目从始至终，组织自上到下，与过程相关的角色及职责等都明确；管理者可以实时监控项目的完成质量、进度以及项目管理过程，在项目问题与项目管理过程问题判断时，都能有客观的和量化的根据；基于过去项目的绩效数据制订进度计划和预算，预期的结果通常要与项目的成本、进度和质量一致。

2）组织项目管理成熟度模型

项目管理成熟度模型为组织项目管理的水平提高提供了一个评估和改进的大致框架。项目管理成熟度模型在项目管理过程的基础上，把组织项目管理水平从杂乱无章到规范化，再从规范化到优化后的进化过程可分为几个有序的层次，形成一个能持续升级的平台。其中,每个层次的项目管理水平将作为达到下一个更高层次的基础,组织的项目管理成熟度持续提升的过程即为其项目管理水平逐步积累的过程。

借助于项目管理成熟度模型,组织方便找出项目管理中存在的缺陷,并且快速识别出项目管理中出现的薄弱环节,同时也通过解决项目管理水平改进至关重要的几个问题,形成对项目管理的改进策略,从而稳步改善组织的项目管理水平,使组织的项目管理能力持续提高。

项目管理成熟度模型最早起源于国际项目管理协会成员国北欧和澳大利亚等一些国家,他们用项目管理成熟度模型来研究和规划项目型社会区(如高新技术企业聚集的地区)以及项目型社会。之后,有多家组织或个人从项目管理的角度,参考能力成熟度模型(capability maturity model,CMM)和项目管理知识体系,使用不同的标准和依据,提出了各自的项目管理成熟度模型(project management maturity model,PM3)。

项目管理成熟度模型主要是在软件过程能力成熟度模型 CMM 的基础上发展起来的,作为针对组织项目管理过程成熟度的一种衡量标准。国外现已提出的一些项目管理成熟度模型,并在实际中得到初步应用,目前主要提出了如下几种项目管理成熟度的模型:

(1) 国际项目管理协会(IPMA)提出的项目管理成熟度蛛网模型(IPMA-PM3)。

(2) 美国项目管理学会(PMI)的组织项目管理成熟度模型 OPM3,其最新版本于 2003 年 10 月发布(PMI-PM3)。

(3) OGC 项目管理成熟度模型 5.0 版本(OGC-PM3)。

(4) 美国 KLR 咨询公司(KLR-Consulting, Inc.)的五级项目管理成熟度模型(PMS-PM3)。

(5) 美国项目管理解决方案公司(Project Management Solutions, Inc.)的五级项目管理成熟度模型(PMS-PM3)。

(6) 美国哈罗德·科兹纳(Harold Kerzner)博士的五层次项目管理成熟度模型(K-PM3)。

(7) 伯克利项目管理过程成熟度模型(Berkeley project management process maturity model),由 Young Hoon Kwak 博士和 C. William Ibbs 博士联合开发的模型[(PM)2]。

(8) 美国顶石计划控制公司(Capstone Planning & Control, Inc.)的项目管理成熟度模型,系取自于(PM)2 模型(Ca-PM3)。

(9) 美国微构技术公司(Micro Frame Technologies, Inc.)和 GI 项目管理技术公司(Project Management Technologies, Inc.)开发的五级项目管理成熟度模型

(MF-PM3)。

（10）澳大利亚克纳谱和摩尔私人有限公司（Knapp & Moore Pty Limited）的四级项目管理成熟度模型（KM-PM3）。

这些成熟度模型在内容框架结构上大体可以分为四类。

第一类：国际项目管理协会（IPMA）提出的项目管理成熟度蛛网模型 IPMA-PM3。它主要通过项目管理、项目群管理、项目公文包管理、个人管理、组织设计、项目管理教育、项目管理研究、项目管理市场以及项目管理标准等九个指标来研究和规划项目型社会区（如高新技术企业聚集的地区）及项目型社会，但是这些指标不够全面也不太适应我国的国情。

第二类：美国项目管理学会（PMI）的组织项目管理成熟度模型 OPM3（OGC-PM3）以及 PMI-PM3。这几个模型主要借鉴软件过程成熟度模型 CMM 的体系结构，都为 5 个等级结构并且对每一级别的关键过程域进行详细定义与说明，这些模型的缺点是没有定量的项目管理成熟度评价指标体系。

第三类：美国项目管理解决方案公司的项目管理成熟度模型 PMS-PM3，该模型的特点是把项目管理九大知识体系作为项目管理成熟度评价指标，该模型最初分为 8 个等级，目前已改为 5 个等级，从项目管理的 9 大知识范畴分别评级。该模型的缺点是没有与项目管理成熟度关键过程结合起来，并且指标的设计也不太合理。

第四类：美国科兹纳（Harold Kerzner）博士的项目管理成熟度模型 K-PM3，由 Young Hoon Kwak 和 C. William Ibbs 博士开发的模型（PM）2，由美国微构技术公司和 GI 项目管理公司开发的 MF-PM3 以及澳大利亚克谱和摩尔私人有限公司的 KM-PM3。这些模型主要是通过成熟度评估表来完成项目管理成熟度测评的。

其中较有影响力的当属 PMI 的组织项目管理成熟度模型 OPM3。OPM3 是组织项目管理成熟度模型（organizational project management maturity model）的英文缩写，是描述组织如何提高或获得竞争能力的过程和框架。它是 PMI 发布的一种评价和学习标准，对于各类组织而言，它是极具针对性的自我评估工具和学习基准，也是高度有效的管理改进路线图。

OPM3 是由美国项目管理学会于 2003 年发布的组织级项目管理成熟度模型，该模型研究历时 5 年多，花费了大量的人力和物力资源。它的出现掀起了继 CMM 模型震撼后的另一股企业开始追求建立"组织全面性项目管理能力"的风潮。

PMI 对 OPM3 的定义是：评估组织通过管理单个项目和项目组合来实施自己战略目标能力的方法，也是帮助组织提高市场竞争力的方法。OPM3 的目标是"帮助组织通过开发其能力，成功、可靠、按计划地选择后交付项目并实现其战略"。OPM3 为使用者提供了丰富的知识和自我评估的标准，用以确定组织当前的状态，并制订相应的改进计划。

OPM3 的基本构成要素包括：最佳实践、能力组成、路径、可见的结果、主要绩效指标、模型的范畴。OPM3 是一个三维立体模型,第一维是成熟度的 4 个等级(可标准化的、可测量的、可控制的、持续改进的);第二维是项目管理的 9 个领域(项目综合管理、项目范围管理、项目进度管理、项目费用管理、项目质量管理、项目人力资源管理、项目沟通管理、项目风险管理和项目采购管理)和 5 个基本过程(启动、计划、执行、控制、收尾);第三维是组织项目管理的 3 个版图层次(单项目管理、项目群管理和项目组合管理)。

同时,OPM3 还是一个不断学习、评估、改进的循环过程,在这个过程中使组织能够自发地、持续地研究和应用项目管理技术、方法和工具对项目管理能力进行改善,从而提升组织项目管理能力。

3)ARJ21 - 700 飞机项目管理成熟度模型

在 ARJ21 - 700 飞机项目管理中引入成熟度的概念,主要是考虑到航空事业任重道远,对项目管理的要求越来越高,因而回顾以往飞机项目管理的历程、总结飞机项目管理的经验、构建飞机项目管理机制是加速 ARJ21 - 700 飞机项目管理成熟的必然要求,也是 ARJ21 - 700 飞机项目管理进一步走向成熟的标志。

2.2.2 项目管理体系概述

1)基本概念

(1)体系。

所谓体系,是指为实现某一特定目标,若干有关事物互相联系、互相制约而构成的有机的综合体。体系有时又称系统。体系具有以下一系列特征:

a. 具有纵向、横向和纵横向统一的立体结构。

b. 纵向:相互贯通性,可以分为大小系统、不同层次和时间次序等。

c. 横向:基础科学、应用科学(管理科学、项目管理)和人文科学等。

d. 各要素之间的相关性等。

(2)管理体系。

管理体系是指建立方针和目标并实现这些目标的体系。一个组织的管理体系可包括若干不同的管理体系,如质量管理体系、财务管理体系或环境管理体系。将两种或两种以上的管理体系经过有机结合,并使用共有要素的管理体系称为综合管理体系。

项目管理体系是用来帮助企业顺利完成项目的一套科学、系统的方法和策略,一套真正好的并且适合企业自身的项目管理体系,不仅可以对项目进行有效的管理,大大提高项目完成的效率,更能为企业积累并记录丰富的项目管理经验,作为企业发展的一笔宝贵财富。

(3)模型。

所谓模型就是一个系统。在系统工程中,模型是系统的代名词。我们说某一模型,就代表着某一类系统;反之,说某一个系统,就意味着使用它的某一些模型。

系统模型高于实际的某一个系统而又具有同类系统的共性。所谓"同类",其意义是比较广泛的。例如,一个机械系统与一个电路系统,人才管理与项目管理,似乎很不相同,但是在"相似系统"的意义上,它们可以是同类的,可以用一个便于建造的系统去代替另一个系统进行研究。

对于同一个系统,从不同的角度或用不同的方法,可以建立不同的模型。同一个模型,特别是数学模型,对它的参数和变量赋予不同的物理意义,可以用来描述不同的系统。系统、模型(即系统模型,英文称为 system model)、仿真(即系统仿真,英文称为 system simulation)这 3 个概念是一根链条上的 3 个环节,是一个工作程序的 3 个步骤。研究系统要借助模型,有了模型要进行运作——这就是仿真。根据仿真的结果,修改模型,再进行仿真(反复若干次);根据一系列仿真的结果,得出现有系统的调整、改革方案或者新系统的设计、建造方案,中间穿插若干其他环节。这就是系统工程研究解决实际问题的工作过程。

2) 构造体系的基本原则

构造体系是为了研究系统原型,构造体系的原则有以下四个方面。

(1) 真实性:反映系统的物理本质。

(2) 简明性:模型应该反映系统的主要特征,简单明了,容易求解。

(3) 完整性:应包括目标与约束两个方面。

(4) 规范化:尽量采用现有的标准形式,或对标准形式加以某些修改,使之适合新的系统。因为标准形式往往有成熟的解法,有标准的计算机程序可以调用。规范化的要求并不排斥创新;相反,应该积极创新,使之规范化,从而可以解决同一类的若干问题。

以上各条要求往往互相抵触,特别是真实性与简明性这两条。所以,掌握以下原则是重要的:体系的作用不在于也不可能表达系统的一切特征,而是表达它的主要特征,特别是表达我们最需要知道的那些特征。一个成功的体系须在以上各条要求之间恰当地权衡、折中与取舍。体系的完整性,实际上体现了建立或运作一个系统的需要与可能两个方面。

建立体系是一种创造性的劳动,这不仅是一种技术,也是一种艺术和哲学思考。对于同一个系统,不同的人员建立的体系可能大不相同,有巧、拙、优、劣之分。没有一个所谓的通用标准而对一切系统都能照搬照用。必须一切从实际出发,具体问题具体分析。必须实事求是,从理论与实践的结合上解决问题。

2.2.3　项目管理知识体系介绍

目前,国外经典的项目管理知识体系及标准有:PMI 的项目管理知识体系(project management body of knowledge, PMBOK)、英国商务部(Central

Computer and Telecommunications Agency，CCTA)的受控环境下的项目管理方法体系（projects in controlled environments，PRINCE2）、国际项目管理协会(International Project Management Association，IPMA)的国际项目管理资质认证能力基准 ICB3.0(IPMA competence baseline，ICB)、国际标准化组织（ISO)发布的 ISO10006、PMI 的组织项目管理成熟度模型（organizational project management maturity model，OPM3)、PMI 的项目管理组合和项目管理集标准等。

1) PMI 的 PMBOK

PMI 发布的项目管理知识体系（PMBOK)共有 4 个版本，从 1996 年起，每隔4 年发布一个版本。

PMBOK 主要由以下 3 大部分构成。

第一部分为项目管理框架。它是理解项目管理的基本结构，包括了引论，定义了关键的术语，并对本指南的其余部分概要介绍，项目生命期与组织说明了项目所处的环境。

第二部分为项目管理标准。规定了项目团队管理项目使用的所有项目管理过程，说明了任何一个项目所必需的 5 个项目管理过程组，以及它们的项目管理子过程。

第三部分为项目管理知识领域。它将第二部分介绍的 44 个项目管理过程归纳为 9 个知识领域。分别是整体管理、范围管理、时间管理、费用管理、质量管理、人力资源管理、沟通管理、风险管理和采购管理。

项目管理国际标准 15010006 基本采纳了美国项目管理学会（PMI)发布的项目管理知识体系（PMBOK)。

2) CCTA 的 PRINCE2

英国商务部发布的 PRINCE2 是一个公共标准，它以数十个项目的最佳实践为基础，汇集了项目经理和项目小组成功的经验和失败的教训，最终形成了被英国政府普遍使用的"事实上"的标准，同时也被英国和国际上许多企业广泛接受和使用。PRINCE2 采用一套基于过程的方法进行项目管理，将多阶段的项目管理过程作为核心。PRINCE2 过程界定了项目过程中需要进行的管理活动，同时 PRINCE2 也描述了这些活动所包含的一些组成内容。PRINCE2 过程模型由 8 个各有特色的管理过程组成，包括项目准备、项目指导、项目启动、阶段边界管理、阶段控制、产品交付管理、项目收尾、计划，涵盖了从项目启动到项目结束过程中进行项目控制和管理的所有活动。

3) IPMA 的 ICB3.0

IPMA 制定的国际项目管理专业资质基准（ICB)是 IPMA 开发的一个通用的国际标准，其对项目管理资质认证所要求的能力标准进行了定义和评价。ICB3.0 版将项目管理能力定义为：知识＋经验＋个人素质，从技术范畴、行为范畴以及环境范畴 3 个大范畴中挑选出 46 个项目管理能力要素（包括 20 个技术能力要素、15 个行为能力要素和 11 个环境能力要素），来阐明在项目中从事计划和控制工作对项目管理专家的能力要求。ICB 强调项目经理应该以满足客户、产品和服务的交付者以及其他利益相关者的需求为己任，为项目、大型项目和项目组合做出努力。项目经理要能够在必要的时候得到专家的帮助，并且在做出决策的时候得到专家们的尊重和支持。还应该能激励专家们运用知识和经验，为项目、大型项目和项目组合的利益做出贡献。

4）中国项目管理知识体系

中国项目管理知识体系（C-PMBOK）是由中国（双法）项目管理研究委员会（PM-RC）发起并组织实施的。与其他国家的 PMBOK 相比，C-PMBOK 的突出特点是以生存周期为主线，以模块化的形式来描述项目管理所涉及的主要工作及其知识领域。C-PMBOK 的特色主要表现在以下 3 个方面：

（1）采用了"模块化的组合结构"，便于知识的按需组合。不同层次的知识模块可满足对知识不同详细程度的要求；同时，知识模块的相对独立性便于知识的按需组合以满足各种不同的需要。

（2）以生存周期为主线，进行项目管理知识体系知识模块的划分和组织。C-PMBOK 按照国际上通常对生存周期的划分，以概念阶段、规划阶段、执行阶段和收尾阶段这 4 个阶段为组织主线，结合模块化的思路，分阶段提出了项目管理各阶段的知识模块，便于项目管理人员根据项目的实施情况进行项目的组织和管理。

（3）体现了中国项目管理的特色，扩充了项目管理知识体系的内容。主要体现在以下 3 个方面：

a. "企业项目管理"（EPM）作为一个重要的组成部分纳入到中国项目管理知识体系中。国际上，包括美国的 PMBOK 在内的各种 PMBOK 版本的知识内容都是集中在单一项目的管理上。随着商业环境的变化和项目管理的发展，项目管理越来越多地为企业中各种各样的任务管理所采用，"按项目进行管理"成为企业项目管理的代名词，多项目管理是企业项目管理的核心，如何实现多项目目标上的整体优化，已不再是项目经理们所能解决的问题，而是企业项目管理的职责所在。

b. 加强了"项目前期论证"的相关内容，基于当前我国项目管理应用领域的现状，为满足投资项目，特别是国家投资的重大、重点项目管理需要，中国项目管理知识体系特别加强了有关项目前期论证的内容。

c. 增加了"项目后评价"的内容，基于"以客户为中心"的需要，促使项目管理人员对项目实施过程进行总结，中国项目管理知识体系增加了项目后评价的内容，主要从项目竣工验收、项目效益后评价、项目管理后评价 3 个方面进行了扩展。

2.3　ARJ21-700 飞机项目管理体系

自中国商用飞机有限责任公司（简称中国商飞公司）成立后，为了提升项目在技术、成本、进度、质量的四坐标管理,ARJ21-700 飞机项目管理组织结构上经过了多次调整。2009 年 5 月 21 日,为了加强型号研制项目管理,在原科研计划的基础上成立了 ARJ21-700 飞机项目管理处,同年 12 月 15 日后更名为 ARJ21-700 飞机项目管理部。

上海飞机设计研究院 ARJ21-700 飞机项目管理部,负责新支线飞机项目的计划和风险管理、技术协调管理、资源和合同管理、试验试飞管理。

ARJ21-700 飞机项目部的主要职责包括:

(1) 根据上级计划制订上飞院 ARJ21-700 飞机项目实施计划及网络图。

(2) 负责计划的协调、调整、检查、监督和考核以及执行情况通报。

(3) 负责编制与项目有关的管理规定、指令性文件。

(4) 负责分析、统筹管理项目研制所需人、财、物资源。

(5) 编制项目经费概算和预算方案,并对经费使用进行控制。

(6) 负责建立研制风险预警体系,防范、识别、控制应对研制风险。

(7) 负责分析、管理和控制项目研制成本。

(8) 负责科研外包项目的立项、谈判、过程监控、付款和验收。

(9) 负责组织关键技术和重大试验试飞问题的研制攻关。

(10) 负责项目对内、对外技术和工作协调以及工程联络工作,负责各类技术会议。

(11) 负责组织跟产、跟试、跟飞及项目异地管理和国内供应商管理等工作。

上飞院 ARJ21 飞机项目管理部组成主要包括计划管理团队、技术管理团队、资源管理团队、工程支持团队,如图 2-1 所示。

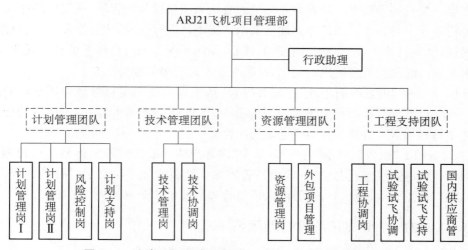

图 2-1　上海飞机设计研究院 ARJ21 飞机项目部管理团队

2.3.1　规划体系

1）计划管理

ARJ21－700 飞机项目部计划管理团队依据上飞院质量体系文件，对 ARJ21－700 飞机项目实施计划管理。具体工作流程如图 2－2 所示。

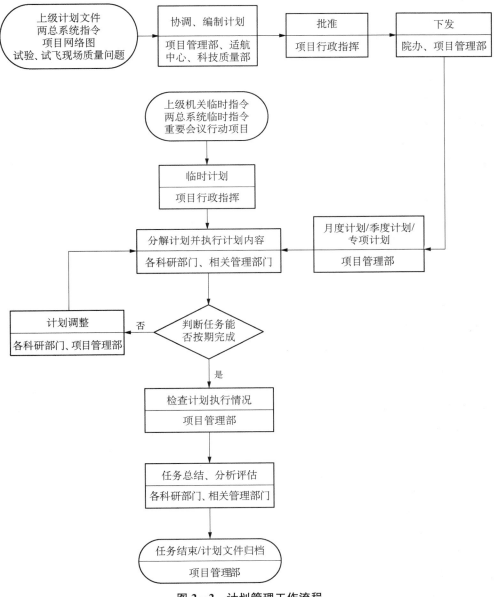

图 2－2　计划管理工作流程

上飞院 ARJ21－700 飞机项目部计划分年度计划、季度计划（按需）、月度计划、专项计划、紧急调度令（应急计划）、临时计划。紧急调度令（应急计划）的执行优先级高于其他所有计划。

（1）计划编制和下发。

上飞院 ARJ21－700 飞机项目计划由 ARJ21－700 飞机项目部依据上级计划、上级机关指令、领导指令编制。通常，年度计划每年度以红头文件下发一次，季度计划每季度按需要制订下发，月度计划每月下发一次，专项计划、紧急调度令（应急计划）、临时计划按需要随时编制和下发。

（2）计划调整。

a. 计划调整原则。

院内下达的年度计划原则上不允许进行调整，除非发生任务来源单位调整计划或其他特殊原因。已发年度计划不做更改，在下级计划中进行调整。

其他计划调整原则是因任务来源变化而进行的计划调整，因外部条件变化而进行的计划调整，因内部资源配置需要进行的计划调整，年度计划调整引起的计划调整或其他特殊原因。

b. 计划调整程序。

预计不能按期完成计划任务时，任务承担单位应提前填写《科研计划调整审批单》，在计划节点前 5 天完成整个流程的审签，提交 ARJ21－700 飞机项目部备案。

（3）计划执行情况检查。

上飞院 ARJ21－700 飞机项目计划由 ARJ21－700 飞机项目部负责执行检查，各研究部或任务承担单位按项目管理部要求定期通报计划执行情况。

（4）计划完成情况总结和分析评估。

上飞院 ARJ21－700 飞机项目计划的执行总结包括月度总结、季度总结、半年总结、年度总结。由各研究部按要求上报计划执行情况，由 ARJ21－700 飞机项目部汇总整理，并对未完成原因进行分析，经 ARJ21－700 飞机项目部部长审核，项目行政指挥或型号总设计师系统批准后上报。

（5）科研计划的归档要求。

型号计划由 ARJ21－700 飞机项目管理部进行日常管理，待飞机完成试飞取证后由项目管理部汇总、整理、归档。

2）项目的临时或补充计划管理

（1）支线项目部会议纪要行动项目。

自 2011 年 3 月起，中国商飞公司支线项目部全面履行原中航商飞的项目管理职责，根据型号的进展不定期地召开项目月例会，会议形成纪要发文到相关单位，作为上飞院项目的临时计划予以执行和跟踪。

（2）总指挥令、总指挥指示单。

2011 年 7 月，为加强项目在适航取证、构型到位、条款关闭和首架交付工作的领导，ARJ21-700 飞机项目部制订了项目行政指挥部发出的"总指挥令、军令状"的管理办法，规定了"总指挥令、军令状"任务落实和下达，任务检查、监控，任务完成上报机制，任务考核办法。项目部专业主管组织责任制，牵头解决问题，研究部 1 个工作日内制订详细计划，项目部计划主管负责将计划以"紧急调度令"形式下发，并纳入月度计划考核，根据"总指挥令、军令状"任务的重要性、复杂程度，经请示院"两总"领导，确定专项奖金考核，加强了任务的考核力度。

3）总师例会、两总例会纪要行动项目

总师例会每周一次，解决型号交叉专业、综合管理的技术协调、评估、技术决策，形成纪要发送至各研究部、中心、项目部、相关领导和上级机关。

两总体系是 ARJ21-700 飞机项目管理的特色体系，ARJ21-700 飞机项目总设计师系统（以下简称总师系统）由中国商用飞机有限责任公司组建，总设计师和副总设计师由中国商飞公司任命，在项目总指挥系统领导下，负责 ARJ21-700 飞机项目技术规划、技术管理和技术决策，主要工作包括工程设计、工艺工程控制、供应商技术管理、试飞、客户服务技术支持、市场营销技术支持、适航取证和持续适航等，是项目设计保证体系的重要组成部分。

ARJ21-700 飞机项目总设计师系统在中国商飞公司领导下，对项目总指挥负责，是项目的技术领导核心，对飞机的技术工作负全责。按照"严细慎实""质量安全第一"的工作作风，严格按程序办事，坚持科学决策，发扬团队精神，勇于创新，钻研技术，带好型号技术队伍，组织技术交流和技术攻关预研，优化技术流程，不断积累专业知识，做好未来型号技术储备。在国际合作项目和预研课题工作中，注重将研究成果升华为科技技术成果或专利等形式。

2.3.2　运行体系

1）考核管理

ARJ21-700 飞机项目部参与对参加 ARJ21-700 飞机项目的上飞院各研究部/中心进行考核的工作。考核内容包括上级下达的以及上飞院下发的 ARJ21-700 飞机项目各类计划。考核工作的基本原则是公平、公正、合理、全面，既注重部门自身任务的完成情况，又考核各部门之间、研究部与管理部门之间工作协调、衔接，同时综合考虑各部门工作的主动性、积极性。

ARJ21-700 飞机项目工作业绩考核组织机构包括考核领导小组和考核工作组。考核领导小组由主管 ARJ21-700 飞机项目的副院长、型号总设计师负责。考核工作小组由专家团队、ARJ21-700飞机项目部、适航工程中心、科技质量部组成。考核领导小组负责指导考核工作小组的工作,监督考核工作全过程,并负责批准考核结果。考核工作小组负责 ARJ21-700 飞机项目工作业绩考核。ARJ21-700 飞机项目部负责制订项目工作业绩考核细则,组织并完成考核工作;专家团队负责对考核的合理性和公平性进行审核,并评价各项考核内容;适航工程中心对适航审定计划提出考核意见;科技质量部对项目质量提出考核意见。

工作业绩(计划)考核包含以下三项内容:计划执行情况(70%)、协调/执行力(10%)、风险预警/计划管理(10%)和工作质量(10%)。

2) 风险管理

ARJ21-700 飞机项目部依据质量体系文件《研制风险管理》,结合 ARJ21-700 飞机项目的实际情况开展风险管理。并于 2012 年基本确定了风险管理的管理模式,在公司支线项目部的统一部署下,ARJ21-700 飞机项目部在 2013 年初就规划确定了切实可行的上飞院 ARJ21-700 飞机项目风险管理工作思路,同时建立、实施和维护中心级 ARJ21-700 飞机项目风险管理体系,持续开展风险评估和风险应对工作;及时上报严重风险、高等风险(升级/降级申报),协助公司支线项目部进行风险综合评估,并为行政指挥系统风险决策提供支持。主要工作包括风险识别、风险分析、风险评价、风险应对、风险监控、风险管理记录与信息报送、风险培训、经验教训总结、监督与考核、风险应急储备。ARJ21-700 飞机项目风险管理主要从以下几方面开展。

(1) 构建上飞院内部风险管理模式。

ARJ21-700 飞机项目部统筹考虑《ARJ21-700 新支线飞机项目风险管理计划》,结合项目实际阶段工作分工,借鉴上飞院全面风险运作模式及 ARJ21-700 飞机项目风险管理工作流程,探索出切实符合项目特点的风险管理工作模式。风险管理工作以"重点关注核心、关键、重大、长周期的技术工作领域,抓住关键路径中的风险工作"为思路,以 ARJ21-700 飞机项目部为中心级风险项目的主体,充分发挥总师系统、两总系统、行政系统例会、专题技术协调会议等有效途径,深入科研一线识别评估风险。

ARJ21-700 飞机项目部作为行政系统例会、主要技术问题协调会技术管理的主要组织机构,在历次的行政指挥两总系统会议上均将"存在的问题及风险"作为重要的议题,由风险管理专员对各部门/中心识别出的风险进行梳理;同时,在各重要技术协调会议中 ARJ21-700 飞机项目部技术团队将识别出的风险及时反馈给风险管理专员,ARJ21-700 飞机项目部做到了内部充分沟通。风险管理专员针对各部门上报或内部识别出的风险项组织开展技术风险排查工作,在识别风险的同时也增强项目管理全员的风险意识。

风险管理团队参与历次支线项目部组织的风险管理培训、风险月度例会,将理论结合实际,更好地管控 ARJ21-700 项目风险。同时配合完成风险管理的质量审核,均无不符合项。

(2)闭环运行风险管控,形成风险登记册。

按照公司支线项目部风险管理计划要求,ARJ21-700 项目部每月按时编制提交中心级风险登记册,通过采取风险应对措施,尽最大可能避免风险的发生。同时,对识别出的风险主要分为两级管理:中心级及部门级。通过风险管理计划中提出的风险管理标准对项目进行评估,将风险较大或需要外部单位协助、关注的工作,列为中心级级风险项上报支线项目部;风险不太大、上飞院或部门内部能够管控的风险工作不列入中心级登记册中,由各部门自行管控。

ARJ21-700 项目部对识别出的项目风险工作开展持续跟踪落实,部分已发生的风险工作都已转入问题清单中,并持续关注。真正做到风险识别、风险评估、风险应对、风险监控、关闭实施全闭环管理。

(3)加强风险意识,推进全员参与。

公司领导及院领导在年度中期评估、群众路线教育活动、行政指挥系统会议、重大技术问题汇报会议上多次提出要注重项目的研制风险管理,不能等到问题发生后不停地被动解决问题。要主动识别风险,控制风险,以赢得主动及减少损失。增强全民风险管理的意识。

各部门也在综合管理处增设风险管理专员,同时计划管理专员也逐步熟悉项目计划中的风险管理工作。ARJ21-700 项目部作为上飞院 ARJ21-700 飞机项目风险管理的归口部门,更起到了表率作用,不定期组织开展内部学习风险管理的基础知识,增强全员风险意识。

3)技术管理

ARJ21-700 项目部技术管理团队主要负责上飞院内、外 ARJ21-700 飞机项目的技术管理工作。主要工作包括:协助总设计师进行顶层规划、方案论证、可行性分析,进行技术总结,组织试验工作、技术攻关和 IPT 团队工作,进行对内/对外技术协调、人力/物力资源协调,并负责总师办相关工作。

2009 年,上飞院建立了 ARJ21-700 飞机项目总师系统和行政指挥系统联系例会制度。2009 年至 2013 年底,共召开 81 次两总系统联席例会。

4)信息管理

上飞院 ARJ21-700 飞机项目部负责对上飞院 ARJ21-700 飞机项目各项进展进行汇总并呈文。

5)外场试验试飞管理

自 ARJ21-700 飞机在阎良开展外场试飞后,上飞院成立了外场跟飞队。后来,商飞公司成立了 ARJ21-700 飞机西安外场试验队,原上飞院外场跟飞队更名为西安外场试验队工程中队。原 ARJ21－700 项目部工程支持团队进入工程中队,负责外场试验试飞工作的计划管理和现场协调工作。

2.3.3 保障体系

1) 预算及合同管理(ARJ21 项目办)

(1) 完善预算管理、合同管理的规章制度。

2001 年—2003 年的预算管理和合同管理按原 640 所的科技管理和合同(上海市的四技合同)管理制度办理。两所整合后,按航空工业第一飞机设计研究院(简称一飞院)民机研制程序办理项目的立项、审批、实施执行、验收和归档,航空第一飞机设计研究院上海分院(简称上海分院)型号办编制了《合同管理规定》,编制了合同模板,阐述如何签订合同。编制的《外包项目管理》阐述合同签署后如何执行。上飞院成立后,梳理和完善行政职能机构规章制度,纪检部门、科技质量部、法律部和保密办共同补充了合同的保密责任、违约责任、成果和知识产权及法律约束条款。项目的立项、审批按院的管理流程网上审批,经多次修订的《合同管理规定》和《外包项目管理》已纳入上飞院规章制度。

(2) ARJ21－700 飞机项目资金与合同。

上飞院 ARJ21－700 飞机项目资金均来自公司拨款,到款用途为内部费用(即人员费)和外部费用,其中外部费用按科研计划需要形成的外协清单按实申报。

在 ARJ21－700 飞机项目研制里程碑计划基础上,ARJ21－700 飞机项目部组织编制科研外协规划,内容包含年度科研外协的总体费用估算,重大外协项目清单。

依据年度科研计划,ARJ21－700 飞机项目部在年底集中受理各部门申报未来一年的外包项目清单,组织业内专家和专业副总师成立评审组,通过评审会形式对外包项目的必要性、可行性和经济性进行评审。必要性应与当年的科研计划挂钩,可行性就是阐述比较国内外具备资质和能力的承担方,经济性论述外包该项目所需的预估费用,具体费用可参考外协成本价格数据库中已有的数据。

评审组形成《外包项目验收/评审报告书》,通过评审的外包项目形成外包项目计划(包含项目清单、费用、对应的年度科研计划和重大节点)作为评审报告书的附件,主管院领导担任评审组长。通过评审的外包项目计划结合当年科研费用需求以红头文形式向上级公司申报,经公司批复同意后,逐一立项实施。

在每年的 7 月底集中调整一次,一年两次集中申报审批外包项目。原则上,如非急需,在其他时间不再受理新增外包项目的申请。集中申报之外,确实必须临时增加的外包项目,无论金额大小,申报部门需向项目部提交书面申请和论证报告。依据公司的有关规定,院项目部向公司对口项目部一事一报。

年度外包项目计划是年度科研计划的一部分,纳入科研年度计划考核范围。外包项目范围可分为外包加工、外包试验、外包设计、外包软件开发以及海外专家咨询五个方面。可通过3种形式选择确定外包项目的承担方：依次为招投标、竞争谈判、独家承担。年初申报全年的预算，采取三上三下的原则。每季度初申报上季度科研计划完成情况和经费使用情况，同时申报本季度科研计划和费用需求；年中调整预算；年底总结科研计划完成情况和预算执行情况。

2）研保建设管理（发规部）

（1）ARJ21-700研制保障条件建设管理。

为了加强ARJ21-700研制保障条件建设项目（简称"建设项目"）的管理，规范试验室、土建、动力、环境、设备和IT等建设项目的立项、采购、供应商的招标或选择、项目的验收和资料的归档等。上飞院制订了《ARJ21-700研制保障条件建设管理办法》。

综合计划部是研制保障条件建设项目的主管部门，负责项目的统一规划和归口管理。根据ARJ21-700型号研制任务的需求，负责组织各有关部门编制并实施项目的总体方案和建设计划；组织各有关部门完成ARJ21-700研制保障条件建设项目建议书的立项和报审；进行合同管理和供应商管理，并负责组织供应商的招标或选择、合同的技术、商务谈判和签订；组织研保条件建设完成后的验收；进行项目的预算管理、经费控制、进度控制；参与财务预、决算等项目建设全部过程的管理。同时，综合计划部作为研保建设主管部门，承担项目建设管理办公室任务。明确了科技质量部、综合保障部、科技情报档案管理部和财务部的任务分工。

上飞院制订了试验室基建项目工作流程、土建项目的管理程序、设备和材料采购管理程序、IT软硬件采购管理程序、动力建设项目管理程序、环境建设项目管理流程，并制订了研保资料管理规定，加强对研保任务的领导和管理力度。

（2）科研设计系统硬件资源管理等。

民机研制的保障条件建设由设计试验平台及专用试验条件组成。通用设计试验平台主要包括：计算机辅助设计平台，各系统的设计开发平台，各系统的通用试验环境和公共基础；专用试验条件主要是指在系统试验中，针对不同型号的民机，各系统试验所专用的试验设施和保障条件。

计算机辅助设计平台：飞机设计平台主要包括总体、气动、结构、强度的设计分析条件，根据未来5～8年的型号设计任务，上飞院规划了一体化设计手段，如CAD、PDM、总体设计软件、结构强度分析软件、综合化集成设计软件等。这些手段的建立使飞机研制在各个阶段都能进行快速设计、快速迭代，并支持同档次、多型号飞机的研制工作。主要建设内容是改造院区网，新增服务器，安全设备，异地存储设备，微机，增配CAD、CAE和PDM软件。

各系统的设计开发平台：航空电子系统、飞行控制系统、机电管理与监控系统的软件开发环境采用与硬件无关的编程语言和开发系统。能够满足飞机航空电子系统的开发、进行各种飞机综合座舱的研究与设计、满足飞机飞行控制系统的开发，具有复杂飞行控制律的开发环境，能够进行飞机航空电子 POP 和飞行员助手系统研究环境。主要建设内容是：POP 仿真系统、自动驾驶仪仿真系统、自动飞行功能仿真系统、进行座舱飞机仪表、控制面板、开关等总体布局的开发平台、进行先进支线飞机系统构型、总线控制、总体综合设计开发平台、航电系统综合设计仿真用于系统顶层设计。

通用试验平台：主要包括飞控设计试验条件、航电设计试验条件、液压设计试验条件、供配电设计试验条件燃烧试验条件。主要设计内容是：飞控系统、液压系统、供配电系统、航电系统、燃烧试验条件。

公共基础：在系统综合试验室，按照试验要求对设备以及配套设备在照明系统、消防系统、空调系统、动力系统、给排水系统等进行合理的工艺布置。

专用试验条件：民航专用试验条件主要包括铁鸟台架、动力装置试验台(MINIRIG)加载系统伺服装置和数据采集系统等。

一飞院成立前，640 所信息化建设领导小组负责 ARJ21-700 项目的设计保障条件建设，信息化建设领导小组由主管所长、科技处、结构室、计算机室的主管领导组成，根据项目公司型号需求对信息化的重大建设制订实施方案、采购方案，提交所长决策，科技处协调各研究室的设计需求，会同有关研究室负责项目的实施，相关合同由所长授权签订。2001 年在 640 所财政状况十分紧张的情况下，多方筹措资金完成 640 的网络集成、计算机软硬件集成建设，组织六期的 CATIA 培训和各类培训，完成 MD90 前机身建模。组织所相关专业参与上海分院 ARJ21-700 项目研制保障和设计条件建设的论证和建设。

一飞院自 2003 年成立至 2007 年，负责开展了完善设计条件的需求分析，资源调度，科技发展部根据人员变化完成了计算机的采购分配。设计条件软硬件建设、研保建设商务谈判、招标采购由计划部负责，计算机应用室负责具体实施、档案室负责采购设备软件的归档。计算机软硬件采购一般一年两次，调配和应急配置是动态的。

本章主要介绍了项目管理体系在 ARJ21-700 飞机项目管理体系中的应用，从规划体系、运行体系、保障体系介绍了 ARJ21-700 飞机项目管理体系的具体运行。

3 ARJ21-700飞机项目管理策划

项目管理策划是从系统的角度,对项目组织以及管理要素进行的综合规划,强调系统性、综合性、配套性、动态性以及有效性。ARJ21-700项目管理策划是基于系统原理的指导,对项目综合管理、范围管理、进度管理、费用管理、风险管理、人力资源管理、物资管理、信息与沟通管理等要素进行的全面策划。本章在介绍系统原理、项目管理策划的基础上,详细介绍了ARJ21-700基于系统原理的项目管理策划。

3.1 概述

项目管理策划是项目管理实施之前,针对项目本身特点对项目管理目标、管理方法和管理措施进行科学分析和论证的方法,是项目顺利实施的最基本的保障。古语云:凡事预则立,不预则废。可见全面周密的策划对项目管理的作用是至关重要的。因此,我们必须运用系统原理对项目管理的整个过程进行系统的、全面的策划,力求将可预见的项目管理的过程提前反映出来,为项目管理具体实施打好基础。ARJ21-700项目管理策划是结合ARJ21-700自身的特点,运用系统思想原理,经过在ARJ21-700项目管理过程实践中的应用,并不断总结、提高和创新,形成具有ARJ21-700项目管理策划特色的科学分析和论证方法。

3.2 系统原理介绍

自20世纪40年代以来,"系统"(system)一词作为一个广泛的研究对象,已引起了很多研究工作者的注意。人们习惯于将所研究的对象视为一个完整的系统来对待,从而吸引了众多领域的专家从事"系统"方面的研究和应用工作,并逐渐形成了一门新兴的学科体系——系统论。随着人们实践活动的不断深化,人们对系统的理解越来越深刻,系统的概念也相应地不断变化,不断完善。系统是由相互联系、相互作用的要素(部分)组成的具有一定结构和功能的有机整体。系统科学是以系统及其机理为对象,研究系统的类型、性质和运动规律的科学。包括五个方面的内容:

（1）系统概念，即关于系统的一般思想和理论。

（2）一般系统理论，即用数学的形式描述和确定系统的结构和行为的纯数学理论。

（3）系统理论分论，指为了解决各种特点的系统结构和行为的一些专门学科，如图论、博弈论、排队论、控制论和信息论等。

（4）系统方法，即为了对系统对象进行分析、计划、设计和运用时所采用的具体理论及技术的方法步骤，主要指系统分析。

（5）系统方法的应用，即将系统科学的思想和方法应用到各个具体领域中去。

中国著名科学家钱学森对系统科学的建立与发展做出了重大贡献。钱学森一直致力于应用系统思想和系统方法探求事物发展的一般规律性。他在总结、概括已有的系统研究成果的基础上，于 20 世纪 70 年代末首先提出了系统科学体系的层次结构。钱学森认为系统学是由 3 个层次、诸多学科和技术所组成。

（1）工程技术层次——自动化技术、通信技术，是直接改造客观世界的知识。系统工程是组织管理系统的技术。根据系统类型不同，可以分为各类系统工程，如农业系统工程、经济系统工程、工程系统工程和社会系统工程等。

（2）技术科学层次——运筹学、信息论和控制论，是指导工程技术的理论。

（3）基础科学层次——系统学，系统学是研究系统的基本属性与一般规律的学科，是一切系统研究的基础理论。系统学正在建立之中。系统科学通向哲学的桥梁是系统论或系统观，属于哲学范畴。系统科学的建立必将极大加强人类认识和改造客观世界的能力，促进科学技术与经济的发展，又都最终发展和深化马克思主义哲学。随着系统思想的发展，系统理论的内容也变得越来越丰富。现代系统理论的种类很多。包括一般系统论、协同学原理、控制论、大系统理论等。在 ARJ21 - 700 的项目管理中，系统的思想贯穿始终，各种系统理论都得到适当的应用，其中大系统理论是应用得最普遍的系统理论。

大系统的特点是规模庞大、结构复杂，目标多样，功能综合，因素众多，更为复杂的大系统则有不确定性（随机性、模糊性、发展性）和主动性（有人的参与）。工业企业是最为典型的大系统，其中有人、设备和各种资源，并且存在着各种内在不确定性因素，当然，ARJ21 - 700 也可以称为大系统。在大系统的实践中人们提出了不少新问题，因此需要探讨新的方法予以解决。大系统理论主要探讨、分析如下几个方面的问题和方法：

（1）大系统的建模方法和模型简化技术。大系统的复杂性导致大系统模型的建立比较困难，所建立的模型比较复杂，需要予以简化。模型的建立方法和模型的简化技术是大系统理论主要研究的基本理论之一。

（2）有关主动系统的问题。主动系统是指含有"主动环节"——人的系统，例如，由管理人员、操作人员和机器设备组成的人机系统。研究这类系统的主要困难在于如何描述人的特性,这也是大系统理论研究的主要特征之一。

(3)动态系统的分散递阶控制。动态性是大系统最基本的特征之一,动态性导致了大系统控制的复杂性,加之大系统规模的庞大,对大系统的控制需要提出新的控制方法。分散梯阶控制的方法就是为了适应大系统的控制需要而提出的控制方案,这是一种对大系统进行分析与综合、控制与管理的行之有效的方法。

(4)大系统的结构方案和特征。大系统的分散递阶控制要求大系统的递阶控制结构具有特殊的方案,大系统理论研究的最终目标应是建立系统的优化结构方案。

除此之外,一般系统论、控制论等都是比较经典的系统理论。其中,一般系统论是由美籍奥地利生物学家贝塔朗菲于1937年提出的,他指出,系统的特征包括开放性、整体性、动态性和能动性等特性,为系统论奠定了理论基础。

3.3　项目管理策划

系统的理论本质是要从全局的角度去解决问题,以系统的思维去寻求整体优化的方法。ARJ21－700项目管理策划就是基于这样一种思想来实施的。

项目管理策划是指项目管理实施之前,针对项目本身的特点对项目管理目标、管理方法、管理措施、管理手段进行科学分析和论证的方法。

3.3.1　项目管理策划的特点

项目管理策划是按照系统的原理,在项目管理措施得到决策和实施之前开展的一系列分析与评价工作,是项目成功实施的前提和基础。项目管理策划具有如下特性:

(1)系统性。项目管理策划是依据系统原理对项目意向和项目方案的全面分析与评价,因此它具有系统性特征。

(2)科学性。项目管理策划通过应用科学的方法、程序等,保证策划结果的有效性和对管理过程的指导性,能够避免由于主管臆断或者经验主义造成管理失误。

(3)比较分析特性。项目管理策划的很大部分工作是对项目管理各种方案在各种情况下的技术经济投入和结果做出分析,并比较和找出其中相对最优的项目管理方案,为项目管理决策提供支持。

(4)决策支持特性。项目管理策划是为项目管理决策和实施提供支持和服务的,这也体现了项目管理策划的目的性。

除上述特性外,项目管理策划还具有假设前提特性、时效特性等。

3.3.2　项目管理策划的原则

项目管理策划是项目及项目管理成功实施的前提和基础,其根本作用是为项目管理决策服务。同时,它还是实现项目战略的一种手段以及项目投资决策成功的保障,还是项目管理的重要依据。

开展项目管理策划工作必须遵循一些基本原则,主要有实事求是原则、系统性原则、择优原则、规范化原则、动态性原则以及近期经济效果与远期经济效果相结合的原则。

3.3.3 项目管理策划的过程

一般情况下,项目管理策划可以分为以下几个步骤进行:

(1) 确定组织架构。根据项目的类型和规模,进行项目组织结构的设计和人员的调配,建立适合项目、充分发挥项目管理优越性的项目管理组织架构。

(2) 项目管理目标分解。在项目管理方案制订之前,必须认真分析项目管理功能要求,其中包括项目管理总体目标、分目标,以及在目标指导下,项目管理方案必须达到的技术指标、经济指标等。

(3) 项目合同分解。

(4) 项目管理工作内容分解。依据项目管理目标进行工作分解,将工作内容细化并落实到具体责任人。

(5) 总控计划的编制。根据项目管理的总体目标、分目标以及工作分解结构,建立高度集成的总控计划,以便进行统一的管理控制。

(6) 沟通程序制度的建立。建立项目组织之间以及组织内部合理的沟通制度,是项目管理取得成功的必要因素。因此,必须建立明确灵活的沟通程序制度。

3.3.4 项目管理策划的作用

项目管理本身就是一个复杂的系统工程,需要全方位、全过程进行资源的有效配置、整合和管理,因此项目管理的前期策划是非常必要和重要的。项目管理策划涵盖了项目管理的方方面面,在一定程度上使项目实施各阶段管理和局部管理衔接紧密,系统资源分配合理,更好地保证项目实施与进行;良好的管理实施效果,一方面有效保证项目微观上的目标,如成本、质量、进度等目标的实现,另一方面促进管理策划更加科学合理,其相互作用积累的管理实践所形成的项目管理经验,可以为本项目或以后同类项目管理策划与实施提供重要的参考和借鉴。

3.4 ARJ21‑700 飞机项目管理策划

3.4.1 概述

任何工程项目,特别是重大工程项目,都有诸多事项需要整合。首先,需要有正确的项目管理策划来统筹安排整个项目。项目管理策划的结果是要形成一套项目管理计划。项目管理计划贯穿工程研制的全过程、全方位、全系统。因此,它必须按照系统理论和方法,实施有效的策划、控制和管理。

ARJ21‑700 项目的成功,项目管理策划起到了很重要的基础作用。ARJ21‑

700 项目管理策划遵照一般项目管理策划的方法,针对自身特点,运用系统原理提出了一套涵盖项目管理全要素的、系统的管理策划体系。

系统原理要求管理工作在处理系统内各要素的关系上,必须通盘考虑,科学发展,实现管理系统整体功能放大。系统原理体现的是一种系统性思想,它要求策划过程全面安排、平衡决策,把项目总体与分系统、子系统、单项设备的研制生产、试验任务等统筹策划,以期得到系统整体的最优化。

ARJ21－700 项目管理策划的过程,主要是对基本任务、系统组成、交付成果等任务和指标要求,在确立了项目范围、目标、里程碑的基础上,进行系统策划,形成 ARJ21－700 项目管理的策略和计划。

基于系统原理的项目管理策划主要体现在整体性、动态性、开放性、权变性等方面。

1）整体性

ARJ21－700 系统涉及的部门多,部门的功能各异但密切相关;即使是同一部门,随着项目的进展,不同时期的工作任务也不相同。如何将这些功能各异的部门有机地结合起来,让它们都朝着组织整体目标而努力,是一项十分艰巨的组织管理任务。从系统功能的整体性来说,系统的功能不等于要素功能的简单相加,而是往往要大于各个部分功能的总和,即"整体大于各个孤立部分的总和"。这里的"大于",不仅指数量上大,而是指在各部分组成一个系统后,产生了总体的功能,即系统的功能。这种总体功能的产生是一种质变,它的功能大大超过了各个部分功能的总和。ARJ21－700 项目管理策划的整体性是指在项目策划过程中,注重系统要素之间及要素与系统之间的关系,以整体为主进行协调,局部服从整体,使整体效果为最优。

2）动态性

为了适应外部环境的要求以及自身组织目的的需要,必须不断地完善和改变自己的组织模式和功能;组织内部的各部门功能及其相互关系也必须随之相应地发生变化。组织作为一个运动着的有机体,其稳定状态是相对的,运动状态则是绝对的。组织内部的联系以及组织与环境的相互作用都是动态的。依据动态性观点,ARJ21－700 组织就是在这种不断变化的动态过程中生存和发展的,因此,它的科研任务、生产组织与过程、管理机构、规章制度和管理方法等都具有很强的时限性。

3）开放性

ARJ21－700 飞机要进入民机市场,势必面临激烈的市场竞争,因此要求全面保护型号研制的商业机密,但这并不意味着要将工程组织当作封闭的系统来进行运作管理。封闭只能导致组织系统的灭亡,开放才是组织生命的源泉。ARJ21－700 任务复杂艰巨,且内外部环境变化剧烈,如果不与外部进行物质、能量和信息的交换,组织将难以维持,更不要说发展壮大。实际上,不存在一个与外部环境完全没有物质、能量、信息交换的系统。只有当系统从外部获得的能量大于系统内部消耗散失的能量时,系统才能不断发展壮大。在 ARJ21 - 700 项目管理工作中,要充分估计到外部对系统的种种影响,注重组织管理的开放性,从外部吸收物质、能量和信息,对项目管理进行不断的修正和完善。

4) 权变性

ARJ21 - 700 飞机的组织机构面临的任务与外部环境经常发生变化,因此并不存在一种适用于各种情况的普遍的管理原则和方法,只能通过研究组织外部的经营环境和内部的各种因素,依据各种具体的情况,进行管理的调整和优化,从而决定采用哪些适宜的管理模式和方法,这体现了权变的思想。权变管理理论(contingency theory of management)的核心就是研究组织的各子系统内部和各子系统之间的相互联系,以及组织和它所处的环境之间的联系,并确定各种变数的关系类型和结构类型。它强调在管理中要根据组织所处的内外部条件随机应变,针对不同的具体条件寻求不同的最合适的管理模式、方案和方法。通过权变分析,可以找到项目组织系统内部,以及系统内外之间主要变量的关系,这种关系是相对稳定的,它是 ARJ21 - 700 项目管理的依托和基准点。

ARJ21 - 700 项目管理策划的结果是一套包含各项目管理要素的完整的项目管理计划。项目管理计划是用来描述将要进行的所有项目活动,它要系统地考虑和集成所有对项目结果有影响的工作,表明与其他部门和组织未来活动的界面。

ARJ21 - 700 项目管理策划应用系统原理,对项目范围、进度、质量、经费、风险、人力资源、物资和信息沟通各要素进行全面和综合策划,使 ARJ21 - 700 项目研制管理过程中的各项工作相互协调和促进。

3.4.2　项目管理综合策划

ARJ21 - 700 项目管理主要进行了以下综合策划。

1) 新支线飞机的产品定位

(1) 根据产品上市时国内市场实际需求,选择 70 座先进涡扇支线飞机作为基本型投入市场,设计和生产符合国际先进标准,通过缩短、加长系列化发展满足市场多方位要求。

(2) 面向国内外两个市场,先进入国内市场,并以国内市场为主。

(3) 新支线飞机采用经型号研产验证的先进技术和主制造商/供应商研产模式,充分利用国家经济扶持,发挥已有投资的经济效益,取得成果体现为安全性和可靠性。

2) 项目目标

新支线飞机将以国内市场为切入点,既满足开发西部地区的航空运输的需要,也充分适应东部地区中小城市经济发展对航空运输的要求。

新支线飞机争取占有部分国际市场,面向第三世界。

新支线飞机以 CCAR-25/FAR25/CS25 为适航基准,首先取得 CAAC 的型号合格证(TC),随后取得 FAA/EASA 的型号合格证。

根据市场要求、民机产业的现状拟定新支线飞机设计技术要求,作为工程设计的指导性技术文件。

3) 项目管理策略

ARJ21-700 飞机按照项目管理的模式进行统一管理。

(1) 系统策划,规范管理在 ARJ21-700 飞机的研制中,按型号项目管理要求,全面实行项目管理。项目办公室制订系统级项目管理计划;分系统根据系统级项目管理计划结合分系统研制技术流程,制订分系统项目管理计划;新增设备和专项试验制订专项管理计划。在系统层面和分系统层面执行项目管理程序,进行确定目标、系统策划、过程控制和结果确认,采取项目管理方法进行各种管理领域的管理活动,并在单机单位特别是关键单机的研制单位推广项目管理知识,对单机的研制、生产和试验等过程控制进行系统策划,注重风险管理,对涉及的关键技术和项目进行风险分析,有针对性地采取措施,促进各型号间、各专业间协调发展,按照现代项目管理要求,从系统、分系统、单机 3 个层次,对型号研制所涉及的各个要素进行动态评估,提高整个系统的项目管理水平。

(2) 系统分析,总体先行在系统功能基线分析的基础上,强化系统设计,强调系统总体先行。ARJ21-700 飞机总体方案、技术流程、技术状态、技术要求、飞行程序、可靠性与安全性保障大纲,实施细则、软件工程化实施细则等总体顶层文件先行,以指导各分系统的研制。在方案设计时,针对出舱活动的任务剖面,全面分析系统的安全性和可靠性。以此为基础,找出可靠性与安全性薄弱的环节,提出有针对性的可靠性与安全性试验项目和重点控制环节。可靠性与安全性分析和试验验证工作在出厂前全部完成。

(3) 强化方案审查,严格技术状态控制,设计方案要充分吸取先前工作的经验,举一反三,并立足现有的技术基础,加强总体方案,并充分做好地面验证试验,加强专家把关,强化方案审查,确保设计一次成功;加强设计和技术状态变化的复核和试验验证,从试验方案设计、试验过程控制、试验结果分析总结等环节严格评审把关。

(4) 加强关键件、重要件、不可测试项目的质量控制,严格按照要求做好关键件、重要件、不可测试项目的质量控制工作。对全系统产品在进一步采用可靠性与安全性分析手段的基础上,确认关键件和重要件,根据产品特性确认不可测试项目,建立关键件、重要件和不可测试项目信息数据库。在单机投产前,完成关键件、重要件和不可测试项目的确认,完成各项过程控制措施的策划,并严格控制,确保质量。

(5) 强化测试分析,按细则认真开展测试工作,测试后严格进行测试覆盖性的检查,编制测试覆盖性检查结果报告。

(6) 优化研制流程,加强产品保证。为了缩短研制流程,采取并行工程的方法。

(7) 做好基础工作,完善研制质量体系严格评审制度,对每一项新增功能和技术状态变化涉及的相关操作、程序、测试进行全面分析，同时对每一项技术状态变化进行评审，建立详细档案、跟踪落实；认真跟踪评审待办事项的落实；严格按照各项规章制度控制元器件、原材料的质量；建立质量审查机制和各种信息数据库，实施网络数据共享，做好产品质量信息工作。

（8）狠抓研制短线和专题项目控制，通过动态评估及时发现可能影响研制进度的短线和威胁飞行员安全的隐患，并逐项列为专题，集中力量解决。对短线项目采用专题控制的形式，制订专题计划，技术、质量、进度、经费紧密结合，专题调度，确保短线项目按照要求完成。

（9）规范研制文档管理，按照文档管理要求，及时组织完成文件资料的归档工作。单机文件和工艺审查盖章齐套。

（10）优化人员配置，加强岗位培训从方案阶段开始，确定总体和分系统参与ARJ21-700飞机研制的核心人员，全过程相对稳定，确保工作的延续性，同时根据不同研制阶段的特点和人员要求，调配人力资源，保证研制需要，实现资源的优化配置。

（11）重视质量监督代表意见，发挥其监督作用。

4）项目管理工作重点

根据工程总体的要求以及研制的技术流程，项目管理工作重点有以下几个方面。

（1）项目策划。

运用规范的工具和方法，加强策划，编制各管理要素计划，以指导全过程的研制，重点关注项目管理策略、范围、进度、质量管理计划。

（2）风险的分析和管理。

加强风险识别、分析、监控，包括技术状态的确定和技术状态变化情况的控制等。

（3）质量控制。

加强飞机生产工艺控制、元器件和原材料使用、关键件、重要件、不可测试项目的控制，加强设备验收、分系统联试、软件评测和出厂评审等。

3.4.3 项目范围管理策划

根据 ARJ21-700 飞机研制的任务特点，制订了 ARJ21-700 飞机的项目范围管理策划，包括 ARJ21-700 飞机的系统组成和产品配套、工作分解、范围核实、变更控制方法和程序，作为与上级和用户沟通的基础，并用于指导 ARJ21-700 研制过程中的范围管理工作。

1）ARJ21-700 飞机产品范围

ARJ21-700 飞机的产品范围包括总体设计、气动设计、机体结构强度设计、动力装置、航电、电气系统集成、试验、试飞验证等。完成并发出全部产品图纸、数据、资料及文件(包括相关试验、试飞文件及改装图纸等)。

2)范围核实方法和程序

ARJ21-700飞机研制过程工作范围,包括软硬件产品配套,试验、测试用支持产品/设备配套、文件配套和实施过程中的工作项目等范围,需得到与ARJ21-700飞机研制有关单位(包括上级、用户、研制单位)的核实和认可,并进行必要的会签或评审。

3)范围变更控制

ARJ21-700飞机研制过程工作范围的变更,包括软硬件产品配套,试验、测试用支持产品/设备配套、文件配套和实施过程中的工作项目等范围的变更,按以下方法和程序控制:

(1)遵循"论证充分、各方认可、试验验证、审批完备、落实到位"的5条原则实施。

(2)各项变更均报系统项目经理或项目技术经理审批。

(3)由专人负责对变更的过程与结果进行跟踪、记录,确保变更相关事项的落实。

3.4.4 项目进度管理策划

通过制订进度控制方法、编制基准计划流程、确定短线项目、确定每项任务工作周期,引进关键链管理方法,进行项目进度计划编制和进度控制。

1)进度管理体系

从进度管理组织体系、进度计划体系和责任体系3个层次,对ARJ21-700项目进度管理体系进行具体的描述。

(1)组织体系。ARJ21-700项目进度管理是复杂的系统工程,按照ARJ21-700飞机的组织体系模式,在ARJ21-700飞机进度管理体系中,采用分层负责的管理模式:第一层,系统级项目进度管理组织;第二层,分系统级项目进度管理组织;第三层,项目小组进度管理组织。

(2)进度计划体系按时间维度。ARJ21-700飞机进度计划可以分为全周期计划、专项计划和短线计划,在总进度目标要求下,提出具体的进度要求。

(3)责任体系。参考强矩阵式组织结构,构建ARJ21-700飞机研制项目管理组织结构,组成ARJ21-700项目办公室,从各职能部门抽调人员,建立多功能型团队,明确团队成员在项目进度管理中的主要职责,形成进度管理责任体系。

2)进度管理程序

(1)进度管理正常程序。

ARJ21-700的进度管理中首先针对项目工作组织专题任务组,系统级进度管理组一般由副总指挥负责,主管技术副经理任技术负责人,主管计划经理任调度主管,主管质量经理任质量主管。分系统级进度管理组一般由分系统主任设计师任技术负责人,厂所调度任调度主管,厂所质量任质量主管。单机研制进度管理由单机配套单位负责,需将研制进度及时上报。3个层次的进度管理均可由项目办公室计划经理参与检查、监督。

ARJ21-700计划实施的主要控制方法是详细报告制度和各种会议制度,如每两周一次的综合调度会、专题调度会,包括总指挥签发调度令及主要领导到工作现场指挥协调等,并将调度会纪要由项目经理(副)签发后下发,确保每两周对整个项目的进展情况进行详细的了解,对存在的问题及时采取措施。进度管理正常程序包括:

a. 确定进度管理目标和分解进度目标。

b. 制订进度管理策划。

c. 确定项目进度管理计划。

d. 进度管理计划的实施与控制。

e. 结果确认。

(2)进度管理纠偏程序。

利用关键链方法,识别短线和关键项目,在短线项目研制过程中计划经理实时跟踪,对能够现场解决的问题进行实时控制;每周或每一个环节利用动态评估技术进行进度的动态评估,对影响进度的短线或出现的质量问题进行计划安排,避免单项任务的推迟影响整体目标的实现。

(3)进度管理调整程序。

如采取纠偏措施后,进度仍不能满足基准计划,则启动计划调整程序,综合协调研制过程中的进度、质量、经费、范围等指标的冲突,控制研制的里程碑。建立变更控制机制,对技术状态、质量指标、进度指标、经费指标的变更进行控制。由于突发事件、项目变更及实施中出现的偏差,需要对原计划进行补充说明,促使项目目标更好地实现。

3)进度管理影响因素分析

(1)技术状态。

我国目前正在逐步建立起完整的大型民用飞机技术体系,多项关键技术正处于攻坚克难的阶段,存在技术状态确定晚、变化多等可能影响研制进度的风险。

(2)人力资源。

ARJ21-700存在多条工作以及主辅线并行的情况,面对老同志陆续退休,年轻同志经验不足,并且多型号、多线开展工作的局面,在型号研制过程中不可避免地会出现人员短缺的现象,尤其在综合电测阶段和大型试验阶段,人力资源是制约飞机研制进度的重要因素。

（3）设备资源。

ARJ21-700设备备份多沿用一期工程的滚动备份产品，但多数备份设备状态需要分系统或单机配套单位进行大量的性能复验和适应性修改，在研制周期内还需不断完善设备设施。

（4）各系统间的协调。

ARJ21-700的计划安排、进度协调、进度执行工作一方面要与ARJ21-700总体和其辅佐系统协调，另一方面要与分系统承制单位和单机研制协作单位协调，协调工作量大，对保证ARJ21-700项目进度会有一定影响。

通过以上影响因素的分析，为了控制项目进度管理风险，实现进度管理目标，根据ARJ21-700新增任务要求、阶段工作项目及工作分解，结合研制过程中技术状态控制、进度节点完成情况，确定关键项目和短线项目，并编制专题计划，由计划经理将具有风险的计划进行分解并落实进度管理。

4）进度基准计划

按照项目工作分解结构和总体进度管理要求，确定ARJ21-700项目进度管理的基准计划，并明确各项计划的责任单位和成果要求，作为开展进度管理工作的基准要求。

5）进度控制措施

ARJ21-700进度管理采取了如下控制措施：

（1）针对影响因素进行应对策划。

针对识别出来的影响项目进度的因素，制订应对策划。

（2）落实进度计划和保障条件。

根据项目计划流程，进行进度计划的分解和责任落实，明确保障要求。

（3）进度计划跟踪和检查。

通过定期评估会议、阶段评估会议、定期进展报告、项目总结等形式，维护计划的严谨，严格按计划节点考核和管理，及时监控项目进展，实施必要的奖惩制度，持续不断地进行检查与督促，确保计划顺利实施。

（4）及时纠偏。

在进度实施过程中，如发现某计划项目完成结果与计划要求产生偏差时，需及时纠偏；对于需调整的进度计划，要综合分析对后续计划的影响，提出调整专项报告，程序经批准后执行；对新出现的短线项目，成立专门的工作小组，采用团队作业模式，集中办公，现场协同解决问题。

（5）严格变更管理程序。

影响研制进度的调整，必须就调整原因提出专题申请报告。

3.4.5 项目质量管理策划

通过明确质量管理组织和职责，提出ARJ21-700各阶段的质量管理目标，采取质量控制、质量保证和质量提高的措施,规定质量管理程序,提出研制各阶段的详细质量管理要求,制订研制过程中进行的质量活动安排,建立完善的产品过程数据包,实现面向产品设计过程的质量管理。

1) 质量管理目标

(1) 主线研制。

设计阶段的质量管理目标:总体策划到位,分系统及各单机的输入输出明确,设计把关得力,验证充分,确认有效,更改分析和验证充分。

生产阶段的质量管理目标:元器件、原材料和新工艺选用符合要求,质量受控,生产记录完整,验收把关到位。

总装试验阶段(AIT)阶段质量管理目标:总装无人为差错,流程控制到位;综合测试覆盖全面,数据判读无漏判、无误判;大型试验保障有力,试验状态控制到位。

(2) 专项试验。

专项试验的质量管理目标:目的明确,流程合理,过程受控,结果记录完整。

2) 质量管理程序

(1) 正常情况质量管理程序。

质量经理按照相关质量法规编写 ARJ21 - 700 项目研制质量管理策划,编制产品保证计划、质量管理计划,并进行发布和宣传贯彻;及时向各分系统传达上级机关下发的质量管理要求;组织、指导各分系统编制质量管理计划。

各级质量管理主管按 ARJ21 - 700 项目质量管理计划要求收集整理相关质量控制证据,并上报 ARJ21 - 700 项目办公室。

ARJ21 - 700 项目任务结束后,项目质量经理负责组织完成质量管理工作总结。

(2) 异常情况(不合格品审理)质量管理程序。

在项目研制过程中,出现元器件失效、原材料失效、单机产品不合格或超差、单机交付分系统之后的故障处理、AIT 阶段异常现象或质量问题处理出现异常情况,严格按照相关要求进行问题分析、检查、归零和落实。

3) 质量管理分析

设计过程质量风险:ARJ21 - 700 项目针对设备的设计未经飞行试验验证,由于地面试验设计不完善可能存在出现质量问题的风险。

生产过程质量风险:原材料的批次差异、选用质量,新增的目录外元器件质量情况如果不合理、不完善会造成生产过程中的质量风险。

管理过程质量风险:质量管理要求不能及时有效地传达和延伸到协作单位,新老队伍交替导致的经验不足,管理规章制度不落实会造成管理过程质量风险。

4) 质量管理措施

(1) 质量控制措施。

a. 加强策划。

b. 建立产品实现过程数据管理机制。

c. 全员参与质量控制。

d. 按阶段实施过程质量控制。

（2）质量保证措施。

a. 质量复查：

项目办公室按阶段组织进行产品质量复查和评审工作，落实单机生产过程、大型试验、测试和出厂前的各项质量复查工作。

b. 提前开展复核复审工作。按照确定的复核、复审项目，组织专家进行复核、复审，对专家组提出的建议、应办事项，严格闭环管理。

3.4.6 项目费用管理策划

根据 ARJ21-700 项目研制计划要求和工作分解结构，结合产品价格，从总体策划、成本管理体系、成本管理程序、成本分析、成本计划、成本控制等几方面进行经费综合管理。

1）费用管理总体策划

ARJ21-700 项目范围管理计划及进度管理计划，以范围管理计划 WBS 分解结构为基础，以单机或单项试验为对象，按相应价格基准编制项目成本分解结构（CBS）。

根据 ARJ21-700 项目年度研制计划，结合各研制单位具体情况，针对各年度工作重点进行年度经费策划，确定年度经费投资强度并上报。

ARJ21-700 项目年度直接经费计划制订后，合同经理要以 ARJ21-700 项目年度考核节点为基础，负责计划的具体执行、计划变更、过程监督，及时反馈信息，为项目经理提供有关项目的决策依据。

ARJ21-700 项目合同经理的主要工作包括核对计划执行情况，综合分析存在的问题，提出计划执行的有关建议，根据 ARJ21-700 项目的实际研制进展情况进行计划的变更控制。

根据研制任务特点和经费管理要求，ARJ21-700 项目经费主要按以下几个方面进行安排。

（1）调整节点完成时间，减轻当年经费压力。

（2）专项试验研制经费超前安排。

（3）状态更改设备研制、试验经费超前安排。

（4）原材料、元器件采购经费超前安排。

（5）瓶颈工艺经费超前安排。

（6）确保条件保障经费按时拨付。

（7）延用产品的生产经费适当延后。

（8）外协合同要求项目完成后付款。

2）费用管理体系

ARJ21-700 项目经费管理组织主要分为系统级和厂所级。项目办公室经费管理组织由主要领导组成。

3）费用管理程序

（1）成本管理正常程序。

各研制单位根据 ARJ21-700 项目年度研制计划，结合各研制单位实际情况编制年度经费需求报告，上报项目办公室。

项目办公室合同经理根据年度研制计划、结合产品价格，参考各厂所上报材料，编制年度 ARJ21-700 项目直接经费计划。项目经理批准后，形成年度直接经费计划。

按 ARJ21-700 项目研制进度实施月度经费下拨工作。ARJ21-700 项目直接经费月拨款工作原则上按照本年度 ARJ21-700 项目直接经费计划文件和实际完成情况执行拨付。

（2）经费计划调整程序。

ARJ21-700 项目年度经费计划下达后，项目办公室对项目计划执行情况进行跟踪、考核。在项目进行过程中，由于各方面因素（设计输入、原材料和元器件到位、上游产品交付等）造成进度推迟或提前，研制经费相应地进行调整。

（3）新增项目经费管理程序。

在 ARJ21-700 项目年度计划执行过程中，由于研制工作需要，新增加的研制项目，经费相应地进行调整。

4）费用管理措施

合理安排质量保证专项经费，如培训费、加强保证经费，确保质量与进度相匹配。

由于设计、分析、测试不全面及过程中误操作等原因造成质量问题，原则上由责任单位承担质量成本；为了加强可靠性与安全性工作，落实相关要求，提高产品质量保证能力所需经费由研制经费的调控费中支付。

加强成本控制。挖掘各种降低成本的可能。各部门都参与项目成本控制工作，使项目费用降至最低。

项目成本管理是一个动态过程，其目的是保证实际使用成本与预算一致。在制定项目预算时，首先要对研制成本进行尽可能详尽的颗粒度划分，然后在项目研制过程中及时对项目成本活动做出评估，进行计划值与实际值比较，以判断是否存在偏差，最后采取控制措施以确保项目成本目标的实现。

根据费用基线、成本基准计划、绩效报告、变更申请控制工具，针对 ARJ21-700

项目做出成本估算,再分解做出详细的成本预算分解(CBS),编制项目成本基准计划。根据项目成本基准计划按比例进行月度拨付科研经费。按任务阶段对 ARJ21－700 项目进展和经费使用情况进行统计分析,找出实际发生费用与成本计划的差距,分析偏差产生的原因,并采取相应措施保证项目成本计划完成。

3.4.7　项目风险管理策划

对 ARJ21－700 项目研制过程中可能出现的风险进行识别、分类、排序和定义,制订相应的风险控制措施,开展全过程、全系统、全要素多维模式的项目风险管理,作为指导研制过程中风险监控的依据,确保影响进度、质量、成本目标的风险得以规避,残余风险工程总体可以接受,飞行出现故障时采取有效的风险应对措施。

ARJ21－700 项目部依据质量体系文件,结合 ARJ21－700 项目的实际情况开展风险管理。并于 2012 年基本确定了风险管理的管理模式,在公司支线项目部的统一部署下,ARJ21－700 项目部在 2013 年初就规划确定了切实可行的上飞院 ARJ21－700 项目风险管理工作思路,同时建立、实施和维护中心级 ARJ21－700 项目风险管理体系,持续开展风险评估和风险应对工作;及时上报严重风险、高等风险(升级/降级申报),协助公司支线项目部进行风险综合评估,并为行政指挥系统风险决策提供支持。主要工作包括风险识别、风险分析、风险评价、风险应对、风险监控、风险管理记录与信息报送、风险培训、经验教训总结、监督与考核、风险应急储备。ARJ21－700 项目风险管理主要从以下几方面开展。

1) 风险管理模式

ARJ21－700 项目部统筹考虑《ARJ21－700 新支线飞机项目风险管理计划》,结合项目实际阶段工作分工,借鉴上飞院全面风险运作模式及 ARJ21－700 项目风险管理工作流程,探索出切实符合项目特点的风险管理工作模式。风险管理工作以"重点关注核心、关键、重大、长周期的技术工作领域,抓住关键路径中的风险工作"的思路,以 ARJ21－700 项目部为中心级风险项目的主体,充分发挥总师系统、两总系统、行政系统例会、专题技术协调会议等有效途径,深入科研一线识别评估风险。

ARJ21－700 项目部作为行政系统例会、主要技术问题协调会技术管理的主要组织机构,在历次的行政指挥两总系统会议上均将"存在的问题及风险"作为重要的议题,由风险管理专员对各部门/中心识别出的风险进行梳理;同时,在各重要技术协调会议中 ARJ21－700 项目部技术团队将识别出的风险及时反馈给风险管理专员,ARJ21－700 项目部做到内部充分沟通。风险管理专员针对各部门上报或内部识别出的风险项组织开展技术风险排查工作,在识别风险的同时也增强项目管理全员的风险意识。

风险管理团队参与历次支线项目部组织的风险管理培训、风险月度例会,将理论结合实际,更好地管控 ARJ21－700 项目风险。同时配合完成风险管理的质量审核,均无不符合项目。

2)闭环运行风险管控,形成风险登记册

按照公司支线项目部风险管理计划要求,ARJ21-700项目部每月按时编制提交中心级风险登记册,通过采取风险应对措施,最大限度地避免风险的发生。同时,对识别出的风险主要分为两级管理:中心级和部门级。通过风险管理计划中提出的风险管理标准对项目进行评估,将风险较大或需要外部单位协助、关注的工作,列作中心级级风险项上报支线项目部;将风险不太大、上飞院或部门内部能够管控风险的工作不列入中心级登记册,由各部门自行管控。

ARJ21-700项目部对识别出的项目风险,开展持续跟踪落实;部分已发生的风险都转入问题清单中,并持续关注。真正做到从风险识别、风险评估、风险应对、风险监控多方面实施全闭环管理。

3)加强风险意识,推进全员参与

公司领导及院领导在年度中期评估、群众路线教育活动、行政指挥系统会议、重大技术问题汇报会议上多次提出要注重项目的研制风险管理,不能等到问题发生后不停地被动解决问题。要主动识别风险,控制风险,以赢得主动及减少损失,增强全民风险管理的意识。

各部门也在综合管理处增设风险管理专员,同时计划管理专员也逐步熟悉项目计划中的风险管理工作。ARJ21-700项目部作为上飞院 ARJ21-700项目风险管理的归口部门,更起了表率作用,不定期组织开展内部学习风险管理的基础知识,增强全员的风险意识。

4)项目风险控制措施

对已识别的风险制订风险应对措施,对影响进度、成本、设备安全和飞行员安全的风险进行风险监督和控制,以达到风险规避、转移、降低和用户接受的目的。

(1)建立关键项目监控表。

对风险项目及风险项目造成的影响建立监控表,并进行周期性动态评估,对风险项目进行适应性的增加、删除和修改。

(2)应急情况措施表格化管理。

针对某些风险项目中某些因素发生导致的应急情况,制订的应对措施,应进行表格化管理,以便于落实检查。

(3)建立风险报告制度。

在 ARJ21-700项目研制过程中发生风险时,应将低风险报告风险管理小组,中、高风险由风险管理小组按要求报上级部门和用户;风险监控成果也定期向上级、系统和分系统通报。

(4)进行风险处置。

在研制过程中,风险发生时根据应对措施进行风险控制,未预见的风险由风险管理小组临时决策处理，高风险报院领导和大总体决策处理。

3.4.8　项目人力资源管理策划

在人力资源的管理模式建立、培养 ARJ21－700 项目研制队伍，打造一支能力强、作风硬、具有国际先进管理水平的项目梯队。

1）人力资源管理指导思想和原则

ARJ21－700 项目人力资源管理的指导思想如下：

（1）根据适应性、预见性、整体性、连续性、指导性原则制订型号队伍发展规划，根据编制与任务相适应、最佳组织结构、精干高效、相对稳定、合理流动的动态原则确定编制。

（2）根据爱惜人才的观念、计划观念和结构观念选拔、调整和配备型号人员。

（3）根据任人唯贤、用人所长、量才任用的原则任用型号人员。

（4）根据普遍培养与重点培养相结合、送出去与请进来相结合、实践锻炼与进修深造相结合、个人钻研与发挥集体作用相结合的原则，从实际出发，采取多渠道、多途径、多种方法培养提高型号队伍素质。

（5）根据定性与定量相结合、有奖有惩、有升有降的原则组织对型号人员的考核。

（6）根据正面教育和疏导为主，动之以情、晓之以理并举，开展必要的和有说服力的批评教育的原则，对型号人员进行思想教育。

ARJ21－700 项目人力资源管理的原则如下：

（1）效能原则，即充分发挥人的能动性，明确管理的目标是出人才、出成果、出效益，增强时间的价值观。

（2）激励原则，即关心人的需要，加强思想政治教育，努力增强激励效应。

（3）能位原则，即人尽其才，量才使用，责权相应。

（4）系统原则，即统观全局，进行结构分析，区分层次。

（5）沟通原则，即管理环节沟通、管理制度沟通、培养与使用沟通和管理信息沟通。

2）人力资源管理体系

上飞院不断加大海外高层次人才引才引智和国内高级人才引进工作，积极开展校园招聘和社会招聘工作，不断地吸收年轻技术人员从事大飞机事业，补充和完善专业人才结构，使设计人才队伍建设取得了长足进步。

3）多型号任务下的设计师组织和职责

为同时满足同时在研多个型号发展的需要，要不断进行人才结构的调整，形成与专业发展规划相配套、结构合理的研发队伍。根据各个科研团队发展规划，每年都会组织团队组长竞聘和调整，经由主管总师和人力资源部审核后聘用。

（1）校园招聘中，上飞院与多所航空专业院校、国内重点高校建立了良好的合作关系，准确把握生源特点，抓准重点目标群体。所招聘的毕业生均是品学兼优的佼佼者，其中不乏在各级国家重点期刊中发表论文者、国家专利获得者、国家级竞赛获奖者。这些青年人才弥补了人才队伍规模上的不足，提升了整体学历层次，成为上飞院能力建设飞跃发展的重要人才储备。

（2）公司成立初期，上飞院专业基础较为薄弱，部分关键专业不够健全，中青年骨干专业人才严重匮乏，对多个型号研制的进度产生了不利影响。在公司的统一部署和上海市相关部门的大力支持下，上飞院进一步解放思想、积极探索，陆续从国内各地引进科研学术带头人、专业骨干。国内高级人才的引进有力地提升了薄弱、紧缺和重点专业的科研攻关能力、专业设计能力和系统集成能力，总体气动、强度、结构、航电、飞控、动力燃油、环控等专业领域取得新的突破，专业组织架构得到进一步健全完善。

（3）按照公司的总体部署，上飞院借助公司渠道及外部支持，按照公司"百人计划"及相关政策规定，通过内外推荐、国际交流、学术会议、驻外机构、合作单位等各种渠道积极开展海外高层次人才引进工作。引进的海外高层次人才在总体气动、发动机设计、复合材料、结构强度、飞行控制系统、适航管理等多个专业领域承担专业技术带头人或团队领军人才，在国际交流合作、关键技术攻关、战略性和前瞻性技术研究等方面发挥着重要作用。上飞院还结合型号研制需要，拓宽拓展引智渠道和模式，邀请国外技术专家和高等院校资深专家，通过中短期聘用、技术培训交流、项目咨询服务等形式，为型号研制项目中的关键技术攻关提供智力支持，有效地促进了多个型号的研制工作。

（4）基础管理平台建设。为加快建立科学、规范、高效组织结构，实现体制机制创新、打造核心能力和加快创建世界一流的民用飞机设计研发中心。上飞院按照"高目标引领、高标准要求、高效率推进"的思路原则，对标国际一流航空科研机构，突出科研主业、精简职能部门、强调服务功能，全面推进基础管理平台建设和学习型组织机构创建。2009年经公司批准，上飞院将基础管理平台建设工作作为上飞院加快推进的重点工作之一，正式启动组织机构基础管理平台建设的方案准备和实施工作，基础管理平台建设的任务目标包括工作分析、岗位设计、竞争上岗、流程再造、配套改革等系列方案的设计与实施，目的是建立职责清楚、流程清晰、要求明确、精简高效的岗位体系，以及相应约束与激励机制，强化主体责任，实现人岗、能岗匹配，提升管理能力，提高工作效率。

（5）全面贯彻落实公司的部署要求，从2010年起，进一步健全规范人力资源体系，基本造就一支规模数量适度、梯次结构合理、专业分布科学，能够满足上飞院建设发展和两大型号研制工作需要的人才队伍。使高层次领军人才进一步充实，创新文化氛围进一步活跃，自主创新创业团队实现新的突破，人才队伍能力建设取得新的成绩。

人才队伍建设方略为一个目标、两大工程、三条渠道、四种手段。

一个目标就是打造一支专业完善、梯次合理、经验丰富、国际一流的民机设计研发队伍。为两大型号研制、核心能力形成和关键技术攻关的实现提供最广泛的智力支持与人才保障。

两大工程就是实施人才培育工程和人才引进工程。以岗位胜任力模型为基础，落实中国商用飞机有限责任公司和上飞院2010—2012年职工教育培训规划，通过"送出去与引进来"相结合，"在职教育与离岗培训"相结合，"能力培养与学历提升"相结合等，全面提升上飞院人才队伍的智力资本存量。以公司和上飞院人力资源规划为依据，通过海外高层次人才引进、国内航空骨干人才引进、社会招聘以及校园招聘，大力实施人才引进工程，快速提高人力资源增量。

三条渠道就是拓宽拓深海外人才市场、社会人才市场和校园人才市场三条人才来源渠道。进一步拓展海外人才市场，深入挖掘国际知名航空类企业人才信息，加速海外高层次人才引进；拓宽国内人才市场，积极主动吸纳国内知名航空企业具有相关研发经验的骨干人才，或国内外资企业具有先进管理经验的优秀人才加盟上飞院；稳定巩固校园人才市场，与国内航空院校和重点大学建立更深层次的校企战略联盟，逐步提升相关人才的定制化培养。

四种手段就是优化应届毕业生招聘流程和选拔录用机制。在注重毕业生专业知识的同时加强对应届毕业生通用素质、专业潜力和实践能力的测评；优化国内外高端人才引进评估机制，在注重高端人才数量的同时加强对引进人才学科专业紧缺性、匹配度、前沿性的考虑；优化航空企业退休专业技术专家返聘机制，在注重返聘专家专业实践能力的同时加强发挥其传帮带效应，促进一批人才脱颖而出；优化知名供应商企业专业技术人才的借力使用，在注重联合设计人才解决实际型号研制问题同时加强其在设计理念、设计手段、项目管理方面的引领作用和标杆效应。

4　ARJ21－700飞机项目组织管理

项目的组织管理是确保项目目标实现的重要保证,也是实施项目管理首先要解决的基问题。由于航空项目本身的特点,使得项目的组织形式具有更大的灵活性。本章在介绍组织管理基础理论和国内外航空机构项目组织管理的基础上,阐述ARJ21-700基于权变理论的柔性项目组织管理。

4.1　概述

项目的组织是项目有效运行的平台,管理职能的实现都将依托项目组织来执行,合理的项目组织结构是确保项目顺利高效运行的基本保证。目前,国内外项目的组织结构朝着虚拟化、网络化、分权化、柔性化和多样化发展,这有利于对人力、物力和信息等资源进行合理配置和提高整合的效率,从而获得最大的利益和更广阔的发展空间。

ARJ21－700项目的组织模式是随着项目的推进逐步完善,在同时,由于ARJ21-700系统复杂,涉及面广,其研制工作所处的各种环境变量要素多,任何一种外部或内部、客观或人为的因素变化,都会给研制工作带来影响。针对此复杂多变的环境,管理人员引入权变理论的思维,分析总结项目实施过程中遇到的各种环境变量并及时地调整管理变量,来适应各种环境条件的变化。同时,通过优秀组织文化的推广和实施一定的激励机制,促进组织学习和柔性组织管理的实施,加快建立学习型组织的步伐,增强组织的适应性,保证项目的顺利进行。

4.2　项目组织管理理论

4.2.1　组织与组织管理的含义

1) 项目组织

项目组织是实施项目的主体。组织管理的母科学就是组织论,项目目标的实现离不开合理的组织。项目组织是项目的参加者、合作者按一定的规则或规律构成的整体,是以项目为主体构成的系统。项目组织同一般的组织一样,包括领导(即项目经理)、组织制度(即项目章程)、配备人员(即项目团队)及组织文化等。一般来说,项目组织有以下特性:

(1) 项目组织是为了完成项目总目标和总任务而形成的系统,所以具有目的性。项目目的和任务是决定组织结构和组织运行的最重要因素。

(2) 项目组织的设置应能完成项目的所有工作(工作包)和任务。

(3) 项目组织具有一次性和暂时性,是区别于企业组织的一大特点。

(4) 项目组织与企业组织之间有复杂的关系。项目组织不仅包括项目所在的企业组(项目上层系统组织),而且包括协作方的企业组织。

(5) 项目组织还受环境的制约,例如,政府行政部门、质检部门等按照法律对项目的干预。

(6) 项目组织关系有多种形式。主要有:

a. 专业关系和行政关系。在企业内部的项目组织中,主要存在这种组织关系。

b. 合同关系或由合同定义的管理关系,如项目用户与承包商之间的关系。项目的组织在很大程度上与项目的合同体系有关。

2) 项目组织管理

项目可以是一个公司、一个政府机构、一个国际组织或专业团队以及其他一些组织的独特性或者独特性的工作,也可以是许多组织的一项一次性或者独特性的活动。对于项目而言,由于项目本身的特性使得项目的组织管理十分重要。项目组织管理分为狭义和广义两个层次。狭义的项目组织管理主要指项目团队的组织管理;项目组织主要是指完成项目管理工作的人、单位各部门实施方案的成员委托和委托或指定的负责整个项目管理的项目办公室或项目管理小组。按项目管理流程,各自完成属于自己管理职能范围内的工作,项目组织管理主要指对于项目所涉及的各个利益主体所构成的项目全团队的组织与管理(又称项目全团队管理)。项目组织主体包括:项目管理者,方案实施者,服务项目的人员和其所在的单位机构。在开展项目工作的同时,也要注重员工能力的培养,提高员工专业技术能力,开拓创新能力,逐步形成学习型组织,使得整个集体具有稳定的基础与广阔的成长空间。

广义的项目组织管理主要指对于项目所涉及的各个利益主体所构成的项目全团队的组织与管理(又称项目全团队管理)。项目组织主要是由负责完成项目的各项工作(直到工作包)的人、单位、部门组合起来的群体,有时还要包括为项目提供服务的或与项目有关系的部门,如政府机关、鉴定部门等。在广义项目组织管理过程中,项目成员按工作流程,各自完成规定的任务和工作(依据合同、任务书、工作说明)。这是一种包含了用户、承包商、供应商、运营人等所有参与者的复杂关系的组织管理模式。

4.2.2　项目组织管理结构

1）组织结构定义

项目组织结构是保证项目正常实施的组织体系,对于项目这种一次性任务而言,项目只建设包括了从组织设计、组织运行、组织更新到组织终结这样一个完整的生命周期。管理就是要在有限的时间、空间和预算范围内将大量物资、设备和人力组织在一起,计划实施。要实现既定项目目标,就必须建立合理的项目组织结构。项目的组织结构是实施项目管理的一个基本手段,也是开展项目管理工作的基础,选择合适的组织结构对项目实施至关重要。

2）影响组织结构的主要因素

（1）组织的战略。战略是组织的核心,组织结构是组织实现其战略的手段,组织结构应服务于战略,如果一个组织的战略发生了变化,那么其组织就必须相应地变革。

（2）组织的规模。实践证明,组织的规模对其结构具有明显的影响,随着组织规模的扩大,组织结构就会变得更加正式和复杂。

（3）组织的环境。环境包括一般环境和组织内部环境。一般环境是指可以对这个组织产生影响的环境因素,主要有技术的、社会文化的、政治的、法律的、经济的等因素;组织内部环境主要包括组织各成员在组织内部体现的团结精神、作风和特点等。

3）组织结构设计的原则

在具体的项目实践过程中,究竟选择哪种项目组织形式没有一个固定的公式可循,一般情况应在充分考虑各种组织结构的特点、组织特点、项目特点和项目所处的特定的环境等各方面因素之后才能做出适当的选择和设计。项目的组织设计一般应遵循以下原则。

（1）以目标至上的原则,设计的根本目的是实现项目的组织目标,组织目标是:

a. 设计出一个健全有效的组织机构。

b. 形成科学的项目激励机制。

c. 具备一批具有团队精神的项目管理人员。

d. 实施一套程序化的管理方法、控制措施和管理文件体系。

e. 实施一种恰当的管理绩效评价准则。

（2）弹性和柔性原则。项目组织的弹性表现为组织的相对稳定性和对内外部条件变化的适应性;柔性表现为组织的可塑性。健全的组织机构应是一个开放、动态和柔性的机构。

（3）责任、权力相统一的原则。

责任是在接受职位、职务后必须履行的义务。权力是在规定的职位实施的影响力。在项目组织设计时，必须要使权力和责任相匹配，履行某些责任，就必须给予相应的权力。

（4）命令统一和垂直原则。

下级机构只能接受一个上级机构的命令和指挥，一个机构不能受到多级指挥，上下级之间的上报下达要按层次进行，一般不得越级。

（5）例外原则。

对自己职责范围内的正常工作，自行决定，不必请示；对出现重大、特殊的或例外问题，则必须请示上报，同时要提出处理建议。

4.3　权变理论与柔性组织管理

权变理论学是 20 世纪 60 年代末 70 年代初在美国经验主义基础上进一步发展起来的管理理论，是现代组织管理理论的一个重要学派。

4.3.1　权变理论

1）概念

权变理论认为，一个组织是由各个子系统组成的系统，是一个开放系统，是在与其环境的不断相互作用中获得发展的。因而只有在开放系统的总模式下，才能很好地确定组织内外各变量之间的确切关系，也就是说，项目的组织管理是确保项目目标实现的重要保证，也是实施项目管理首先要解决的前提。由于航空项目本身的特点，使得项目的组织形式具有更大的灵活性。本章在介绍组织管理基础理论和国内外航空机构项目组织管理的基础上，阐述 ARJ21－700 基于权变理论的柔性项目组织管理。

权变理论具有以下特征：管理方式随管理者的特性而变化、随管理对象的特征而变化、随管理的环境而变化；管理者的任务在于根据具体的环境变量和管理变量，选择具体的管理模式，或对已有的管理模式进行改造、调整，其衡量标准是组织运行的效率，即绩效。

权变理论的主要价值体现在对管理实践所具有的指导意义上。权变理论认为，不存在适用于任何环境条件的、通用的、一般的管理模式，管理思想和方法的有效性须视具体情境而定。这就要求管理者将注意力集中于对组织环境条件的分析判断上，根据具体情况灵活运用各种管理手段。

2）理论内容

权变理论的研究包含了两个权变变量：环境变量和管理变量。可以把权变关系看作是一种"如果-那么"的函数关系，"如果"是自变量，"那么"是因变量。权变管理就是考虑有关环境变量同相应的管理理念和技术之间的关系，使所采用的管理理念和技术有效地达到目标。

（1）环境变量。

环境变量是指外部、内部影响组织生存和发展的各种因素。一般的外部环境由社会的、政治的、技术的、经济的和法律的因素所组成，具体的外部环境包括供应商、竞争者等，两者之间相互影响、相互作用。内部环境变量是指组织系统内影响组织生存和发展的各种因素，如组织结构等。

（2）管理变量。

管理变量是指过程、计量、行为和系统等学说所主张的管理理念和技术。过程的管理变量有计划、组织、协调、指挥、控制等；计量的管理变量有基本计量方法、决策模式、运筹学；行为的管理变量有学习、行为的改变，动机的形式，集动态和组织行为；系统的管理变量有普遍系统理论、系统设计和分析、信息管理系统。变关系是独立的环境变量同从属的管理变量之间的函数关系，这是权变管理的核心。

在权变管理中，环境是自变量，而管理的理念和技术是因变量。权变理论就是要确定有关的环境条件，然后寻求一种有效的两者的权变关系来确定适合本组织的管理模式。

4.3.2　柔性组织管理

1）柔性组织的内涵及特征

（1）柔性组织的内涵。

柔性的概念最早源于柔性制造系统（FMS），表示生产系统适应变化的环境或环境带来的不稳定因素。柔性组织就是指具有不断学习、开拓创新、系统地持续整合内外资源以应对环境变化和解决因果关系矛盾冲突能力的组织。

（2）柔性组织的特征。

a. 适应性。当今市场环境变化莫测，组织必须根据外部环境的变化，适时调整自己的战略。组织服务于企业战略，必须与企业战略相匹配、相适应。因此，柔性组织的出现，对于组织适应环境的变化有着重要的意义。

b. 敏锐性。柔性组织具有敏锐的市场感受力，即具有对市场灵敏的监测、控制和反应能力。一旦市场条件发生变化，柔性组织会及时发现，并迅速做出组织战略调整，以适应市场变化的需要。

c. 创新性。创新已成为 21 世纪的发展主题，是保持组织竞争优势，使组织立于不败之地的关键因素。柔性组织的结构形态，有利于组织成员迅速进行信息传递和知识共享，有利于成员相互间的模仿与学习；另外，柔性组织采用的民主化决策方式更有利于调动职工创新的积极性。

d. 学习性。21 世纪是信息社会与知识经济的时代。组织要想发展就必须拥有不断学习的能力，并以更快的速度吸收新知识。柔性组织要求成员善于不断学习、自主管理，使组织能对瞬息万变的市场随时做出反应，并自行调整。

2）柔性组织管理的作用

（1）提高员工及组织整体素质。柔性组织管理强调组织及其成员共同学习与知识共享，完成个人心智的转变与能力的塑造，培养人、塑造人、发展人、提高人的素质，这些都有利于员工素质及组织整体素质得到整合与提高。

（2）提高生产效率和效益。柔性组织管理能够使组织加快信息传递速度，迅速调整人力、物力资源，把在不同领域工作的具有不同知识和技能的人，集中于一个特定的动态团体之中，共同完成某个特定目标。同时，柔性组织管理有利于成员之间相互了解和取长补短，及时解决问题，从而有利于组织内部的业务流程和管理流程进一步合理化，促进技术改进，缩短生产周期，带来生产效率和效益的全面提高。

（3）增强组织的市场竞争力。柔性组织管理强调管理者与被管理者之间的直接沟通，信息传递迅速而准确，保证决策与管理的有效执行。同时，由于管理层次的减少，使得组织能够随时调整其生产和经营计划，提高其适应市场环境的能力，从而降低投资过程中的风险成本，增强市场竞争力。

3）如何实现柔性组织管理

（1）建立柔性组织结构。

柔性组织结构是以管理信息化、网络化为技术支撑而建立起来的能够快速灵敏反映市场的组织结构。柔性组织结构加强了各部门之间的横向沟通，缩小和消除了各部门之间的壁垒，减少了中间管理环节。在组建柔性组织时，应着重强调两个基本方面：其一，从组织内部看，必须做到有效授权，使组织人员尤其是基层工作人员能够真正拥有一定的临时决策权，从而加快对市场变化的反应速度，强化其对市场的应变能力；其二，从组织内外部的联系看，必须强调组织战略联盟的建立和发展，使组织不仅能够通过内部灵活组建的项目小组、微型组织结构、核心开发计划来应对动态与发展的局势，而且还可以通过与其他组织合作构建的虚拟组织来随时满足各项市场需求，从而迅速扩大市场份额，降低生产成本，提高组织的市场适应能力。

（2）采用灵活多样的柔性激励机制。

激励机制是为了激励员工而采取的一系列方针政策、规章制度、行为准则、道德规范、文化理念，以及相应的组织机构、激励措施的总和。为了实现既定的目标，组织建立柔性激励机制尤为重要，概括为：第一，构建心理契约，提高员工的忠诚度；第二，创建柔性激励机制，在薪酬管理方面应注重对员工内在价值和创造潜力的挖掘；第三，推行弹性工作制，实现员工的工作自主。

（3）创建柔性化组织文化。

柔性化组织文化是一种能够增强组织的灵活性、适应性、创新性和快速反应能力的文化。柔性化组织文化通过人性化的组织系统/优良的信息管理、快速的反应机制、灵活的生产体系、市场导向的开发和服务来实现它的价值准则和行为模式。柔性化组织文化是柔性组织的精神体现,为柔性组织注入了活力。

(4)创建学习型组织。

简而言之,学习型组织就是指具有良好学习功能的组织。学习型组织的构建,能够实现员工和组织的共同学习,提高员工和组织适应环境、自我调整、开拓创新的能力,从而真正具有进行柔性组织管理的坚实基础。同时,通过学习型组织的创建,能够增强组织的战略竞争能力,保证组织持续、健康、稳定发展。

4.4 ARJ21–700 飞机两总系统

ARJ21–700 飞机项目总设计师系统(以下简称总师系统)由中国商用飞机有限责任公司(以下简称中国商飞)组建,总设计师和副总设计师由中国商飞任命,在项目总指挥系统领导下,负责 ARJ21–700 飞机项目技术规划、技术管理和技术决策,主要工作包括工程设计、工艺工程控制、供应商技术管理、试飞、客户服务技术支持、市场营销技术支持、适航取证和持续适航等,是项目设计保证体系的重要组成部分。

ARJ21–700 飞机项目总设计师系统在中国商飞的领导下,对项目总指挥负责,是项目的技术领导核心,对飞机的技术工作负全责。按照"严细慎实""质量安全第一"的工作作风,严格按程序办事,坚持科学决策,发扬团队精神,勇于创新,钻研技术,带好型号技术队伍,组织技术交流和技术攻关预研,优化技术流程,不断积累专业知识,做好未来型号技术储备。在国际合作项目和预研课题工作中,注重将研究成果升华为科技技术成果或专利等形式。

4.4.1 人员组成

(1)ARJ21–700 飞机总师系统由总设计师/副总设计/副总设计师助理组成。在型号总设计师领导下,在上海飞机设计研究院设立总师系统办公室(以下简称总师办),是总师系统的办事机构。各专业设主任设计师、主管设计师和设计师。

(2)ARJ21–700 飞机型号副总设计师设置有:常务副总师,总体气动副总师,结构、强度副总师,动力燃油副总师,机械系统副总师,电子电气副总师,标准材料副总师,适航副总师,试飞副总师。

(3)ARJ21–700 飞机总设计师由中国商飞任命;型号副总设计师由总设计师提名,中国商飞任命;副总设计师助理、主任设计师、副主任设计师、主管设计师由副总设计师提名,总设计师批准,由所在单位任命。

(4)总师系统按矩阵管理模式,副总师在总师领导下,既分管本专业领域的技术工作,也管理项目专项技术工作。各级设计师应按照"各负其责、密切配合"的原则,在项目工作上受上一级设计师和所在单位的双重领导;在技术上直接对上一级负责;各级设计师所在单位,应对 ARJ21–700 飞机项目各级设计师的工作予以充分的支持。行政管理部门应支持和配合总师系统的技术规划和技术决策。

4.4.2 工作职责

1）型号总设计师

型号总设计师是 ARJ21-700 飞机项目研制任务的技术总负责人，即设计技术工作的组织者、指挥者、重大技术问题的决策者和责任人，全面领导型号研制和适航取证技术工作，其主要职责是：

（1）根据 ARJ21-700 飞机项目研制要求，组织制订全机的设计要求和研制程序，明确研制阶段，规定各研制阶段的任务和工作要求，负责领导飞机研制各阶段的设计、试验和适航验证技术工作。

（2）批准飞机级设计规范、准则，全机技术指令性文件，全机顶级工程图样、技术报告；组织处理生产、试验和试飞中出现的重大技术问题；组织型号重大技术攻关；批准新技术的开发及应用；组织技术预研工作。

（3）领导和协调副总师的工作。协调并解决全机总体与系统、系统与系统、设计与制造等出现的技术界面偏离等重大技术问题，组织召开各级设计师参加的技术工作会议，检查和考核各级设计师的工作。

（4）批准飞机级适航审定计划，组织重大项目的适航符合性验证工作，批准飞机级适航符合性验证报告。

（5）批准全机试验项目规划，并组织全机试验验证工作。

（6）会同型号质量管理系统贯彻执行各项质量管理规定，参与处理重大质量问题，从设计上确保型号的研制质量。

（7）向上级提出飞机各研制阶段的研制报告。

2）型号常务副总设计师

型号常务副总设计师协助总设计师全面领导型号研制和适航取证技术工作，其主要职责是：

（1）有效落实型号总设计师的各项指示，指导型号各项设计技术工作。

（2）配合型号总设计师对重大技术问题进行决策，组织召开各级设计师参加的技术工作会议，对各级设计师的检查和考核提出意见。

（3）当型号总设计师外出或其他特殊原因，按型号总设计师授权，代理行使型号总设计师权力。

3）型号副总设计师

型号副总设计师协助总设计师工作，在技术上对型号总设计师负责，并负责领导分管专业的研制技术工作。其主要职责是：

（1）根据 ARJ21-700 飞机设计、使用要求，组织制订所负责专业的设计要求、研制程序，负责飞机研制各阶段所分管专业和专项的设计、试验和适航工作，完成总设计师交办的其他工作。

（2）编制分管专业设计规范、准则，组织制订针对全机的指令性文件，批准系统级指令性文件，批准分管专业的工程图样、技术文件，组织处理生产、试验、试飞中出现的技术问题，组织分管专业的技术预研工作。

（3）处理分管专业的重大技术问题，组织技术攻关，批准最终解决方案；召开技术协调会议，处理分管专业的技术界面、偏离等技术协调问题，提出飞机各研制阶段所分管专业的研制报告，向总设计师汇报重大问题处理意见并提交技术工作报告。

（4）确定所分管专业的适航审定计划，经批准后组织实施，组织所分管专业各项适航符合性验证工作，批准适航符合性验证报告。

（5）批准所分管专业重大试验项目及试验结论性意见，负责所分管专业的实验室建设中的技术工作，并支持技改论证及实施。

（6）负责对供应商承担研发任务的协调、控制和批准。

（7）会同型号质量管理系统在分管专业内贯彻执行各项质量管理规定，参与处理重大质量问题，从设计上确保型号的研制质量。

（8）进行分管专业的工作分解，提出任务计划与资源保证要求。

（9）对下级设计师工作进行检查。

4）型号副总设计师助理

型号副总设计师助理负责协助型号副总师开展研制技术工作。

5）ARJ21-700飞机主任设计师和副主任设计师

ARJ21-700飞机主任设计师和副主任设计师是飞机子系统/专业的设计、试验技术负责人，主要职责是：

（1）确定本子系统/专业的设计指标和使用要求；制订机体部件或系统方案，提出实施技术途径、方法和技术保障措施。

（2）组织编制子系统/专业级技术规范，制订子系统/专业级设计准则；审定各种技术文件、工程图样；解决设计、生产、试飞过程中出现的子系统/专业级技术问题。

（3）实施所分管子系统/专业级试验项目。

（4）实施重大技术攻关。

（5）负责组织编写适航审定所需的有关符合性文件。

（6）贯彻质量系统规定的各种技术工作程序及编写评审报告。

（7）向副总设计师汇报并提出技术工作报告。

6）总师系统办公室

总师系统办公室（简称总师办）在ARJ21-700飞机型号行政指挥系统、总设计师系统领导下，组织实施总师系统的技术决策，完成型号总设计师和副总设计师交办的各项任务，其主要职责是：

（1）编制型号研制网络图和工作计划，并组织实施、协调和考核，调动资源，保障型号研制工作。

（2）负责型号设计管理工作，建立型号工作管理制度，对研制过程实施监督和考核。

（3）配合质量部门制订型号设计评审计划。

（4）组织跟产、跟试和跟飞工作，对设计、生产、试验、试飞中的重大关键技术，在两总系统的领导下，调度资源，实施攻关。

（5）定期报告计划和指令落实情况。

（6）协同科技信息档案部门，搞好型号研制资料的归档和管理。

（7）协助总设计师系统协调组织各类技术会议。

（8）汇编向上级机关汇报的信息、报告，经行政指挥系统批准后报出。

（9）与项目研制系统内各单位进行计划和工作协调，并组织实施。

（10）每周清理各部门上报的技术问题，报总师例会决策；每月清理各种会议纪要，检查各部门计划完成情况。

4.4.3 总师系统例会

总师系统例会是 ARJ21-700 飞机研发的技术工作协调、布置和检查的工作平台，由总设计师定期召开，协调解决项目研发中的重大技术问题。参加范围有总设计师系统、总师办、议题相关部门。

1）总师系统例会的主要内容是：

（1）研究并落实中国商飞提出的型号研制目标和具体方案。

（2）讨论并确定各阶段型号的研制规划。

（3）讨论并协调影响设计目标、设计指标、里程碑计划或总体技术方案的关键技术问题。

（4）讨论并协调各副总师提出的涉及多个专业的重大技术问题或解决方案。

（5）研究总设计师提出的其他技术问题。

总师办负责会前议题的收集、资料准备，会议的组织、记录和会议纪要的整理、行文等；会议纪要由总设计师签发；会议决定的事项由相关部门按职责分工负责督办或执行；各部门要落实决定事项，不能完成的要及时报主管副总师，同时以书面形式报总师办。

2）协调工作

协调的目的是解决工作中出现的技术问题，更有利于实现全机经济、技术指标。总师系统做出的技术决策，各级设计师必须各负其责，坚决执行。

统一规定的设计要求、准则、性能指标、全机性参数、系统技术状态及交联关系等，未经总设计师/副总设计师批准，不得随意更改，严格执行构型控制要求。全机性、总体性指标修改,由型号总设计师签署修改报告,已经冻结的技术状态的更改,必须经型号总设计师批准,并执行构型管理程序。

正确处理研制进度和研制质量关系,遵循研制程序,保证研制质量,按进度完成任务,防止片面追求新技术,贻误研制进度,更不能只顾进度,而忽视研制质量。

牵头专业或归口专业应主动负责组织相关专业的技术协调,相关专业要积极配合,参与技术协调工作,协调结果应有书面形式的记录。

凡是需要进行协调的技术问题,按规定的格式、内容、程序及签署要求,完成最终协调结果的编制和发放。

3) 汇报制度

主任/主任设计师在分管专业领域内,如遇重大技术问题,需以书面形式向主管副总师汇报。

主任/主任设计师每周至少一次向主管副总师汇报各项工作进展情况。

主管副总师在分管专业领域内或专项工作中,如遇到重大技术问题,需以书面形式向总设计师汇报。

主管副总师每周至少一次向总设计师汇报各项工作进展情况。

5 ARJ21－700飞机项目需求管理

需求管理的主要目的是确保利益攸关方对飞机的设计需求理解一致。需求管理通过在开发过程中建立过程控制流程来确保飞机需求、研制计划、产品或研制活动与顶层需求一致。需求管理工作的实施过程中，需要定义一套达到需求管理目标的方法和工作流程，确保需求相关方能够有效沟通，结合飞机研制周期，帮助需求相关方完成各阶段需求管理工作目标。

参考《民用飞机与系统研制指南》中的需求管理理念，ARJ21－700项目需求管理工作共分为功能定义、需求定义、需求确认和产品验证四个部分。

基于双V的需求管理基本流程，如图5－1所示。

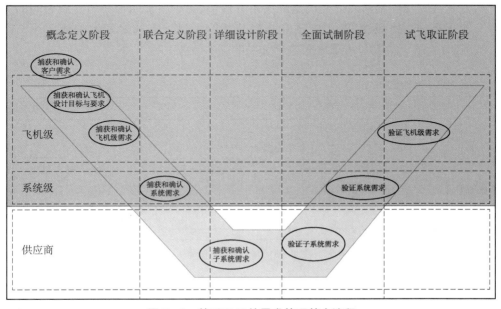

图5－1 基于双V的需求管理基本流程

5.1 功能定义活动

功能定义活动应包括功能定义、建立功能与相关需求链接、分配功能研制保证等级 3 个子活动。图 5-2 给出了功能定义活动的基本流程。

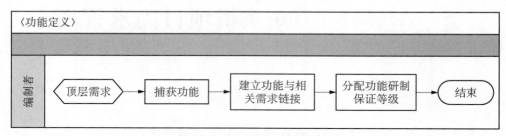

图 5-2 功能定义活动基本流程

5.1.1 功能定义

功能是指产品基于一系列需求的预期行为,是产品应具有的某一方面能力,与产品的实现方式无关,在飞机和系统级均需要开展功能定义工作。飞机功能来源于飞机的操作运行理念,飞机功能的定义和分解有很多的方法,但是各种方法的目标是一致的,那就是确保功能完整。

5.1.2 建立功能与需求之间的追溯关系

通过建立功能与需求之间的追溯关系,可以表明产品预期行为与需求之间的关系。对于每项飞机级功能,需要建立功能与相应飞机级需求之间的追溯关系。图 5-3 给出了建立功能与需求之间追溯关系的基本流程。

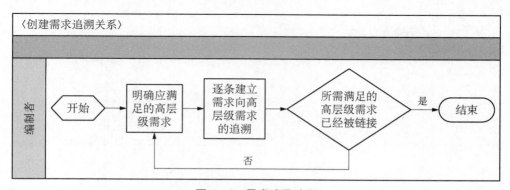

图 5-3 需求追溯流程

5.1.3 分配功能研制保证等级(FDAL)

由于现代飞机系统高度综合和复杂的特点,局方对因研制错误而引起或造成的飞机失效状态的可能性极其关注。为解决这些问题,需要一个管理过程来建立一定的置信度,规范和控制可能引起失效状态的研制差错,这即是研制保证过程和研制保证等级。

功能研制保证等级是一种为了衡量功能严苛程度而确定的等级分类方法。研制保证等级的确定是制订需求确认、验证方法的重要依据,在需求确认过程中是否应用独立性原则同样依赖于所确定的研制保证等级。图5-4给出了如何定义功能研制保证等级的基本流程。

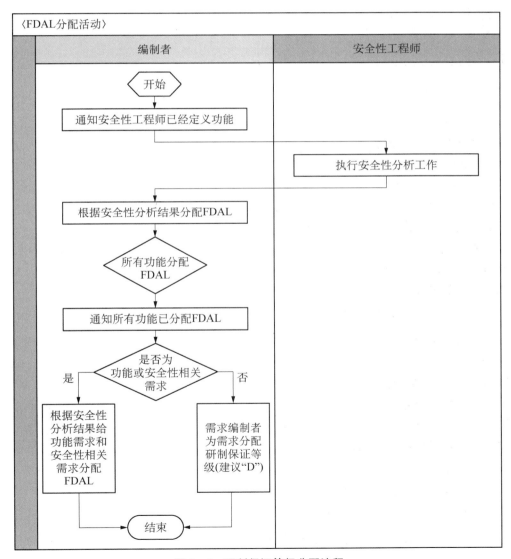

图 5-4 研制保证等级分配流程

5.2　需求定义活动

　　需求定义活动应包括需求定义、建立需求追溯关系和定义衍生需求来源这 3 个活动,具体流程如图 5 - 5 所示。

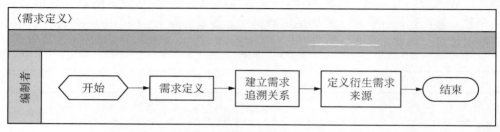

图 5 - 5　需求定义活动流程

5.2.1　需求定义

　　需求定义是需求管理工作的基础,为了明确飞机的设计要求,应针对飞机级需求、系统级需求和产品级需求,逐层开展需求定义。需求定义的编写应严格满足需求编写规则,编制者在编写需求时必须遵循需求的编写原则。需求定义的过程包括将定义完毕的需求导入需求管理数据库。需求管理数据库中的需求按照文件夹的形式管理,每一个文件夹代表不同类的交付物。

　　在将所定义的需求导入数据库后,有专门的需求质量检查工具对需求进行检查,确保需求定义者根据《需求编制原则》《COMAC DOORS 数据库用户手册》对需求进行标识和组织。

5.2.2　建立需求的追溯关系

　　通过建立低层级需求与高层级需求之间的追溯关系,可以使得主制造商获得一个全局的需求追溯关系,并可以确保低层级需求满足高层级的需求。根据所建立的需求追溯关系,通过追溯分析可以迅速标识、发现由于需求变更造成的任何影响。

　　为了建立低层级需求与高层级需求之间的追溯关系,需求编制者应首先根据高层级需求分配情况,明确应满足的高层级需求。此后,应在 DOORS 数据库中逐条将低层级需求链接至其对应的高层级需求。图 5 - 6 给出了将需求追溯至须满足的高层级需求的流程。

5.2.3　定义衍生需求

　　在所定义的需求中,有一小部分需求无法追溯至高层级的需求,需求编制者须定义这类衍生需求的来源,衍生需求定义流程如图 5 - 7 所示。定义需求来源的目的是:

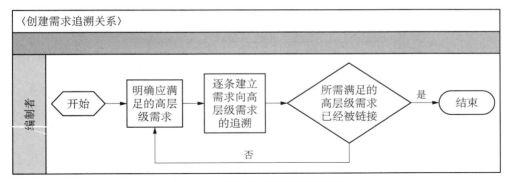

图5-6 建立需求追溯关系流程

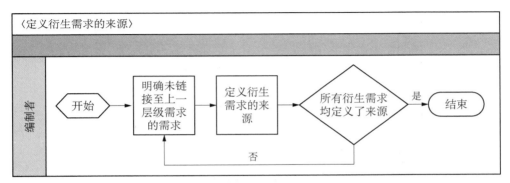

图5-7 衍生需求定义流程

（1）解释需求的来源。

（2）为不能建立向高层级需求追溯关系的需求提供存在的合理性。

5.3 需求确认活动

需求确认活动由多个子活动组成，主要包括确认方法定义，指派需求确认执行人，需求正确性、完整性检查和确定需求确认结论。图5-8定义了需求确认活动的流程。

5.3.1 需求确认方法定义

各层级需求所采用的确认方法和确认证据的严苛程度取决于要确认需求的研制保障等级。表5-1给出分配了相应的研制保障等级需求与应采用的需求确认方法对应关系。需求确认过程中，允许采用不同的方法进行需求的正确性和完整性检查。图5-9给出了需求确认方法定义流程。

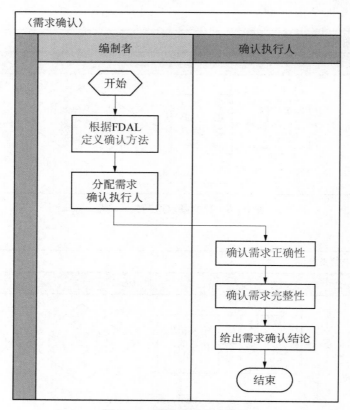

图 5 - 8　需求确认活动流程

表 5 - 1　相应的研制保障等级需求与应采用的需求确认方法对应关系

	研制保证等级 A 和 B	研制保证等级 C	研制保证等级 D	研制保证等级 E
PASA/PSSA	R	R	A	N
确认计划	R	R	A	N
确认矩阵	R	R	A	N
确认总结	R	R	A	N
需求追溯（非衍生需求）	R	R	A	N
需求依据（衍生需求）	R	R	A	N
分析,模拟或试验	R	推荐采用任意一种	A	N
相似性(运营经验)	A		A	N
工程评审	R		A	N

备注：R——推荐，A——可协商，N——不要求。

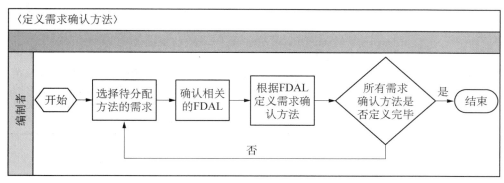

图 5-9 需求确认方法定义流程

有些需求可能需要采用多种确认方法进行确认。在可以接受的成本范围内,建议采用不同的确认方法确保需求是正确的、完整的。需求编制者负责给每条需求分配相应的确认方法,表 5-2 给出了所有需求确认的方法。所有需求除了同行评审确认方法之外还应采用多于一种的其他确认方法,进一步评估需求的正确性和完整性。

表 5-2 需求确认方法

确认方法	方法描述
追溯	追溯是确认飞机、系统和部件需求必需的部分。一条需求应该可以追溯至其上一层级的需求,或者追溯至产生该条需求的具体设计决策或者数据。追溯性本身可以从完整性的角度证明低层级的需求满足高层级的需求
分析	该方法是指采用多种分析手段和技术对需求进行确认以决定需求的可接受性。具体的安全性相关分析(FHA、PASA/PSSA)可以作为安全性需求的确认证据
原型机或模型	该方法是指采用系统或部件的模型对需求进行确认。原理样机是指基于硬件或者基于软件的系统的模型,可能是也可能不是开发版本的系统。原理样机允许系统的使用者与给定的系统进行交换以便发现缺失的需求、系统应该抑制的行为以及用户与系统交互式存在的潜在问题
试验	该方法是一个根据某种目标准则证明性能的量化确认流程。采用专门的试验、模拟或者演示等手段对需求进行确认。根据样机、原型机、模拟器或实际硬件和软件的可用性,可以在研制过程中的任意时间开展试验来确认需求
相似性(经验)	该方法指通过比较已经取证的相似系统的需求来对需求进行确认。该确认方法的说服力随着前期研发系统的数量的增加而增加。只有在拥有足够的经验以后才能够使用该方法进行需求确认。在以下情况可以使用相似性确认方法:①两个系统/部件拥有相同的功能和失效状态等级,它们的运行环境相同,并且具有相似的用途;②两个系统/部件在等效环境下执行相似的功能
工程评审	该方法是指通过评审、检查和演示形式采用个人经验来决定需求的正确性和完整性。评审过程中恰当合理的理由或者逻辑必须被归档

（续表）

确认方法	方 法 描 述
模拟	该方法是指对系统进行模拟以确认需求
需求依据	追溯本身可以从完整性的角度表明低层级需求满足高层级的需求。然而，如果在设计决策或者设计过程中额外增加的需求，就需要捕获相应的需求依据。需求的依据应该说明低层级的需求是如何满足高层级的需求。对于那些无法追溯到高层级需求的衍生需求，必须通过需求的依据来说明其合理性

5.3.2 需求确认执行人

需求确认活动正式开始之前，首先需求编制者指定需求确认活动的执行人。需求确认执行人负责采用已定义好的确认方法对所负责的需求进行确认。在需求确认活动结束时，必须给出需求确认结论。需求确认执行人与需求编制者不能是同一人，且必须是相关领域的专家。

5.3.3 需求正确性检查

需求的正确性是指需求符合《需求编写要求》相关规定，需求不存在技术错误并且满足其上一层级需求。对于一组需求，只有在该组内所有需求相互之间保持一致并且没有相互矛盾的情况时，才能表明该组需求是正确的。

在需求确认过程中，应对失效状态等级和需求的正确性进行评估和证明。每个层级的需求均须开展正确性检查工作。图 5-10 给出了确认需求正确性检查的基本流程。

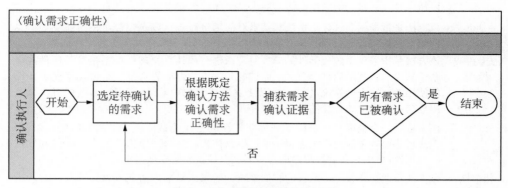

图 5-10 需求正确性检查流程

该流程包括采用已确定的确认方法和正确性判断准则确认每条需求的正确性，实现以下目的：

（1）确保所有需求满足正确性判断准则。

（2）收集、归档证据以证明需求正确性确认活动已经执行。

需求正确性检查活动所产生的数据必须纳入构型管理。在开展需求确认过程中,需求确认执行人应将需求确认结果记录在 DOORS 数据库中的需求确认矩阵中。在 DOORS 需求管理数据库中根据需求对上述确认证据进行引用,以表明已经正确开展相关确认活动检查需求的正确性。

在引用文件作为确认证据时,必须明确给出引用文件的文件名、文件号以及版本信息。

5.3.4　需求完整性检查

需求完整性是指没有遗漏任何需求的相关属性,并且所有的需求均是必要的并且能够保证设计工作正常进行。一组完整的需求定义了系统或者设备在所有运行条件或者运行模式情况下的行为。

图 5-11 给出了确认需求完整性并捕获相应确认证据的基本流程。该过程包括通过采用已确定的确认方法和完整性判断准则确认每条需求的正确性,实现以下目的:

(1) 确保所有需求满足完整性判断准则。

(2) 收集、归档证据以证明需求完整性确认活动已经执行。

(3) 需求完整性检查所产生的数据必须纳入构型管理。在开展需求完整性检查过程中,需求确认执行人应将需求确认结果记录在数据库的需求确认矩阵中。在数据库中根据需求对上述确认证据进行引用,进而表明已经开展的检查活动的正确性。

(4) 在引用文件作为确认证据时,必须明确给出引用文件的文件名、文件号以及版本信息。

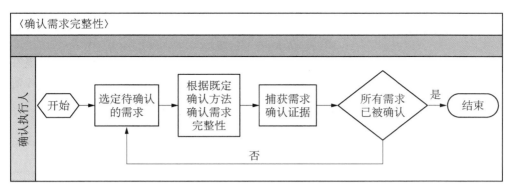

图 5-11　需求完整性检查流程

5.3.5　需求确认结论

需求确认负责人必须对所有需求确认评估数据进行汇总,以保证所有需求及其相关意见均被完全捕获。此后,需求确认负责人对每条需求相关的评价进行评估,决定该条需求确认的结论,在需求确认矩阵填写需求确认结论。图5-12给出了确定需求确认结论的基本流程。

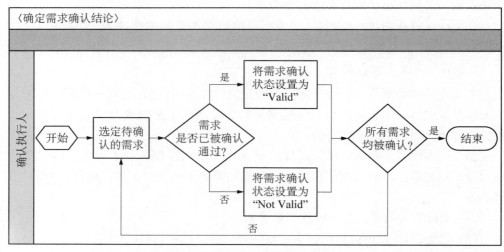

图5-12　需求确认结论评估过程

　　如果某条需求未能满足正确性和完整性的全部判断准则,需求确认负责人需要详细记录下需求不满足正确性和完整性的原因,并给出相应的完善建议。所有文件应纳入构型管理,在需求管理数据库中根据需求对上述确认证据进行引用。

　　在引用文件作为确认证据时,必须明确给出引用文件的文件名、文件号及版本的相关信息。

5.4　产品验证活动

　　验证活动的目的是验证产品实现已满足其设计需求(包括设定的运行环境在内),验证所采用的验证方法和验证证据严苛程度取决于被验证需求的研制保障等级,表5-3列举的十种验证方法可能用于飞机、系统或部件的验证活动。

表5-3　验证方法定义

代码	验 证 方 法	使 用 说 明
MOC0	符合性声明 参考型号设计文件 选择方法、因素等定义	通常在符合性记录文件中直接给出
MOC1	说明性文件	如技术说明、安装图纸、计算方法、技术方案、航空器飞行手册……

（续表）

代码	验证方法	使 用 说 明
MOC2	分析/计算	如载荷、静强度和疲劳强度、性能、统计数据分析，与以往型号的相似性……
MOC3	安全评估	如功能危害性评估（FHA）、系统安全性分析（SSA）等用于规定安全目标和演示已经达到这些安全目标的文件
MOC4	试验室试验	如静力和疲劳试验、环境试验……试验可能在零部件、分组件和完整组件上进行
MOC5	地面试验	如旋翼和减速器的耐久性试验、环境等试验……
MOC6	飞行试验	规章明确要求时，或用其他方法无法完全演示符合性时采用
MOC7	航空器检查	如系统的隔离检查、维修规定的检查……
MOC8	模拟器试验	如评估潜在危险的失效情况，驾驶舱评估……
MOC9	设备合格性	设备的鉴定是一种过程，它可能包含上述所有的符合性方法

根据不同的研制保证等级，表 5-4 列举了各研制保证等级下推荐的并可以接受的验证方法和数据。这些方法和数据相关的必要程度和覆盖范围也依赖于研制保证等级。

表 5-4　验证方法和数据

方法和数据		研制保证等级			
		A 和 B	C	D	E
MOC0	验证矩阵	R	R	A	N
MOC0	验证计划	R	R	A	N
MOC0	验证程序	R	R	A	N
MOC0	验证综述	R	R	A	N
MOC3	ASA/SSA	R	R	A	N
MOC2、MOC4 MOC5、MOC6 MOC7、MOC8	检查、评审、分析或试验	R（试验和一个或几个其他的方法）	R（一个或几个）	A	N
MOC4、MOC5 MOC6、MOC8	试验、非预期功能	R	A	A	N
MOC2	使用经验	A	A	A	A

注：R 表示推荐用于合格审定，A 表示需要与审定当局协商，N 表示合格审定中无要求。

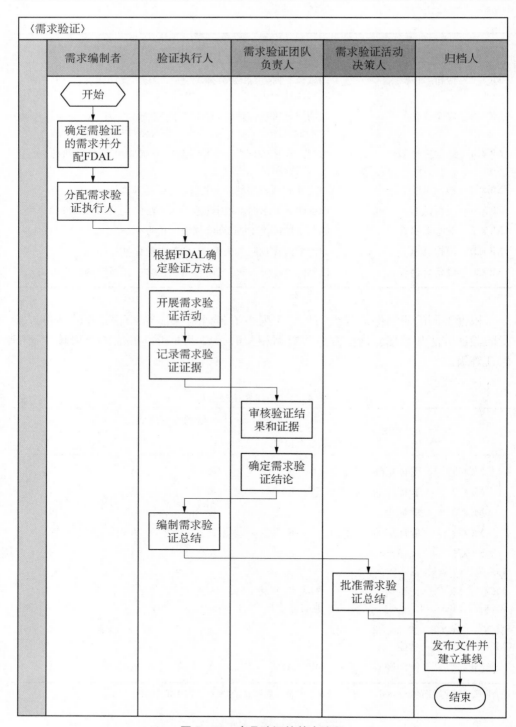

图 5 - 13　产品验证的基本流程

图 5－13 给出了产品验证的基本流程。

产品验证可以采用多种验证方法进行验证。在可以接受的成本范围内,建议采用不同的验证方法确保产品满足各项需求。验证活动的执行者负责对需求进行验证、记录需求验证证据、编制验证总结并负责发起需求验证总结的文件签署。根据验证活动的独立性要求,需求编制者不能同时作为验证执行人。需求验证团队的负责人必须对需求验证的结果、需求验证的证据进行审定和评估,并负责决定需求验证的结论。需求验证团队的负责人可以是需求验证团队的成员。

6 ARJ21 - 700 飞机项目 全寿命周期管理

全寿命周期管理理论主要用于国防、航空、航天乃至民品的型号管理,是一套系统性的管理方法和理论,对项目管理意义重大。本章主要介绍全寿命周期理论、国内外型号项目全寿命周期管理,在 ARJ21 - 700 飞机项目全寿命周期项目管理实践的基础上,详细阐述了 ARJ21 - 700 飞机的项目全寿命周期管理及持续试航管理。

6.1 概述

全寿命周期理论经过几十年的发展,已经越来越成熟。在国防、航空、航天等领域,均有广泛应用。它是一套系统的、科学的管理理论,强调从论证、研制直到寿命终止各阶段的全面协调管理的过程。全寿命周期管理把生命周期定义为一组连续阶段,它可以确定对象目前所处的阶段和对象进入下一个阶段必须满足的必要条件。通过把工作流过程与生命周期阶段和条件关联起来,它能让生命周期管理的对象自动完成它们的生命周期。这种工作流支持的生命周期自动化过渡可以提供高额生产利润。

简而言之,全寿命周期管理就是对从用户提出需求至产品被淘汰的整个过程进行严格的流程控制管理。包括产品需求管理、产品论证管理、产品绩效管理、产品关停并转管理、产品 360°分析视图和流程引擎。

项目全寿命周期管理是一种特别适用于责任重大、关系复杂、时间紧迫、资源有限的任务管理方法。

1) 项目阶段

任何具体的项目,由于规模、复杂程度、风险水平和现金流制约等方面的原因,阶段可以进一步划分为子阶段(见图 6 - 1)。每个项目阶段都以一个或数个可交付成果的完成为标志。

一般意义上的项目全寿命周期管理分为 4 个阶段,即概念阶段、规划阶段、实施阶段和结束阶段。

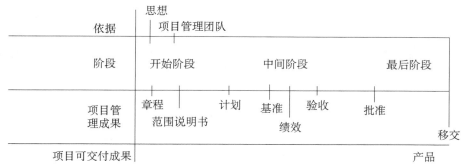

图6-1 项目全寿命周期内的典型阶段序列

2）项目管理过程

项目管理是一项综合性活动，由一系列相互依赖的过程构成，其中一个过程的活动可能会影响其他过程。图6-2所示是美国管理协会（PMI）项目管理知识体系（PMBOL）中所定义的现代项目管理的基本过程组，区别于运作管理的5个基本过程组。

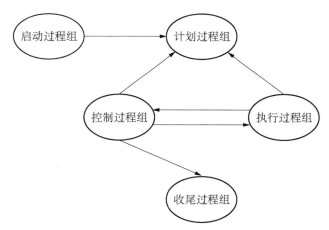

图6-2 现代项目管理的基本过程组

（1）启动过程组：定义一个新项目或现有项目的阶段，授予开始改项目或阶段的一组过程。

（2）计划过程组：明确项目范围，优化目标，为实现目标制订行动方案的一组过程。

（3）执行过程组：完成项目管理计划确定的工作，以满足项目规范要求的一组过程。

（4）控制过程组：跟踪、审查和调整项目进展与绩效，识别必要的计划变更并启动相应变更的一组过程。

（5）收尾过程组：完结所有过程组的所有活动，正式结束项目或阶段的一组过程。

3）项目管理领域

美国项目管理协会（PMI）项目管理知识体系（PMBOK）在 2013 年发布了 5.0 版，本书称其为 PMI-PMBOK（第 5 版），其提出项目管理的基本职能有 10 个，包括：整合管理、范围管理、时间管理、成本管理、质量管理、人力资源管理、沟通管理、风险管理、采购管理和干系人管理。

目前，ARJ21 - 700 飞机正式交付运营不足两年，因此在开展全寿命周期管理的工作时，要立足航空公司运营的具体情况和航线的环境，深入分析产生的问题和解决方法，积累关于全寿命周期管理工作的宝贵经验。

6.2　ARJ21 - 700 飞机项目全寿命周期管理

6.2.1　方案阶段

方案阶段的工作是产品研制的必要前提和基础。

1）管理目标

（1）确定研制分工和协作单位。

（2）组织研制队伍。

（3）完善初步工程项目的纲要工作分解结构，改进研制计划流程。

（4）编制产品保证大纲对承包商的产品保证要求。

（5）提出元器件质量等级和订货清单。

（6）组织初步设计评审。

2）管理过程

通过设计评审。在方案设计阶段末，进行初步设计评审，由上而下、按先系统级后分系统级顺序进行。在这一阶段里，ARJ21 - 700 飞机按照并行工程的原则集同生产、测试、采购、质量、可靠性、地面设备等有关人员均参加设计和评审工作，使设计不仅满足技术性能要求，而且认真考虑质量和可靠性，保证具有较强的可生产性和可测试性。在管理过程中，应用的主要管理方法和工具有并行工程、价值工程、功能分析法、方案比较法和工作分解结构等。

3）管理结果

通过数十项各类设计评审，ARJ21 - 700 飞机全面完成设计评审，顺利完成方案阶段的任务，全面进入产品研制阶段。

6.2.2　产品的研制阶段

产品研制阶段就是要根据批准的《项目研制任务书》进行设计和试制等工作。

1）管理目标

使飞机的质量目标、进度目标、费用目标等满足方案阶段的计划。

2) 管理过程

ARJ21－700 飞机产品研制管理包括项目启动、项目实施控制、变更管理、合同管理等过程。

(1) 项目启动。

a. 成立型号指挥(项目管理)系统由承制单位提名,院下文任命各产品研制项目指挥、副指挥,再由型号指挥、副指挥研究确定型号副主任工艺师、主管调度、质量主管、物资主管、主管工艺师以及各任务承担部门项目主管领导等人员名单,报承制单位领导讨论批准。

b. 召开项目启动会议。产品研制项目负责人定期组织本部门及型号研制相关部门主管领导召开产品研制项目年度策划会,对全年产品研制项目进行综合策划。会议明确的主要工作目标有:

(a) 根据上级下达的年度计划考核节点,明确本年度产品研制项目交付物形式。

(b) 根据过去产品研制项目完成的实际工作,制订预期实现的成本控制。

(c) 明确各工作项目工期和计划完成时间。

(2) 项目实施控制。

a. 进度控制。进度控制是产品研制项目管理的重点环节,是整个飞机系统研制项目的先行。为了确保在研制计划内完成各项任务,项目经理应组织力量在不同的时间段,通过编制产品研制项目技术流程、计划流程、年度进度计划、月度进度计划、周进度计划及项目专题进度计划等,来实现产品研制项目的进度总目标。

"两个流程"进度控制管理模式:科学合理的进度计划编制,是建立在对任务产品研制技术流程深入细致的理解和把握的基础之上的。技术流程明确之后,编制计划流程。

(a) 研究分析建立关键路径(CPM),并识别关键路径上每个工作项目的所需资源。

(b) 通过对各种资源分析,包括对关键生产设备使用、技能操作人员认定、产品检验方法选择以及采购(外协)产品计划交付节点等,制订出初步的实施方案。

(c) 根据初步实施方案,与其他项目进度计划进行比对,找出矛盾焦点所在,由项目副经理负责与其他各项目副指挥进行协调,寻找改善空间,力求使各方计划达到最优组合。

(d) 在取得一致意见的基础上,以时间节点的网络图形式编制本项目实施详细计划流程。

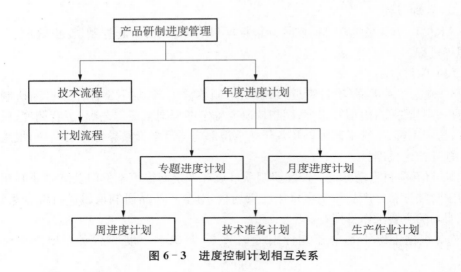

图 6 - 3　进度控制计划相互关系

（e）将计划流程发送给所有与项目有关的负责人，以此作为管理层沟通交流的基础平台。

b. 质量控制。

（a）产品实现策划。产品研制项目初期及每年年初，型号主管调度人员编制"产品实现策划"的工作计划，安排型号产品实现过程的总体策划、技术策划、生产和服务提供策划工作，并由型号指挥组织主任工艺师、设计师、工艺师、生产、检验、质量管理等相关人员，根据相关要求进行产品实现策划。

（b）产品保证计划。产品保证人员编制年度（季度）产品保证计划，明确规定各项产品保证工作开展的时机、方法、责任人、完成形式等内容，将产品保证要求细化为工作项目，按时检查其实施情况，并留有相关记录。

（c）质量管理与科研生产管理密切结合。研制项目产品保证工作应纳入科研生产综合调度会，在科研生产计划中安排产品保证工作的节点（如工艺评审、产品检验、复查、预验收、验收等工作），并给予必要的时间，做到质量管理与科研生产管理密切结合。

（d）加强监督检查。产品保证人员负责监督检查标准、质量体系文件等规定的落实情况，发现问题及时纠正，确保产品研制过程受控。

（e）建立预验收制度。产品按图样和工艺文件要求完成所有工作后，产品保证人员对该产品进行交付文件、产品实物两部分预验收工作，审查交付文件的正确性和完整性，并根据验收大纲检查确认产品实物的外观、接口尺寸、多余物、主要性能指标，并在对预验收遗留的问题全部整改落实后，提交产品验收申请。

（f）外协产品质量控制。产品在外协产品合同、技术文件中明确提出产品质量要求,并根据外协产品的研制特点,通过下厂监造、下厂验收、回厂复验、第二方检测等方式,对飞机结构平台外协产品实施有效控制,并形成相关记录。确认外协产品符合合同、技术文件要求后,方可办理进入半成品库的手续,应用于型号产品中。

c. 技术状态控制。产品研制项目技术状态控制遵循的是"论证充分,各方认可,试验验证,审批完备,落实到位"的5条原则。

d. 费用控制。产品研制项目计价成本,包括设计费、材料费、外协费、专用费、试验费、固定资产使用费、工资费、管理费等8项内容。研制项目的费用控制是各项工作在它们各自的预算范围内进行(见图6-4),计划外费用项目按照预算外项目审批管理流程执行审批管理。费用控制的基础是事先就对项目进行费用预算,即费用预算是费用控制的基础。

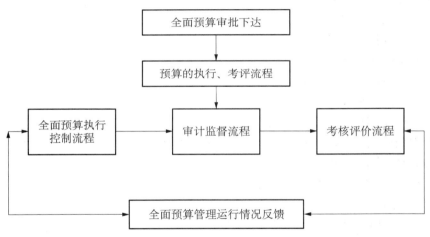

图6-4 产品研制全面预算管理保障机制

e. 风险控制。

产品研制项目风险识别和控制,按年度、半年、月和周进行管理。在每年年初编制的产品研制项目年度策划报告中,对全年研制项目的工作包完成的可能性进行概率分析。在此基础上,分析各项任务完成的可能性,并按A、B、C三类进行划分。

A类:可以正常按计划完成。

B类:经过努力可以正常或稍有推迟完成。

C类:经过努力仍将有较大推迟完成。

A类项目,要求型号主管调度和技术、质量和物资等相关项目管理人员,严格按照飞机结构平台研制项目计划流程组织实施。

B类项目的产生,一般是由于资源冲突或外部输入条件不能按时到位造成的,应组织项目管理人员认真分析产生推迟的原因，并针对每项原因，制订解决措施，如修订完善设备使用计划、提前补充项目所需人员、与上级项目管理组织及时协调保证外部输入条件按时到位等。

C类项目的产生一般是由于外部输入条件难以按计划到位造成的，如某些元器件不能按时到货等。针对这类问题，及时组织厂技术部门研究对策措施来加以解决。对于采取措施仍将可能有较大推迟完成的任务，要求型号主管调度提前向上级项目管理部门报《呈送单》，说明可能推迟的原因及企业采取的措施，以及仍然可能存在的进度风险等，以求得上级项目管理部门的支持和帮助。

（3）变更管理。

a. 范围变更控制产品研制过程中的各种变更，如技术状态变更、工作项目变更和计划进度变更等是较为普遍的。这些变更均是某一工作的范围变更。导致产品研制项目变更的原因通常包括：

（a）飞机大总体（项目发起人）的需求发生变化。

（b）先进技术信息的输入。

（c）为提高产品的可靠性而采取的优化方案。

（d）在项目运作过程中本身出现的问题或者机会。

（e）项目研制过程中发现的必须予以解决的错误。

b. 项目范围变更控制的方法月度计划的变更管理，是由企业内任务承担部门根据本部门的实际情况，将不能按计划完成的工作项目，向科研生产管理部门填写《计划调整申请表》。由项目主管调度同意调整并签字后，交科研生产管理部门领导审核，科研生产管理部门领导审核通过后，由主管科研领导人签字批准调整。

（4）合同管理。

a. 产品研制项目合同及其类型 ARJ21－700 产品研制项目合同为分承包合同，各分系统承制单位作为其下属的具有独立法人资格的企业单位（乙方），与 ARJ21－700 飞机项目总承包单位（甲方）签订产品研制项目分承包合同。

b. 产品研制订货合同管理。

承制单位与总承包单位签订了产品研制项目分承包合同后，便承担起产品研制的重任，应立即着手启动与项目相关方的洽谈、起草及正式签订订货和外包合同工作。合同主要包括原材料订货合同、产品外协生产合同、产品试验合同及采购合同等。

（5）管理的方法和工具。

ARJ21－700 飞机产品研制管理主要的管理方法和工具包括工作分解结构、责任分配矩阵、关键路线法、因果分析图和控制图等。

3）管理结果

各承制单位按照合同要求进行产品研制和管理，总承包单位对承制单位提供必要的技术支持,按照合同进行产品进度、质量、技术状态的监督和管理,确保各单机产品满足研制任务要求,为飞机的后续工作顺利开展提供保障。

6.2.3　测试阶段

测试阶段就是要对总装阶段的结果进行各种试验测试,以确保总装后的飞机系统各项性能符合要求。测试管理是 ARJ21-700 飞机生命期管理的重要环节,也是整个飞机能够顺利出厂的关键程序。

1)管理目标

测试技术流程合理与否直接影响飞机的测试质量。飞机测试阶段的管理目标是按照测试技术流程完成飞机测试,确保工厂总装测试内容最全最细,让产品质量问题充分暴露,而试飞时适当简化,在发射场尽量遵循最简原则。

(1)飞机测试流程应包含测试的全部内容,测试前的准备工作和测试结束工作的全过程。同时在试验过程中,应合理安排测试内容的先后次序,遵循一定的测试程序。

(2)另一些测试项目相对独立,测试顺序可以不要求。要根据飞机的测试内容和测试项目的设计情况,科学地制订测试流程。

2)管理过程

管理过程包括了对总装测试和系统地面测试两类,总装测试包括质量特性测试、精度测试和检漏。

(1)质量特性测试。质量特性测试的基本工作程序为:飞机设计部门提出需求,测试技术人员会签设计文件"质量特性测试技术要求",设计生产测试工装,编写测试工艺,测试实施,整理数据,编写测试报告。在外测试期间,一般要进行测试设备安装调试、测试设备标定校准、飞机加注过程测量、飞机质心调整。质量特性测试工作必须严格按照输入设计文件、测试工艺和相关标准规范进行操作。另外,由于环境的不稳定会给测试工作带来较大的测量误差,所以测试过程中还应保持测试厂房恒温、避免人为因素造成空气流动、禁止人员走动、远离振动源。

(2)精度测试。精度测试过程中必须满足如下条件:测量用仪器精度满足测量系统要求并在标检期内;测量专用软件需经测评;仪器设备的测量基准要进行验收,在测量中拆装此种测量基准时,应严格执行拆装技术要求;精度测量时飞机安装技术状态应满足精度测量状态要求。精度测量过程中严格执行工艺纪律,做到每项必检,签署及时、完整,对关键工艺要制订专门的质量控制程序,测试数据保证满足设计要求。

(3)检漏。飞机的检漏是要定量地找出其密封系统的泄漏位置和泄漏量。检漏的工作程序为:技术协调和文件会签,所需工作准备,检漏技术流程和工艺流程,检漏实施、编写数据报告。通常情况下,检漏过程中要检查飞机上几百条焊缝、几十个螺接点的密封性能,还要充入高压气体,因此除遵照各类标准、严格执行工艺纪律,还应注意安全性要求,保证不发生错检和漏检。

系统测试包括各个体统的功能检查、接通断开试验、地面检测、上电自查、操纵检查等。

3) 管理结果

ARJ21-700研制团队充分发挥团队合作意识,运用系统的思想,发扬不怕吃苦、严慎细实的作风,成功地完成了整机综合测试工作。经验证,ARJ21-700飞机测试项目完整,各分系统接口匹配,验证了飞机设计的各种正常及故障状态工作模式,飞机与地面测试设备接口匹配等。整机设备经测试验证工作正常。

6.2.4　试验阶段

1) 管理目标

确保试验满足设计单位技术要求的试验质量。确保试验全过程产品、设备和人员的安全,确保试验结果的数据可靠准确。

2) 管理过程

ARJ21-700飞机大型试验包括系统级的各类试验,也包括具有技术难度大、风险性大、试验周期长、接口单位多、耗资大的部分或全部特点的分系统试验。ARJ21-700飞机试验全过程分为4个阶段:准备阶段、试验阶段、总结阶段和处理阶段,如图6-5所示。

(1) 准备阶段。

a. 试验任务书会签及试验大纲评审。送试方应制订试验任务书,经承试方认同后进行会签。送试方应制订试验大纲。试验大纲是对试验任务书的细化和补充(补充的内容至少包括:对飞机控制点的要求;送试方和承试方的职责和分工;技术和管理的接口关系;试验故障及中断处理准则;试验场地条件和后勤保障条件)。应对试验大纲进行评审,并通知承试方参加,以确保承试方质量保证能力对试验大纲规定要求的适应性。

b. 试验方案和质量保证大纲。承试方应将试验任务书或试验大纲的规定要求,形成试验方案(内容包括试验目的,试验系统应具备的技术状态,所采取的技术措施,实施的关键技术及相应的有效措施,试验系统与飞机的技术接口等)。承试方应依据试验任务书(或试验大纲)和试验方案,由试验技术指挥组织制订质量保证大纲,通过评审,以作为试验质量管理的依据(内容包括试验目的,质量责任,质量目标和质量控制点的设置,对新技术、新方法和新设备的控制措施,技术和管理的接口关系,飞机产品搬运要求,分阶段评审计划;安全管理要求,故障预想与对策,物资保障条件,现场必备文件及其控制等)。

c. 依据试验方案编制总体技术流程,必要时编制分系统技术流程。在技术流程中

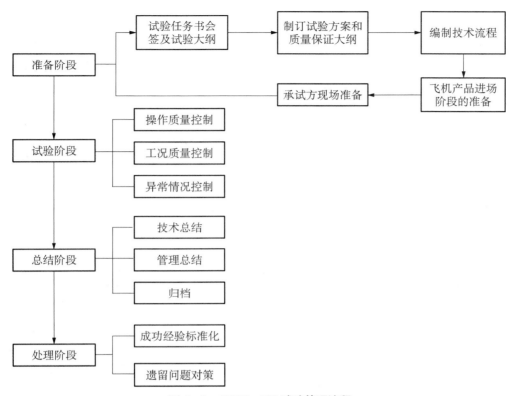

图6‑5 ARJ21‑700试验管理流程

应规定技术接口和技术安全项目。依据技术流程和进度要求编制综合计划流程,并纳入必要的质量控制项目。根据情况变化及时更改计划并履行更改的审批手续。

d. 飞机产品进场阶段的准备。

e. 承试方的现场准备。试验技术指挥和分系统负责人应按质量大纲、技术流程、计划流程展开试验的准备工作(包括操作人员的考核、设备的维护、校准和控制、计算机软件的控制、采购控制、试验环境控制、操作规程及对试验设备的预先联合调试)。

(2)试验阶段试验期间应对操作质量、工况质量和异常情况实施监控。工作环境应符合文明科研的规定要求。

a. 操作质量控制统一指挥,必要时应发出操作指令,操作者复述指令后执行。实行双岗制,双岗中一岗执行,二岗复验。操作人员应理解和执行操作规程,做好原始记录。必要时,应明确交接班制度,交接事项以文字记载为依据。

b. 工况质量控制

各分系统参试人员依据现场质量控制程序,做好工况的实施记录。

工况的技术状态如需更改,应按规定程序填写更改单,履行审批手续。

依据试验数据的审核程序,对各工况试验数据进行初步判定,如有偏离,应及时处理。

c. 异常情况控制

试验过程中如发生异常情况,试验技术指挥应按照试验故障及中断处理准则执行。分系统负责人和操作人员应依据实际情况按故障预想与对策和常见故障处理步骤处理。对不影响试验进程的故障,责任方按内部控制程序处理。对影响试验进程的重大故障,应按照试验大纲中的试验故障和中断处理准则,由现场领导小组组织,质量组协助,进行分析、制订纠正措施,进行评定和审批,对纠正措施的效果实施验证,记录过程和结果,并根据具体情况做出判断。

6.3 ARJ21–700 飞机项目持续适航管理

6.3.1 ARJ21–700 飞机项目持续适航体系

1) 背景

在 1970 年之前,美国航空器制造厂家就已经建立专家队伍来评估航空器运行过程中出现的故障、失效和缺陷对飞行安全的影响,并针对评估结果制订相应措施,来改进飞机,不断提高飞机的安全性和可靠性。

近些年来,适航风险水平控制在定量分析方法上有了很大的发展,这种方法是通过对不利于持续适航的信息进行全面的收集、分析和评估来更加精确地判定实际的适航安全风险水平,并在此基础上决定必要的措施。国外先进航空器制造厂家在这些方法的基础上、又建立了完整的标准和规范,最终形成了完善的持续适航体系,对飞机和机队进行全面的持续安全管理。

建立完善的持续适航体系是航空器型号合格证申请人/持有人落实其持续适航责任的重要手段,不但是保障航空器安全运营、提高航空公司满意度的有效手段,还可以通过不断修正设计缺陷来改进设计、积累经验,向新技术、新标准探索、迈进,进而促进航空器设计、制造水平的整体提高。

确保民用航空器的持续适航是适航管理当局、型号合格证持有人、航空运营人、维修单位等各方的共同职责。《国际民航公约》附件八及《国际民航组织适航手册》对型号合格证持有人的持续适航体系有明确的要求。型号合格证持有人的持续适航体系建设是整个持续适航体系建设中的关键环节。

完善的持续适航体系在避免事故的发生、提高航空器安全性和可靠性、改进航空器的设计、提升航空器的市场竞争力等诸多方面都发挥了不可替代的作用。我国的民机制造业正处于蓄势发展的阶段,为了充分发挥适航管理的作用,对型号合格证持有人的持续适航体系建设提出了必然的要求。

民用飞机的成功取决于市场的成功,为保持飞机运行安全,保障航空制造业的健康发展,建设完善的持续适航体系是对中国商飞的必然要求。

2)持续适航体系建设的目的

依据国际民航组织中国民用航空规章《民用航空器产品和零部件合格审定规定》(CCAR-21部)、《民用航空器适航指令规定》(CCAR-39部)中的相关要求,开展持续适航工作是型号合格证持有人的一项职责,该项职责的履行对于避免飞机事故的发生和促进飞机安全水平的提高都具有重大的意义。

3)持续适航体系的任务

(1)收集报告信息,主要包括对航空器持续适航造成或可能造成不利影响的故障、失效、缺陷和其他事件的资料。

(2)判定不安全状态,评估分析信息,判定飞机是否处于不安全的状态,并确定飞机不安全状态改正的期限。

(3)进行工程调查,对事件根原因和促使原因进行必要的调查和分析。

(4)制订改正措施,将适航风险水平控制在可接受的范围内。

(5)发布相应资料,主要包括服务通告、持续适航文件修订等。

(6)向局方报告不安全状态,并向局方提供相关的资料。

(7)为标准规范的修订、不安全设计特征的识别、适航符合性方法的确定、设计更改方案的评估、事件/事故调查的支援等提供重要的输入。

6.3.2　ARJ21-700飞机持续试航政策

公司按照民用航空规章的规定建立和完善持续适航管理体系,明确相关的工作标准、规范和流程,该体系能够保证:

(1)所有与公司设计的飞机相关的适航安全的重要信息均能够被及时地收集和分析。

(2)所有从这些信息中总结分析的结果都能够被确认,并合适地运用到正在运行、正在生产和将来设计的飞机中。

(3)持续适航工作过程中产生的报告、分析、决定和措施都能够被记录和监控。

持续适航体系与其他体系之间关系如下:

(1)与设计保证体系的关系。

持续适航体系作为支持中国商飞产品安全运营的一部分,属于设计保证体系。持续适航阶段中的每一项工作以及操作程序、标准在设计保证体系中都应有所体现。

(2)与质量管理体系的关系。

质量管理体系对于持续适航体系的支持表现在两个方面。一方面,质量管理体系应负责:持续适航体系文件的发布与管理;对与质量体系相关的文件需进行会签;监控持续适航体系运转是否符合规定程序及规范。另一方面,质量管理体系作为业务接口需要负责收集与持续适航相关的质量信息。

（3）与工程技术支援体系的接口。

工程技术支援体系为持续适航体系运转的业务接口，需要对持续适航工作中运行/维修信息和监控信息负责，为持续适航体系提供输入和输出接口；此外，提供持续适航过程中需要的技术支援，包括数据和专业人员方面。两个体系之间的协调工作应具有相应的工作方式、信息沟通机制和问题解决机制。

（4）与项目管理部的协调。

项目管理部负责中国商飞持续适航体系相关计划的编制与下达、组织实施与考核。持续适航关键工作大部分会通过会议的形式进行决定，包括持续适航管理机构会议和与局方开展的持续适航审查会议，会议确定的行动项目以会议纪要的形式提交给项目管理部，由项目管理部下发给相应责任单位/部门执行并考核。

（5）与国际合作与供应商管理部的协调。

由中国商飞持续适航管理机构提出供应商持续适航管理要求和相应职责，国际合作与供应商管理部负责持续适航阶段国外供应商的协调管理等事务性工作。

6.3.3　持续适航体系建设过程经验

在各方的支持下，持续适航体系建设工作进展顺利，完成了体系的顶层建设，编制了体系运行程序文件及相关标准和方法，初步具备了体系运转条件，同时通过运行过程中的持续改进，构建完善的持续适航体系和相应的核心技术能力。但是，持续适航体系在国内是首次建立，必然会遇到一些问题和困难，如经验数据库积累；专家队伍建设；验证设施建设等还需要我们通过长期艰苦的努力来解决。针对中国商飞公司持续适航体系建设过程中所采取的总体思路、技术路线、项目管理等方面，总结归纳此探索过程的得失以及对民机产业链中相关方的行业影响情况。

目前我国民航适航管理当局正在针对国产民用航空器的持续适航工作进行实践和探索，这些工作对确保我国民航的持续运行安全起了关键作用。中国商飞作为国内首家建立持续适航体系的型号合格证持有人，在体系建设过程中，与局方进行了充分的沟通和交流，促进了双方在体系认知的深入理解，中国商飞持续适航体系的建立也为局方制定持续适航体系的政策法规提供了真实案例、加快了制定进程。同时，持续适航体系的工作也会促进民航当局适航规章的修订工作，为民用飞机设计技术的发展贡献力量。

此外，中国商飞公司持续适航体系的建设在参考国外模式的基础上，根据中国商飞的特点构建了国产民机持续适航体系全新运作模式的前瞻性探索，形成了相应的研究报告和《型号合格证持有人持续适航体系管理手册编写指南》，并创建了一套可持续改进的工作方法与程序，为国内国产民机制造商保障国产民机投入航线运营的持续适航能力夯实了基础。

在建设过程中，不可避免地碰到了一些困难和问题，很多都进行了解决，还有一些如能力建设等,需要通过长期艰苦的努力加以解决,这也在另一方面提供了参考经验,在持续适航体系的建设过程中应该注意以下问题:

(1)国外先进民机制造商的持续适航体系已经较为成熟,在持续适航体系建设过程中可进行多方面借鉴,比如理念、技术层面,但在工作模式方面应更多地结合企业自身状况进行适当调整,切忌生搬硬套。

(2)型号合格证持有人的持续适航体系仅是适航当局、制造商、运营以及维修机构的关键一环,为了更好地保障产品的持续安全运行,在与其他相关方进行流程对接时,应在理念与技术方面实现有效对接,从而共同驱动持续适航体系的有效运转;工程数据库、风险评估团队专业能力以及工程调查技术保障能力是持续适航体系的三大核心技术能力体现,其建设周期长、投入资源多且成效缓慢的特征符合科学发展规律,应坚定不移地持续建设,且尽量提前启动规划与建设。

(3)应深刻理解"初始适航是持续适航的基础,持续适航是初始适航的延续与完善",持续适航体系建设中的诸多技术内容传承于初始适航,比如支持风险评估的分析方法、工具以及标准等。

(4)持续适航体系的经济效益通常不会在短时间内得以体现,需要从长远利益来着眼该体系所带来的无形而巨大的综合收益。

6.3.4 持续适航体系建设创新成果

本项目从飞机型号取证需求以及公司实际情况出发,总结国内外好的经验做法,对适航规章和程序要求中关于持续适航体系未明确规定的内容,通过跟局方沟通,给出了局方可接受的建议方案,为型号合格证申请人在持续适航体系建设过程中提供了指导,提高了飞机运营过程中的安全适航水平。

通过问题梳理、开展研究、型号应用、走访交流等过程的多次、长时间的反复迭代,最终取得了诸多结论与研究成果,实现了前述关键疑难问题的创新性解决。其意义在于:

(1)首次以主动风险控制为核心,以保证产品安全为目的,创建了一整套科学、完整、系统化的国内民用运输类飞机持续适航体系,初步形成了中国商飞公司民机持续安全的保障能力,填补了国内空白,达到了国际先进水平。

(2)建立了满足适航规章要求的程序、标准、方法和工具,形成了一套判定与控制航空器适航风险水平的科学分析方法,奠定了中国商飞公司持续适航体系有效运行的技术基础,初步搭建了提升国产民机全寿命周期安全性/适航性的技术方法与途径。

(3)在把控中国商飞公司组织机构特征的基础上,创建了中国商飞公司的组织架构与职责体系,编制形成了一系列完整合理的、适应中国商飞公司管理模式的管理手册及程序文件,为提升中国商飞公司资源利用率和持续适航体系运转效率奠定了基础。

（4）中国商飞公司持续适航体系的建设是构建国产民机持续适航体系全新运作模式的前瞻性探索，为国内民机制造商保障国产民机投入航线运营的持续适航能力创建了一套可持续改进的工作方法与程序，为局方制定持续适航体系的政策法规提供了真实案例、加快了制定进程。

具体成果如下：

1）研究成果

通过前期对持续适航体系相关规章和要求的研究，取得了成果如下所述。

（1）《持续适航体系建设的规章要求研究报告》。

（2）《国外先进民机制造商持续适航体系研究报告》。

（3）《持续适航体系建设相关适航要求参考资料》。

（4）《持续适航体系建设总体规划技术方案研究报告》。

（5）《型号合格证持有人持续适航体系管理手册编写指南》。

2）管理体系文件

通过积累经验，形成持续适航体系管理文件如表 6-1 所示。

表 6-1　持续适航体系管理文件列表

序号	文 件 名 称
1	《ARJ21-700 飞机用持续适航体系管理手册》
2	《ARJ21-700 飞机工程调查管理工作程序》
3	《ARJ21-700 飞机外场信息收集、分类及流转管理程序》
4	《ARJ21-700 飞机在役事件判定与报告程序》
5	《ARJ21-700 飞机制造部门信息收集、分类及流转管理程序》
6	《ARJ21-700 飞机制造事件判定与报告程序》
7	《ARJ21-700 飞机设计部门信息收集、分类及流转管理程序》
8	《ARJ21-700 飞机用局方信息接收、流转、贯彻管理程序》
9	《ARJ21-700 飞机工程事件判定与报告程序》
10	《ARJ21-700 飞机故障、失效和缺陷判定与报告程序》
11	《ARJ21-700 飞机不安全状态事件判定与报告程序》
12	《ARJ21-700 飞机事件风险评估程序》
13	《ARJ21-700 飞机适航指令实施管理程序》
14	《ARJ21-700 飞机改正改进措施的跟踪监控与评估程序》
15	《ARJ21-700 飞机事件风险评估方法文件》
16	《ARJ21-700 飞机事件判定要求》

3）运行成果

持续适航体系运行通过收集阎良试飞现场实际发生的问题，将其当作航空公司在役信息的输入，模拟体系的日常运转，检验体系程序、标准的完备性、有效性及风险评估团队进行风险评估的能力。

2011 年 5 月，以 ARJ21 – 700 飞机实际发生的问题作为输入，成功开展了中国商飞公司持续适航体系的模拟运行工作，实现体系在功能性、完整性、合理性、可操作性方面的初步验证与确认。从 2012 年开始，向全公司及成都航空公司进行持续适航及持续适航体系理念的推广，完成了对中国商飞公司持续适航体系的进一步认识与理解。从 2013 年初开始，以阎良试飞现场 ARJ21 – 700 飞机实际发生的问题作为输入，开展了第一阶段的体系运行工作，截至 7 月底，取得良好效果，已输出了 20 多份技术报告，初步达成了各项应用目的。

总体而言，在本项目研究成果开展应用的两年多时间里，取得了多方面成效，得到了公司领导的充分认可：①完善优化体系中有关职责定位、工作程序、方法与工具等方面的合理性与实用性；②初步转变中国商飞公司内部、其他民机制造商（如西飞国际）以及航空公司（如成都航空）对持续适航及持续适航体系理念的固有认识，明白了持续适航及持续适航体系对于民机制造商、运营商及适航当局的必要性与重要性；③增强中国商飞公司持续适航体系成员的协调管理与专业技术能力，初步形成公司民机持续安全的保障能力；④推动国内其他航空器制造商及民机产业链中相关方的持续适航保障能力建设，加快了局方关于持续适航体系政策法规的制定进程。

此外，中国适航当局（上海航空器适航审定中心）充分肯定了中国商飞公司持续适航体系的建设成果与应用情况，认为中国商飞公司以主动风险管理为核心、以保证产品安全为目的所建立的持续适航体系科学、合理，具有可操作性，初步形成了中国商飞民机持续安全的保障能力，能够履行型号合格证持有人的持续适航责任，填补了国内空白，接近国际先进水平，同时也为局方制定持续适航体系的政策法规提供了真实案例、加快了制定进程。

鉴于目前良好的应用成效，本项目的研究成果将在适当优化的基础上应用于大型客机项目中，未来将推广至更多型号项目。此外，可将此研究成果进一步提炼，成为国家层面相关技术规范的支持性材料，为国内整个民机行业的持续适航保障能力奠定技术基础。进一步地，可将此研究成果扩展至军用航空领域进行应用，甚至对那些具有高度复杂系统特性、强调安全性的其他行业领域具有借鉴意义。

7 ARJ21 - 700 飞机项目技术状态管理

项目技术状态管理的目标是全面反映出产品当前技术状态及满足其物理、功能要求的状况并形成文件,同时确保项目所有人员在项目寿命周期内能够使用正确的文件。随着系统工程和项目管理的推广,实施有效的技术状态管理,其在保证项目进度、质量、费用方面的作用越来越大,目前已经成为项目管理领域不可缺少的管理内容。本章主要介绍技术状态管理的基本内容和 ARJ21 - 700 飞机项目技术状态管理的应用实践,重点阐述 ARJ21 - 700 飞机基于多维度、多变量项目的技术状态管理的方法。

7.1 概述

技术状态管理是由美国军工型号管理逐步发展起来的,是系统工程管理的重要组成部分,在 ISO9000 系列质量体系中也包含了技术状态管理内容。我国原国防科学技术工业委员会也专门制定了国军标 GJB3206A - 2010《技术状态管理》标准,用来规范在国防高科技项目研制过程的技术状态管理。《中国国防项目管理知识体系》也首次将技术状态管理纳入国防项目管理的 12 个知识领域,技术状态管理是技术管理的核心内容。

目前,在航空、航天、电子、船舶、核工业等产品的研制中,都将技术状态管理作为一个独立的要素实施管理。通过型号工程实践,人们普遍认为,为保证这些高技术研制工程项目性能(功能)、成本、进度 3 个目标,特别是性能指标的实现,技术状态管理是必不可少的,而且应该作为高技术研制工程项目管理的重要领域。

ARJ21 - 700 飞机作为中国第一架自主知识产权的飞机,在十几年的实践与探索中经历了一个逐步发展和完善的过程,逐渐摸索出一套技术状态控制管理的系统方法,形成了一系列规范的技术状态管理文件,积累了丰富的实践经验和做法,为 ARJ21 - 700 整体项目的成功实施做了良好保证。

7.2 项目技术状态管理

ARJ21-700 飞机工程项目的研制具有规模庞大、系统复杂、技术密集、综合性强的特点，其设计、制造、试验、运行和应用必须采用系统工程的方法进行技术状态控制和管理，技术状态控制管理的全面性、有效性和规范性是保证产品质量的首要条件。

7.2.1 技术状态管理的定义

技术状态（configuration）是指按合同、研制任务书等文件中规定的并最终实现的硬件、软件的功能特性和物理特性。技术状态是型号工程项目管理的一个重要组成部分，它是对整个项目及组成项目的零件、部件、组件、成品、原材料等规定的功能、技术要求、标准及交付状态的技术性管理。它是项目最终要达到的功能和性能指标。部件、组件的技术状态是对整机技术状态的分解，主要包括研制依据、交付状态、试验要求、调试及验收技术要求等。

技术状态管理（configuration management）是对产品技术状态进行文件化及其更改、控制的管理方法，它往往用于系统的定义和控制，是系统工程过程管理和项目管理中技术管理的一部分。技术状态管理主要包括：

（1）技术状态标识。

（2）技术状态控制。

（3）技术状态纪实。

（4）技术状态审核。

7.2.2 技术状态管理的作用

技术状态管理用于项目研制过程中对项目的功能、技术性能指标的确定和控制。其作用是：

（1）在项目研制的寿命周期内，标识所选项目部件的功能和物理特性，将它们指定为技术状态项目。

（2）控制这些特性的更改。

（3）记录和报告更改处理过程和执行情况。

通过技术状态管理，工程项目的职能经理对设计和费用等项权衡决策进行完整和连续的记录和控制。这些权衡决策包括技术性能、可靠性、维修性、生产性、使用性、保障性等。由此可见，技术状态管理在型号研制过程中起着非常重要的作用，工程项目研制过程中的质量控制也是紧紧围绕产品的技术状态管理来开展工作的，技术状态管理是否确定、技术状态是否受控关系到型号研制的成败、研制质量水平的高低。因此，做好型号研制过程中的技术状态管理工作具有特别重要的意义。

7.2.3　项目技术状态管理的过程

项目技术状态管理的过程包括四项相互关联的活动：技术状态标识、技术状态控制、技术状态纪实和技术状态审核。

1）技术状态标识

技术状态标识是指明确产品结构，选择技术状态项目，将技术状态项目的物理特性和功能特性以及接口和随后的更改形成文件，建立技术状态基线。技术状态标识是技术状态管理的基础，主要包括下述 5 项活动：

（1）选择技术状态项目。

（2）确定每个技术状态项目所需的技术状态文件。

（3）指定技术状态项目及相应文件（包括内部和外部接口文件）的标识号。

（4）发放技术状态文件。

（5）建立技术状态基线。

标识工作从立项论证阶段开始，经过对产品系统要求的研究、分析、可行性论证，在效率、费用、进度之间权衡比较，形成以系统级（A 类）规范为主要内容、描述产品系统级功能的"功能技术状态标识"，批准后即成为功能基线。到初步设计阶段，这些标识进一步发展，将功能要求分解为分系统或技术状态项目的要求，经细化工作提出研制级（B 类）规范，形成"分配技术状态标识"，批准后即成为分配基线。在详细设计阶段，经过详细的工程设计、样机研制、试验评价并不断反馈，形成完整的系统规范、研制、产品、工艺、材料，以及全套图样和成套技术文件，形成"产品技术状态标识"，批准后即成为产品基线。

2）技术状态控制

技术状态控制始于功能基线确定之时，继而贯穿于技术状态项目研制、生产的全过程。在订购方确认基线之前，承制方应对每一技术状态项目的技术状态文件实施内部的技术状态控制。在订购方确认基线之后，承制方应按照规定的程序控制对技术状态文件进行更改，记载更改造成的所有影响，并将已批准的技术状态更改纳入技术状态项目及其相关的技术状态文件。这些活动包括：

（1）判断更改的正确性并形成文件。

（2）评价更改的后果。

（3）批准或不批准更改。

（4）实施并验证更改。

（5）处理偏离和超差。

技术状态控制是技术状态管理的核心工作。它对产品及其组成因技术状态更改而影响的功能特性、物理特性、相关接口进行系统的评价、协调、审批和实施，从而使得研制周期内技术状态的任一更改得到系统的控制。对更改的控制是技术状态控制的主要内容。

（1）更改的前提条件。

在型号项目研制中，在产品技术状态项目寿命期内，由于下述原因，应进行设计更改：

　　a. 使用方或分承制方要求更改。

　　b. 需改善产品的功能和性能。

　　c. 安全性、法规或其他要求更改。

　　d. 设计评审或验证要求更改。

　　e. 设计有遗漏或错误。

　　f. 制造和/或安装有困难。

　　g. 纠正措施要求更改等。

（2）技术状态更改的分类。

技术状态更改分为以下两类：

Ⅰ类更改——指涉及战术技术指标、总体方案和技术规范（技术条件）等内容的更改；

Ⅱ类更改——指不涉及Ⅰ类所列内容的其他更改。

（3）技术状态更改的控制。

对Ⅰ类的技术状态更改须经技术状态控制委员会的"更改评审"，评审的内容为

　　a. 更改的技术优点。

　　b. 对互换性、接口等的影响以及重新标识的必要性。

　　c. 对合同、进度和成本的影响。

　　d. 对制造、试验和检查方法的影响。

　　e. 对采购和储存的影响。

　　f. 对维护、用户手册、备件和备件手册的影响。

技术状态控制委员会一般由行业专家、订货方代表、承制方代表及相关的管理人员组成。对Ⅱ类的技术状态更改也须经订货方有关人员的会签、审批和批准。

（4）技术状态更改的其他要求。

所有的技术状态更改在实施前都应由授权人员确认，形成文件，当更改的数量、复杂性以及随之带来的风险超过一定限度时，应考虑再次进行设计评审和设计确认。进行技术状态更改时必须对相关的图样、技术文件和资料作相应的协调更改，并将更改后的新的输出通知所有有关各方，做好记录，形成文件。

　3）技术状态纪实

技术状态纪实是指对所建立的技术状态文件资料的更改状况和已经批准更改的实施情况所做的记录和报告。它开始于技术状态文件资料初次形成之时，是对技术状态基线进行追溯比较的依据。技术状态记录一般供内部使用，技术状态报告一

般供外部使用。

技术状态纪实提供了技术状态项目在研制、生产中有关信息的管理方法。通过这种方法对影响技术状态项目的信息给予记录，并向有关的项目负责人和主管人报告。技术状态纪实始于第一份技术状态文件形成之后（即功能技术状态文件发放之时），并贯穿于产品研制、生产的全过程。

技术状态纪实必须准确、全面地记录每一技术状态项目和已批准的技术状态文件及其更改的状况，确保每一技术状态演变的可追溯性。

技术状态纪实的基本工作内容包括：

（1）记录并报告各技术状态项目的已批准的技术状态文件及标识。

（2）记录并报告技术状态更改建议的提出情况及审批过程的情况。

（3）记录并报告技术状态审核的结果，对不符合项应记录其状态和最终处理结果。

（4）记录并报告技术状态项目的所有关键和重要的偏离及超差的状况。

（5）记录并报告已批准的技术状态更改的实施状况。

（6）提供每一技术状态项目的所有更改对初始确定的基线的可追溯性。

4）技术状态审核

技术状态审核是指为确定技术状态项目符合其技术状态文件而进行的检查。在技术状态基线被认可之前，为确保产品能符合合同或规定的要求以及产品的技术状态文件能够准确地反映产品，应开展技术状态审核工作。技术状态审核一般分为功能技术状态审核和物理技术状态审核两类。

7.3　ARJ21‐700飞机项目技术状态管理

7.3.1　技术状态管理组织

为了达到所要求的技术状态管理的目标，须根据具体项目建立技术状态控制委员会，并明确其权限和职责。根据具体技术状态项目的需要，分层次建立技术状态控制委员会。其技术状态管理组织和职责是：

（1）技术状态控制委员会由技术和管理专家组成的，对技术状态及其管理具有决策权限和职责的小组。

（2）技术状态控制委员会的职责：

a. 审批技术状态管理计划、选择的技术状态项目、技术状态基线。

b. 对提交的技术状态更改建议、关键和重要的偏离和超差申请进行审查。

c. 按决策权限，对内部控制的技术状态更改建议、偏离和超差申请提出批准或不批准的建议，由技术状态控制委员会主任批准；对合同要求控制的技术状态更改建议、偏离和超差申请提出批准或不批准的建议，报有关方面批准。

d. 对批准的技术状态更改建议和批复的偏离和超差申请，应由设计师系统以技术文件形式传递到有关单位，并抄报系统设计部门备案、建档。

7.3.2 技术状态管理的程序

ARJ21-700项目技术状态更改程序，如图7-1所示。

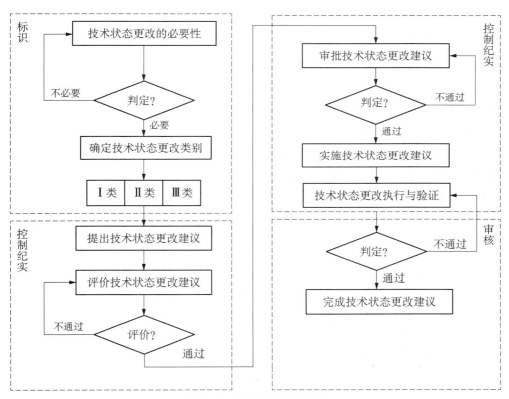

图7-1 技术状态更改程序

1）判定技术状态更改的必要性

提出技术状态更改者应通过必要的分析和试验验证，判定技术状态更改的必要性。

2）确定技术状态更改类别

在提出技术状态更改建议前，按《航空产品技术状态（构型）管理要求》的规定，确定技术状态更改类别（Ⅰ类、Ⅱ类或Ⅲ类）。

3）提出技术状态更改建议

确定技术状态更改类别后，提出技术状态更改者应将涉及的Ⅲ类和定型后的Ⅱ类技术状态更改形成技术状态更改建议。技术状态更改建议至少应包括表7-1的内容。

表 7 - 1　　技术状态更改建议基本内容

序号	工程更改建议的基本内容
1	更改的技术状态项目和技术状态文件的名称和编号
2	建议者的姓名、单位和提出日期
3	更改内容
4	更改理由
5	更改方案
6	更改类别
7	更改所需费用估算
8	更改的迫切性
9	更改带来的影响(包括受影响的项目、文件、性能参数、进度、综合保障、接口等)

　　必要时,提出的技术状态更改建议还应附有论证和说明更改的必要性、可能性和更改带来的影响的资料(如试验数据与分析、保障性分析、费用分析等)。应填写统一的技术状态更改建议表格(见表 7 - 2),并对每一技术状态更改建议给定唯一的标识符。技术状态更改建议应归档保存。

表 7 - 2　　技术状态更改建议评价

序号	技术状态更改建议评价内容
1	技术的合理性,工程的可行性
2	对互换性、接口等的影响和重新标识的必要性
3	对相关项目及技术状态文件的影响
4	对合同、进度、后勤保障和经费的影响
5	对生产、试验和检验的影响
6	对采购和库存的影响
7	对维修、用户手册和备件的影响
8	对可靠性与安全性的影响
9	审定技术状态更改的类别,对所确认的技术状态更改类别有异议时,应由双方充分协商后决定,或报上一级裁决

　　4) 评价技术状态更改建议

　　技术状态控制委员会对提出的技术状态更改建议进行评价(见表 7 - 2)并形成文件。

　　5) 审批技术状态更改建议

　　技术状态控制委员会根据评价结果,对提出的技术状态更改建议做出批准或不批准的决定,形成技术状态控制委员会意见书。

　　对批准的Ⅲ类和定型后的Ⅱ类技术状态更改建议,应在其技术状态更改建议表格的批准栏中签署意见,并及时返回给有关单位。若不批准其技术状态更改建议,一般应于 15 天内书面通知技术状态更改建议提出单位,并说明不批准的理由。

6) 实施技术状态更改建议

设计部门将批准技术状态更改建议内容,按相关标准规定形成更改文件(更改单),经批准后发到各有关部门。必要时,应通过谈判将其技术状态更改建议内容纳入合同。

7) 技术状态更改的执行与验证

设计部门按相关标准规定的更改程序,依据更改单更改相关的技术状态文件,并确保各有关部门使用的同一技术状态文件是正确和一致的。

生产部门采取相应的控制程序,更改相应的工艺文件和工艺装备文件,并在制造、试验中验证其与更改文件的符合性。

7.3.3　技术状态更改项目的确认程序

对涉及设计方案、接口、关键工艺和试验方案的更改内容都进行评审并得到充分论证。经过相关会签、确认,均经过验证后由相关分系统和系统再次确认,每一项技术状态更改须首先测试验证,确保无误后再进行更改。由相关人员签字确认,由副总师审查,总师、总指挥审批后执行,重大更改报上级领导部门进行审批。为检查技术状态更改落实到位情况,开展了技术状态更改落实情况复查。图 7-2 是技术

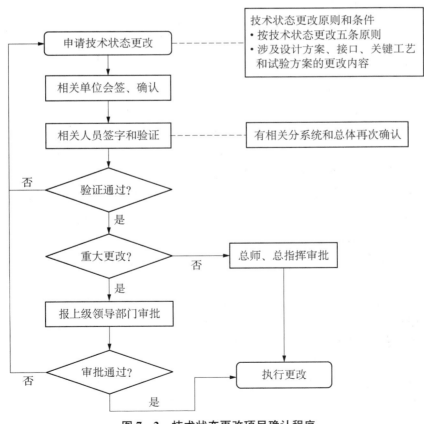

图 7-2　技术状态更改项目确认程序

状态更改项目确认程序。

7.3.4 技术状态过程控制技术

由于技术状态的变化是影响质量、进度和实现最终目标的主要因素，因而在工作中对每项技术状态变化涉及的相关操作、程序、测试、接口必须进行全面分析和相应修改并建立详细的档案，使得技术状态更改得以控制和跟踪落实。

在 ARJ21-700 飞机研制过程中，对技术状态的控制主要运用的控制技术和方法有以下几个方面：

1）建立技术状态基准

ARJ21-700 项目制订并完善了功能体系，进行包括系统级功能体系分析、分系统功能体系分析、单机功能体系基线。形成了功能基线和产品基线体系，作为技术状态变化比对研究的基准。

系统功能体系分析是针对系统所要实现的目标，确定系统必须具备的功能和各功能之间关系的过程。对上至飞机完成飞行过程中的某项任务功能，下至一个具体硬件设备或一个具体软件模块所具有的功能进行分析，这种分析可以根据需要一直深入到更底层的元器件级。

ARJ21-700 项目在系统级对飞机系统的功能体系进行了分析。各分系统在系统级分析的基础上，接着分析设备级功能体系，构建起整机完整的功能体系，包括任务功能基线和产品功能基线。

2）全面分析每一项技术状态变化

在技术状态变化时，首先由单机、分系统内部复核接口、功能基线，提出复核报告交给 ARJ21-700 项目办公室。项目办公室组织将每一项技术状态变化再放到系统功能基线中考虑，复核对其他分系统的接口、功能影响、可靠性影响、安全性影响，找出影响范围，同时对每一项技术状态变化涉及的相关操作、程序、测试、接口进行全面分析，并做相应修改。对所有的技术状态变化建立详细档案、跟踪落实。

3）分组评审

技术状态需要进行严格控制，进行技术状态的更改需要填写"技术状态更改申请单"，并经过各级审批。专人负责对更改的过程与结果进行跟踪，确保技术状态更改的落实。

4）用设计申请单和控制单紧密跟踪

利用技术状态更改控制单、更改落实情况检查表、软件浮动报告表、技术状态确认表等表格化文件对技术状态的管理进行跟踪分析。

5）严格执行"五条"原则

飞机系统级、分系统级及主要单机部件必要的技术状态更改，必须经两总讨论，严格遵循"充分论证、试验验证、各方认可、审批完备、落实到位"的原则。认真填写

"技术状态更改控制申请单",对涉及设计方案、接口、关键工艺和试验方案的更改内容都应进行评审并得到充分论证。经过相关会签、确认,均经过验证后由相关分系统和系统再次确认,每一项技术状态更改首先测试验证,确保无误后再进行更改。由相关人员签字确认,由副总师审查,总师、总指挥进行审批后执行,重大更改报上级进行审批。

(1)充分论证:对于飞机的每一个技术状态更改项目,应从系统、分系统直至每个细节都要进行充分论证,确保更改项目的有效性和合理性。

(2)试验验证:试验验证是检验技术状态更改的正确性和有效性的重要手段,包括整船的上级主管领导机关、电测、工程各系统间匹配、工效学评价及专项试验等,通过试验验证状态更改的有效性,同时对发现的更改过程中的失误及时纠错。

(3)各方认可:飞机系统对于技术状态更改项目中影响飞行试验安全及飞行员安全的重大状态更改项目必须组织方案评审,通过专家对更改方案的审查,确保更改方案的正确性和可操作性,在采纳专家的建议后达到完善更改方案的目的。

(4)审批完备:对于飞机技术状态管理程序和控制更改方案等可能影响飞机技术状态结果的一系列关键环节及相关文件,要经过技术状态更改小组以及技术状态控制委员会的严格审查,审批通过才能进行实施。

(5)落实到位:飞机系统应注重飞机技术状态更改的落实情况,对飞机硬件产品和软件产品的更改落实情况进行检查,通过系统、各分系统的自查及全机的电测,对发现的个别技术状态更改未落实情况予以纠正,保证飞机的研制质量。

6)实施过程中严格进行记录和审核

在单机、分系统、生产以及飞机总装、测试和试验过程中,严格对飞机上设备的技术状态进行记录,形成正式文件,并与设计文件进行对比,确保技术状态实施的正确性和准确性。

7)汇总、出厂评审

每次出厂前,飞机系统总结技术状态更改的项目、内容、理由、审批、落实及验收情况,形成技术状态更改控制报告,上级领导部门对飞机系统的技术状态更改控制情况进行专题评审,通过评审后才能进行飞机的出厂评审。

8)飞行试验中监视技术状态变化,试验后总结

在每次飞行试验过程中,严密关注技术状态变化的飞行试验验证,飞行试验总结时,进一步确认,验证没有通过的需要继续进行试验验证。

7.4 ARJ21-700飞机项目技术状态创新管理

7.4.1 ARJ21-700项目的技术状态创新管理

开展技术管理可以保障和支持复杂产品技术状态的正确性。产品的技术状态

以技术状态文件为主要载体,建立产品和要素之间的关联关系,为技术状态管理和控制提供条件,技术状态信息被全过程地记录之后,能够为设计和生产的迭代反馈提供有利条件。

ARJ21‒700 项目的研制阶段,院内的技术协调严格按照文档管理规定的要求,通过各种协调会议、技术平台完成各专业之间技术文件和技术状态的协调确定,ARJ21‒700 项目明确规定,XT 类技术协调/通知单用于记录协调结果,提供设计协调数据等作为相关部门的设计依据。与各供应商之间通过技术协调备忘录(ECM)来提出协调要求和解决工程和技术方面的协调。到了适航取证、生产交付、客户服务等阶段,项目遇到了跨专业、跨单位、跨行业的技术管理的协调问题。上飞院严格按照《新支线飞机项目重大问题报告及协调解决制度》文件的要求办理。

ARJ21‒700 项目的技术决策是在经过专业的充分的技术协调基础上,总师系统在权衡型号的多目标性能优化的前提下做出综合的技术决定。

7.4.2　ARJ21‒700 的数字化和信息化发展创新管理

随着 ARJ21‒700 项目研制数字化、信息化技术和工具的不断发展,传统技术状态管理已经不能满足复杂产品工程管理的需要,技术状态管理必须紧跟工程研制手段的发展步伐,与产品设计、生产、试验的先进技术和工具保持一致,提高技术状态管理的数字化和信息化应用水平。

ARJ21‒700 项目已基本实现了无纸化设计、生产、审核等,对技术状态管理也提出了新的要求,因此加快了技术状态管理的数字化和信息化。

1) 项目管理系统

在 ARJ21‒700 项目技术管理中,一飞院上海分院根据 ARJ 项目管理的需要启动过《ARJ 项目管理》的开发和试运行,由原一飞院上海分院的 S5 室的软件开发组承担。S5 室根据项目需要编制了《项目管理系统》的需求分析报告,并完成《项目管理系统》开发总结报告。主要功能如下:

(1) 会议管理(创建会议,查询会议,会议一览表,我的会议,批量导入会议)。

(2) 项目信息管理(ARJ21‒700 简报,ARJ21‒700 简讯,ARJ21‒700 协调跟踪,ARJ21‒700 大事纪,ARJ21‒700 进度跟踪创建,信息查询,信息一览表)。

(3) 会议纪要(会议纪要创建,查询,一览表)。

(4) 计划管理(各计划,工作报表创建,查询,一览表)。

(5) 管理规定(17 类管理规定的创建,查询,一览表)。

(6) 系统管理(用户身份认证,修改密码,系统权限设置)。

(7) 常用链接(链接至 FAI 其他相关系统)。

该软件基于 JAVA 技术,B/S 架构,为日后的管理工作确立了框架和基础。

2) CPC 平台询问单电子流程审签模块

在平台建设过程中,根据型号需要开发了《基于 CPC 平台的询问单电子流程审签模块》,并纳入 CPC 平台,投入运行,效果良好,在 ARJ21－700 项目发图阶段规范了询问单的处理规则,提高了工作效率。

基于 CPC 平台的询问单电子审签流程实现了如下功能:

(1) 和纸质流程一致的询问单电子审签流程。

(2) 电子签名技术。

(3) 权限受控和流程实时跟踪。

(4) 询问单创建。

(5) 按照询问单号码、名称、主题类型、不同厂所等属性信息查询功能。

(6) 按关键字查询。

(7) 状态跟踪。

(8) 报表输出。

以上功能经测试、试运行,并投入使用,保证了数据的完整性和可追溯性,提高工作效率,方便管理,节约纸质询问单带来的开支,加快研制数字化进程。 如图 7－3所示。

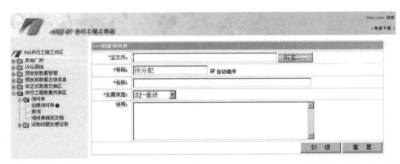

图 7－3　创建询问单操作界面

在询问单电子审签流程经试运行期间,成飞共发出 17 份试运行的询问单任务,询问单发出单位和广大设计人员欢迎电子的询问单流程格式,便于查找,可追溯性、安全性比纸质询问单要好。

(1) 需求。

2007 年 2 月 6 日起,启用管控中心试制问题处理记录综合管理模块,试制问题处理记录的取号、上传、合并、作废、更新、查询的操作均在管控中心实施;2 月 16 日前为功能完善试用期。

2007 年 2 月 5 日下午 17:00 后关闭原"CPC 平台试制问题处理记录管理系统"的创建功能,保留查询功能;同时部署更新的管控中心试制问题处理记录综合管理模块代码。2 月 5 日下午完成历史数据的转移。

(2) 功能。

实现 ARJ21 - 700 飞机跟产过程中产生的相关问题单处理信息的管理,主要包括询问单处理信息、材料代用单(以下简称代料单)处理信息、产品重量超差单处理信息、产品拒收故障报告(以下简称 FRR)处理信息、试制问题处理记录(以下简称小票)处理信息、工厂综合问题处理信息。功能上实现各种问题单在 CPC 平台上的创建、查询、更新、补录、输出报表以及系统管理;各问题单按工厂进行分析统计,按完成周期长短进行红绿灯告警;历史数据的导入等(见图 7 - 4)。

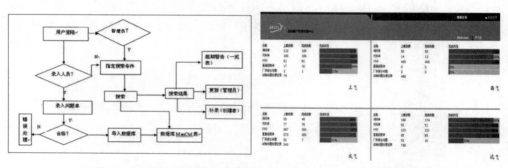

图 7 - 4　CPC 平台跟产管理中心管理流程和管控中心示意图

(3) 应用效果。

"跟产管控项目"完成需求分析、用户咨询、开发、运行、总结,该软件基于 JAVA 技术,B/S 架构,体系结构上具有先进性和灵活性。系统所选用的设计方案适合航空业的业务特点。为 ARJ21 - 700 飞机项目提供了跟产管理控制系统平台,该系统也适用于其他型号。得到项目两总系统和参研设计部门、制造厂家的认可,提高了项目管控效率。

3) 材料代料单管理系统开发

2006 年 10 月,软件开发人员完成"材料代料单管理系统"开发,并投入运行,紧密配合了型号的研制。

系统的实现功能如下:创建功能,查询功能,管理功能,包括删除和更新,输出报表(可输出 Excel 格式的报表)(见图 7 - 5)。

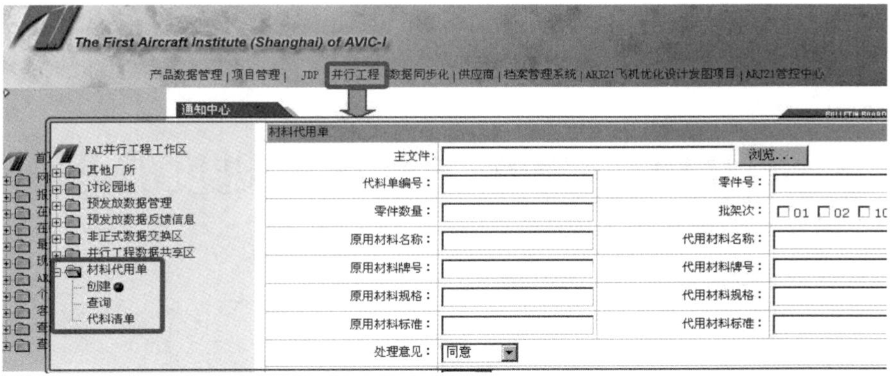

图7-5 代料单管理工作区

8 ARJ21 – 700 飞机项目进度管理

项目进度管理是指在项目的进展过程中,为了确保能够在规定的时间内实现目标,对活动进度及日程安排所进行的一系列管理活动。它和成本管理、质量管理并称为项目管理的"三大管理"。本章在介绍项目进度管理的理论和 ARJ21 – 700 飞机进度管理的实践的基础上,具体阐述了 ARJ21 – 700 飞机应用任务分解结构(WBS)进行项目进度管理的过程。

8.1 项目进度管理方法

8.1.1 基本思想

项目进度管理是指在项目实施过程中,对各阶段的进展程度和项目最终完成的期限所进行的管理。项目进度管理是在规定的时间内,拟定出合理且经济的进度计划(包括多级管理的子计划),在执行该计划的过程中,经常要检查实际进度是否按计划要求进行,若出现偏差,要及时找出原因,采取必要的补救措施或调整、修改原计划,直至项目完成。其目的是保证项目能在满足其时间约束条件的前提下实现其总体目标。

8.1.2 管理方法的发展

项目管理这一概念最早起源于美国,至今已经历了几十年的发展历程,其理论基础和应用实践等较为丰富,项目管理工作取得了显著成果。美国人 Gantt 最早提出甘特图技术,应用于项目进度管理,甘特图技术发展至今仍然是项目进度管理中最常用的方法之一,它以日历的形式将项目的主要内容罗列出来,能够较为清晰地反映出项目活动各时间段的进度信息,为今后的项目管理工作树立了格式标准。与其他技术相比,甘特图技术更为清晰直观、简单便捷、易于绘制。但这一技术难以表达各项目活动间的逻辑关系,同时进行定量分析及定性计算,反映不出任务拖延或资源调配的问题。因此,甘特图技术适用于一些较为简单的小型项目。

美国杜邦公司于 1956 年提出了关键路径法(critical path method, CPM),其工作原理为数字分析。在实际处理过程中,它运用特定有序的网络逻辑法对各个活动序列进行分级计算,从而判断出最适合项目活动的关键路径。这种分析方法较为灵活,适用于较为复杂的项目。关键路径法主要通过项目网络图对各活动的持续时间和进度信息进行分析和计算,能够在较短时间内选择出最优路径。因此,工作人员在进行项目进度管理时,只需对关键任务的进度进行控制与监督,即可按期完成项目。

1958 年,美国海军特种计划局在研制北极星导弹项目中提出了计划评审技术(plan evaluation review technology,PERT),它借助于网络表示各项活动与所需要的时间及各项活动的相互关系,在一个庞大的网络图中找出关键路线,确定项目的期望完成时间。开发的计划评审技术应用于导弹研制计划后,极大地提升了项目施工效率,使得其工期从原来的 10 年缩短为 8 年,引发效仿浪潮。

项目进度管理作为项目管理的重要组成之一,目前已成为国外项目管理研究的热点问题,各研究学者积极运用项目管理知识和理论开展相关研究,成效显著。在进行项目进度管理研究时,研究人员首先要理清项目结构,划分研究范围,再根据项目研究特点,有计划、有重点、有针对性地进行项目活动研究。

近年来,随着 CPM 和 PERT 技术的不断发展成熟,项目进度管理领域也出现了一系列变革。项目管理人员积极利用 CPM 和 PERT 网络计划优势,将其应用至项目进度控制管理中,通过建立整数规划模型的方式进行进度控制,取得了良好成效。此后,项目管理人员将一大部分精力放于此类模型的解法上,研究出最符合经济性原则的计算方法。Davis(1973)、Gavish(1981)和 Pirkul(1986)[6,7,8] 等人分别利用线性规划法和动态规划法研究和分析了 RCSP 问题,并结合具体实例,研究出相应的计算模式和规律。Sevkinaz Gumusoglu 等提出基于 Primal-dual relationships 的线性规划模型改进网络计划技术 CPM 和 PERT 的算法,用于解决项目的计划和控制问题。Morse 和 Whitehouse(1988)及 Tsai 和 Chiu(1996)运用启发式算法对 RCPSP 问题进行了相关分析和研究,取得了突破性进展。Lee 和 Kim(2000)则针对一些计算较为复杂的模型进行了验算和推导,极大地提升了启发式算法的计算效率,其研究成果已被广泛应用至项目进度管理当中。

国外对项目进度控制的热门研究是项目实施进度与计划进度的比较分析。经过专家学者的不懈努力,横道图,S 曲线、香蕉曲线和挣值法等比较方法已非常成熟,在项目进度管理中得到了广泛的应用。

国内项目进度管理起步较晚,经过一个较长时间的相关理论学习和消化,近年来,项目进度管理的研究和应用实践也取得了优异的成绩。

当前,国内研究学者的一些研究成果已被广泛应用于项目进度管理领域,成效显著。施工单位利用项目进度管理理论进行项目进度管理与控制,有效地避免了项目拖延、项目进度管理效率低下、管理质量不高等问题,符合管理经济性和安全性原则。

　　在实践应用方面,国内起源于20世纪60年代,科学家钱学森推广了系统工程理论和方法,华罗庚推广了"统筹法",国防科委也有计划地引进了国外大型科技项目的管理理论和方法。我国在20世纪60年代研制第一代战略导弹武器系统时,引进了网络计划技术(PERT)、规划计划预算系统(PPBS)、工作任务分解结构(WBS)等技术。20世纪70年代,从国外引进了全寿命管理概念。这些方法在许多大型工程,如上海宝钢、北京电子对撞机、秦山核电站等工程,都得到了实际应用。20世纪80年代以后,现代项目管理方法在国内得到了推广应用,国内企事业取得了可喜的成果。1982年,在我们利用世界银行贷款建设的鲁布革水电站引水导流工程中,日本建筑企业运用项目管理方法对这一工程的施工进行有效的管理,收到了很好的效果,整个工程工期提前106天。航空工业在研制歼7域、歼8域等型号飞机过程中推行系统工程,实行矩阵管理。1987年一批企业和建设项目试点采用项目管理,1991年全面推广项目管理。三峡工程、南水北调工程、2008年北京奥运会项目均取得了成功。

　　以上提到的这些项目进度管理实践成果对于改革项目进度管理,提升项目进度管理水平意义重大。因此,施工单位可以立足本单位发展实际,选择一些适合其发展特色的项目进度管理技术手段,以推动其项目进度管理的高效稳定发展。

8.1.3　进度管理的有效方法

　　具有一个切实可行的进度计划,是工程进度管理有效的前提。工程进度管理也是目标管理的一种,是工期目标顺利实现的手段,所以一个切实可行的进度计划是必不可少的。但是,每一个建设项目,由于它所处的建设时间、地域、结构形式、工期目标和施工内容的不同,就决定了进度管理不像质量管理及安全管理那样已经形成了一个相对完善的体系,在管理过程中有章可循、有相对固定的标准,所以项目的进度计划具有时效性和独特性。这就决定项目管理人员在制订进度计划时,要针对不同容量及不同地域给出参考的工期定额,结合企业自身技术水平和施工能力来制订。

　　工程进度管理的层次性和全面性。工程的建设内容是丰富的,这就决定了工程进度管理是多样的。如果只对一个施工内容或工序进行管理,可能满足了单项的进度要求甚至大大提前,但这是危险的,它可能直接导致其他项目进度落后或无法实施,甚至造成整个建设项目进度的滞后,也可能因为工序穿插或者成品保护的需要,增加了施工费用,降低了经济效益。所以工程进度的管理应该是面面俱到的,将所有建设内容都纳入管理范围内。由于进度管理的内容多样,所以各个分项的管理应该是以主进度为标准,依次深入、完善。所以进度管理必须层次分明。

　　全员参与是进度管理的保证。前文已经提到,工程的建设,需要多个单位的参与,而每个单位又涉及劳动、材料、资金等多部门的参与和配合,任何一个部门、单位的"短板"都会造成进度计划管理的落空,所以进度计划的落实与保证,不是一个单位或者一个部门和一个人的事情。在进度计划的制订时,就要有所有参与单位或部门的参与,并充分听取、采纳每个方面的建议,从而保证计划考虑因素的全面。当计划制订完毕或实施阶段的调整,都要完整而及时地向各参与单位或部门进行说明,保证进度计划管理的有效落实。使每个单位都时刻感受到,它是进度管理的一分子。

动态性是工程进度管理的显著特点。任何一个进度计划在指定的时候,虽然结合了项目特点和企业工期定额等参照数据,即使考虑了天气等因素的干扰,但都是在相对理想条件下进行施工。施工实施周期内不可预测的因素造成进度干扰是不可避免的,它包括自然因素和社会因素,也包括随着工程实施的深入而出现的新问题等,这都是可能导致进度滞后,工期目标落空的因素。所以当出现干扰因素的时候,就要通过及时、有效、主动的进度调整来降低损失。如果仍然刚性地死守进度计划必然造成更大的损失,扩大干扰因素的干扰效果。当进度计划落后于实际进度的时候,说明计划相对保守,也要通过进度管理来灵活调整,来实现进度管理的经济效益。所以进度管理要根据实际情况,时时核对,灵活调整,动态纠偏。

计算机的使用与人才的培养是工程进度控制提高的未来保证。随着信息化时代的到来,计算机管理软件的使用已经深入到各行各业,不可避免地进入到工程建设管理行业。而工程进度管理软件的使用,更好地保证了进度控制数据的系统化,为进度控制提供更好的数据支持。而管理人才的培养更是进度管理成败的关键,因为计划的制订、计划的调整、进度的控制、计算机的使用都是通过可靠的管理人员来进行的。而工程进度控制因为涉及多个方面,所以人才的培养不是一朝一夕就能完成的。而工程建设单位的核心竞争力就是管理能力的比拼,所以一批可靠的管理人才就是企业的未来。任何建设或施工单位,都应该通过稳定可靠的人才培养机制,来提高管理人员的水平,增进团队协同意识,形成团队精神,构建团队文化,发挥团队知识。有了高效的人才,再运用国内外先进的项目管理模式和管理方法,实施标准化、程序化作业,营造一个积极的工作氛围,提高工程管理水平,保证工程进度目标的实现,实现社会效益与经济效益的双丰收。

8.2　项目进度管理

8.2.1　概述

在市场经济的条件下,"时间就是金钱,效率就是生命"。一个项目能否在预定的时间内完成,就是项目最为重要的问题之一,也是进行项目管理所追求的目标之一。进度管理就是采用科学的方法确定进度目标,编制进度计划和资源供应计划,进行进度控制,在与质量、费用目标协调的基础上,实现工期目标。工期、费用、质量构成了项目的三大目标。其中,费用发生在项目的各项作业中,质量取决于每个作业过程,工期则依赖于进度时间的保证。这些目标均能通过进度控制加以掌握。所以，进度控制是项目控制工作的首要内容，是项目的灵魂。

进度管理既是一门科学，又是一门艺术。其科学的一面表现在如何按有效工作日（剔除非工作时间：周末、节假日）制订进度计划，确定关键路径和非关键路径及其浮动时间。在实践中，还涉及项目所需资源的平衡以免发生大的峰值和低谷。其艺术的一面表现在编制可操作的进度计划和控制方法。如网络图技术（Network）、关键路径法（CPM）、计划评审技术（PERT）、集成计划（IS）和挣值法（EVM）等项目进度管理的方法和技术。项目进度管理的目标是尽可能采用并行活动，在最短时间内完成项目。

8.2.2　项目进度计划的制订

项目进度计划是根据对项目工作的界定、项目工作顺序安排、工作时间估算和所需资源等所进行的分析和项目进度计划的编制。

项目进度安排的主要依据包括：

（1）项目网络图。

（2）工作延续时间估计。

（3）项目的技术经济条件。

（4）项目的限制和约束。

（5）日历。明确项目和资源的日历，项目日历将直接影响到所有的资源，资源日历影响一个特别的资源或者资源的种类。

（6）项目的资源供应情况。

进度计划制订的基本要求如下

（1）运用现代科学管理方法编制进度计划，以提高计划的科学性和质量。

（2）充分落实编制进度计划的条件，避免过多的假定而使计划失去指导作用。

（3）大型、复杂、工期长的项目要实行分期、分段编制进度计划的方法，对不同阶段、不同时期，提出相应的进度计划，以保持指导项目实施的前锋作用。

（4）进度计划应保证项目实现工期目标。

（5）保证项目进展的均衡性和连续性。

（6）进度计划应与费用、质量等目标相协调，既有利于工期目标的实现，又有利于费用、质量、安全等目标的实现。项目进度计划的编制通常是在项目经理的主持下，由各职能部门、技术人员、项目管理专家及参与项目工作的其他相关人员等共同参与完成。

不同类型的进度计划，其编制步骤有所不同，但无论哪种类型的进度计划的编制，以下几项工作是必不可少的。

（1）项目描述。

包括项目名称、项目目标、交付物、交付物完成准则、工作描述、工作规范、所需资源估计、重大里程碑等，可以用表格的形式表达。

（2）活动定义。

明确为了实现项目目标需要进行的各项活动。活动定义过程就是识别处于项目工作分解结构（WBS）中最底层的工作任务或工作元素。活动定义通常导致项目团队制订一个更为详细的 WBS 和辅助解释。该过程的目标是确保项目团队对他们作为项目范围一部分必须完成的所有工作有一个完全的了解。随着项目团队成员进一步定义完成工作所需的各种活动，工作分解结构常常会得到进一步的细化。活动定义还会产生一些辅助性解释，从而将重要产品信息以及与特定活动相关的假设和约束形成文档。

（3）活动排序。

在定义了项目活动以后，项目进度管理的下一个步骤是活动排序。活动排序是指识别与记载计划活动之间的逻辑关系。一个项目有若干项工作和活动，这些工作和活动在时间上的先后顺序称之为逻辑关系。逻辑关系可分为两类：其一为客观存在的、不变的逻辑关系，又称之为强制性逻辑关系。例如，建一座厂房，首先应进行基础施工，然后才能进行主体施工。其二为可变的逻辑关系，又称为组织关系。这类逻辑关系随着人为约束条件的变化而变化，随着实施方案、人员调配、资源供应条件的变化而变化。在按照逻辑关系安排计划活动顺序时，可考虑适当的按照紧要程度调整顺序关系，亦可加入适当的时间提前与滞后量，只有这样在以后才能制订出符合实际和可以实现的项目进度表。

（4）活动资源估算。

活动资源的估算就是确定在实施项目活动时要使用何种资源（人员、设备或物资），每一种资源使用的数量，以及何时用于项目计划活动。活动资源估算过程与费用估算过程紧密相连。通过活动资源估算主要获得：

a. 活动资源需求：识别与说明工作细目中每一计划活动需要使用的资源类型与数量，可以在汇总这些需求之后，确定每一项工作细目的资源估算量。

b. 活动属性：每一计划活动必须使用的资源类型与数量都反映到活动属性之中。

c. 资源分解结构：按照资源种类和形式划分的资源层级结构。

d. 资源日历：记录确定使用某种具体资源日期的工作日或不使用某种具体资源日期的非工作日。

（5）估计工作持续时间。

工作持续时间是指在一定的条件下，直接完成该工作所需时间与必要停歇时间之和，单位可为日、周、旬、月等。工作持续时间是计算其他网络参数和确定项目工期的基础。工作持续时间的估计是编制项目进度计划的一项重要基础工作，要求客观正确。如果工作时间估计太短，则会造成被动紧张的局面；相反，则会延长工期。在估计工作时间时，不应受到工作的重要性及项目完成期限的限制，要在考虑各种资源供应、技术、工艺、现场条件、工作量、工作效率、劳动定额等因素的情况下,将工作置于独立的正常状态下进行估计。

（6）绘制网络图。

网络图的绘制主要是依据项目工作关系表,通过网络图的形式将项目的工作关系表达出来。

（7）进度安排。

在完成项目分解、确定各项工作和活动先后顺序、计算工程量或工作量并估计各项工作持续时间的基础上,即可安排项目的时间进度。

8.2.3　项目进度的控制

编制进度计划的目的,就是指导项目的实施,以保证实现项目的工期目标。但在进度计划实施过程中,由于主客观条件的不断变化,计划亦需随之改变。这就需要进度计划控制。实际上,项目进度的控制主要是对项目进度计划的控制。

项目进度计划控制,是指对项目进度计划的实施与项目进度计划的变更所进行的管理工作。主要内容是：在项目进行过程中,必须不断监控项目的进程,以确保每项工作都能按照进度计划进行；同时必须不断掌握计划的实施情况,并将实际情况与计划进行对比分析,必要时应采取有效的对策,使项目按预定的进度目标进行,避免工期的延误。这一过程称为进度控制。该控制过程可用图 8-1表示。

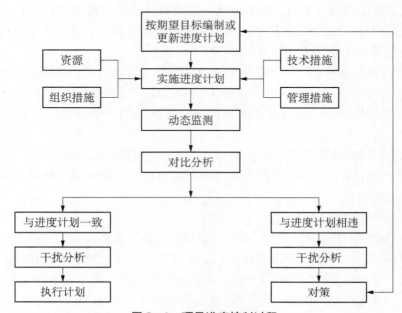

图 8-1　项目进度控制过程

1）项目进度计划控制的主要依据

（1）项目进度基准。

项目进度基准是提供度量项目实施绩效和保管项目进度计划执行情况的基准和依据。

（2）项目进度计划实施情况报告。

项目进度计划实施情况报告是提供项目进度计划实施的实际情况及相关的信息。

（3）批准的项目进度变更请求。

批准的项目进度变更请求是对项目进度计划提出的改动要求，它可以由任何一个项目相关利益主体提出。批准的项目进度变更请求是指：只有以前经过整体变更控制过程计划处理过的变更请求，才能用来更新项目进度基准或项目管理计划的其他组成部分。

（4）项目进度管理的计划安排。

项目进度管理的计划安排给出如何应对项目进度计划变更的措施和管理方法，包括项目资源（人力、设备、资金等）方面的安排和各种应急措施方面的安排等。

2）项目进度计划控制的措施

（1）项目进度计划实施情况的测量方法。

项目进度计划实施情况的测量方法是指测量项目进度计划实施情况，确定项目进度计划完成程度和项目实际完成情况与计划要求的差距大小的过程。方法主要有日常观测、定期观测的方法和项目进展报告等。

（2）项目进度比较与分析的方法。

只有通过项目进度实施情况与计划的对比和分析，才能真正了解项目实施的情况，包括进度比较横道图、实际进度前锋线比较法、S曲线法、"香蕉"曲线法和偏差分析法等。

（3）项目管理软件。

用于制订进度表的项目管理软件能够追踪与比较计划日期、实际日期，预测实际或潜在的项目进度变更带来的后果。

（4）绩效衡量。

绩效衡量技术的结果是进度偏差与进度效果指数。进度偏差与进度效果指数用于估计实际发生任何项目进度偏差的大小。进度控制的一个重要作用是判断已经发生的进度偏差是否需要采取纠正措施。

（5）进度变更控制系统。

规定项目进度变更所应遵循的手续，包括书面申请、追踪系统以及核准变更的审批级别。进度变更控制系统的工作既是进度控制的起点也是进度控制的终点。

3）进度控制阶段的工作结果

（1）更新后的进度计划。

项目进度表更新是指对用于管理项目的项目进度计划资料所做出的任何修改。必要时，要通知有关的利益相关者。重新绘制的项目进度网络图展示得到批准的剩余持续时间和对工作计划所做的修改。

（2）更新进度基准。

一般是指修改进度表，在批准项目范围或费用估算方面的变更请求之后，修改经过批准的进度基准的计划开始和完成日期。

（3）请求的变更。

通过比较和分析项目进度计划实施的实际情况与计划之间的偏差，从而对项目进度基准提出变更要求。

（4）推荐的纠正措施。

项目进度计划的实施情况与原有计划要求之间有偏差，这时需要采取纠偏的措施，从而保证项目的按时完成。

（5）资源调整。

若资源供应发生异常时，应进行资源调整。资源供应发生异常是指因供应满足不了需求，如资源强度降低或中断，影响到计划工期的实现。资源调整的前提是保证工期不变或使工期更加合理。

（6）经验总结和知识管理。

在进度计划控制过程中将所获得的经验和教训进行总结和积累，并保存到数据库中为将来的项目储备知识和经验。

8.2.4　项目进度管理的理论与工具

1）动态控制原理

项目进度控制是随着项目的进行而不断进行的，是一个动态的过程，也是一个循环进行的过程。从项目开始，实际进度就进入运行的轨迹，也就是计划进入了执行的轨迹。实际进度按计划进行时，实际符合计划，计划的实现就有保证；实际进度与计划不一致时，就是产生了偏差，若不采取措施加以处理，工期目标就不能实现。所以，当产生偏差时，就应分析偏差的原因，采取措施，调整计划，使实际与计划在新的起点上重合，并尽量使项目按调整后的计划继续进行。但在新的因素干扰下，又有可能产生新的偏差，又需继续按上述方法进行控制。进度控制就是采用这种动态循环的控制方法。

2）工作分解结构

工作分解结构（WBS）是指根据项目进度计划的种类、完成阶段的分工、进度控制精度的要求,以及完成项目单位的组织形式等情况,将整个项目分解成一系列相互关联的基本活动,以便通过对各项基本活动进度的控制来达到控制整个项目进度的目的。工作分解结构是项目管理的最有力的工具之一。事实上,它不仅是一种方法和工具,更是一种系统的思想。

例如,一般的航空电子系统纲要性工作分解结构(WBS)的形式如图8-2所示。

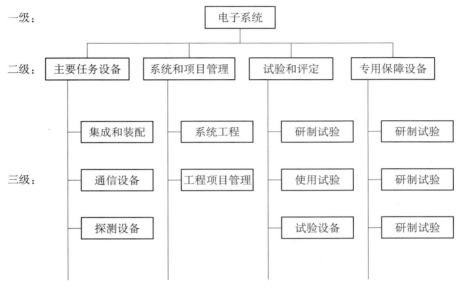

图8-2 一般的航空电子系统纲要性工作分解结构(WBS)

3) 甘特图

甘特图又称横道图。它以一段横向线条表示,通过横向线条在带有时间坐标的表格中的位置来表示各项工作的起始、结束时间和各项工作的先后顺序,整个进度计划都由一系列的横道组成,如表8-1所示。

表8-1 甘特图

ID	任务名称	开始时间	完成	持续时间	2015年11月
1	任务1	2015/11/4	2015/11/6	3天	
2	任务2	2015/11/7	2015/11/13	7天	
3	任务3	2015/11/9	2015/11/14	6天	
4	任务4	2015/11/15	2015/11/18	4天	
5	任务5	2015/11/16	2015/11/20	5天	

　　横道图简单明了、容易绘制、容易理解,各工作起止日期、作业延续时间都一目了然。然而,它不能反映出各个工作中哪些工作对总进度目标起关键作用,必须抓紧;哪些工作在时间安排上可做些灵活变动,而对总进度目标没有影响;更不知这些工作可灵活变动的时间幅度范围。更重要的是,横道图无法利用电脑来进行计算分析,从而使得计划实施过程中的调整变得较为困难。因此,世界发达国家已基本舍弃横道图而改用网络图。

　　4) 网络计划技术

　　网络计划技术是一种组织科研生产和进行计划管理的科学方法。网络计划是以网络图为基础的计划模型,网络计划的基本原理是利用网络图来表达计划任务的进度安排及其各项工作之间的相互关系;在此基础上进行网络分析、计算网络时间、找出关键工序或关键线路;并利用时差不断地改善网络计划,求得工期、资源和成本的优化方案;在计划执行过程中,通过信息反馈进行监督和控制,以保证达到预定的计划目标。

　　网络计划包括计划评审技术(PERT)、图形评审技术(GERT)和关键路径法(CPM)。PERT 主要用于研究和发展项目,CPM 常应用于有类似工程经验的项目。

　　网络计划技术最适用于工程项目大、协作关系多、任务组织复杂的项目。网络计划用于 ARJ21 - 700 飞机研制项目管理,不仅可以从繁杂的工作任务中理出工作之间的相互关系,而且可以对工作的时间、资源进行优化配置。在 ARJ21 - 700 飞机研制初期,运用网络计划可以制订优化的研制计划,并利用网络计划随时跟踪计划执行情况。

　　除了上述介绍的理论和方法工具外,责任分配矩阵、里程碑事件图以及包括 Project2000 在内的一些计算机管理软件都经常在进度管理中应用。

8.3　　ARJ21 - 700 飞机项目进度管理

　　通过 ARJ21 - 700 飞机研制进度管理的应用研究和实践,有效地改变了 ARJ21 - 700 飞机研制前面临的技术新、规模大、时间紧、要求高、基础差的情况,成功地运用了系统策划技术。在 ARJ21 - 700 飞机研制工程的系统策划中,采用并行交叉工作方法,将关键技术攻关和工程并行、基础建设和工程并行、多条战线相互关联等并行组织实施。建立完善的计划进度管理体系,制订进度控制方法、编制基准计划流程、确定短线项目、确定每项任务工作周期,形成进度管理计划。进度计划与决策的管理创新,较大幅度地缩短了研制周期,节约了大量的人力和物力,保证 ARJ21 - 700 飞机总目标的实现。

　　ARJ21 - 700 飞机进度管理还融入了科学发展观的新理念和新思路,其主要指导思想是:

（1）全面的管理思想。进度管理工作涉及各种管理要素，必须具有全面综合管理思想，要系统了解质量、技术、物资、经费、风险、人力资源等，将它们融合到进度计划管理中，才能完成项目计划。

（2）系统的管理思想。在进度管理中要系统地看问题，出现任何的进度偏差，必然有系统的原因，要系统解决，不能片面决策。

（3）全局的管理思想。进度管理要站在ARJ21-700飞机工程总体或飞机系统的角度编制计划流程，分析和处理短线，有时暂时资源的多投入会对整个项目带来好处。

（4）精细化的管理思想。在具体计划执行中，一定要确保精细化管理，步步实现才能确保全面实现。

（5）快速决策。在进度执行中，计划经理和调度人员在督促的同时，主要是发现和处理例外情况和进度问题，要快速反应和决策。

（6）坚持计划的严肃性。对于计划流程要坚持计划的严肃性，按计划流程检查和安排各项工作，任何改变计划的安排要慎重和按程序进行。

（7）相互协调配合。做好日常组织协调和服务工作，确保条件保障的落实和接口协调，使大家在宽松的环境中相互配合完成任务。

ARJ21-700飞机进度管理取得的应用成果，为后续飞机项目的进度管理提供了借鉴。

8.3.1　进度管理组织

ARJ21-700飞机研制进度管理采用的是分层负责的管理，项目部负责系统级的进度管理，在项目经理的领导下，由计划经理具体负责飞机系统的进度管理工作，进行顶层的进度策划。

飞机系统在研制中有许多专题专项工作，比如在大型试验中，由项目办公室组建试验队，进度管理是在队长的领导下，成立调度组全面负责，调度组组长一般由计划经理担任，各分系统调度人员参加。又比如，为提高管理效率，节省人力资源，在短线设备和项目的进度管理中，项目办公室成立项目小组，计划经理将兼任质量和合同经理，负责该项目的计划、质量和经费管理。

因此从组织体系上分为3个进度管理层次：第一层为系统级进度管理组织；第二层为分系统级进度管理组织；第三层为项目小组进度管理组织，如图8-3所示。

8.3.2　进度责任组织

1）系统进度管理组织

项目经理是ARJ21-700飞机研制进度的第一责任人。计划经理负责协助项目经理、项目副经理进行整机进度管理，计划经理同时负责专题专项工作进度管理和计划编制。项目办公室负责拟制、修订型号项目系统级进度管理计划、飞机全周

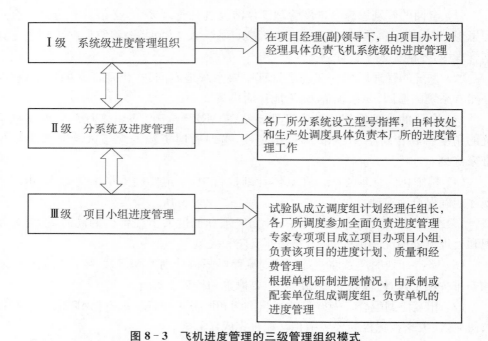

图 8 - 3 飞机进度管理的三级管理组织模式

期研制计划、阶段研制计划、关键项目和短线专题计划、可靠性与安全性工作计划、软件工作计划、专项试验等计划。根据系统级计划,计划经理负责拟制、指导厂所制订分系统研制计划流程,负责指导配套单位制订短线单机研制计划流程。

2) 分系统进度管理组织

各分系统和总装厂所属行政单位,是所属分系统研制单位研制进度直接责任单位,各单位型号指挥是分系统研制进度的第一责任人,型号调度负责协助指挥进行分系统进度管理。指挥调度系统负责制订分系统项目管理计划,负责分系统和总装厂研制进度计划的制订、实施与检查,并上报项目办公室,在分系统和两个总装厂研制进度与项目基准计划发生偏离或冲突时,即应与项目办公室协调解决。各分系统的专业配套单位,指定专门组织机构、专人负责配套产品的研制进度,责任分系统单位负责检查单机研制计划关键和短线单机的研制计划由项目办公室计划经理协同检查、落实。

3) 项目小组进度管理组织

在大型试验中,由项目办公室组建试验队,在队长的领导下成立调度组,全面负责进度管理,调度组组长由计划经理担任,由相关厂所调度人员参加,项目办公室计划经理负责编写相应计划流程,厂所调度参照执行并负责本厂所计划的制订、实施和检查。

在专题专项项目的进度管理中,项目办公室成立项目小组,计划经理或厂所调度人员负责该项目的专题计划、质量、经费管理以及保障条件的落实。

根据单机研制进展情况,项目办公室计划经理或分系统调度负责督促检查,由承制或配套单位组成调度组,负责研制中短线单机的进度管理,并就短线研制中的进展情况及时告知分系统调度和项目办公室计划经理。

8.3.3 进度计划体系

ARJ21-700飞机计划流程是进度管理的依据和出发点,为实现项目进度管理必须建立一个完整的计划流程体系。ARJ21-700飞机系统的复杂性决定了单一进度维度不可能满足周密详尽的高要求,必须分层次地制订系统、分系统和单机计划维度,分主线、辅线控制,以时间阶段编制计划。

从组织维度上可分为3层:系统计划、分系统计划、单机和结构研制计划(专题专项计划)。

(1)系统计划包括项目办公室制订的飞机系统全寿命计划、整机研制计划、系统级的软件计划、系统级的可靠性与安全性计划、大型地面试验计划等。

(2)分系统计划包括分系统承制单位制订的分系统级研制计划、软件和可靠性与安全性计划等。

(3)单机和结构研制计划包括单机生产单位制订的单机研制生产计划和专项试验计划等。

8.3.4 进度计划的动态评估

1)进度计划跟踪与评估措施

维护计划的严肃性,严格按计划节点进行考核和管理,通过行政渠道实施必要的奖惩制度。持续不断地对进度进行检查与督促,确保计划的顺利实施。要求各分系统按沟通管理计划定期书面上报工作进展情况,包括:项目办公室下达计划的完成情况,分系统工作进展情况,存在的问题,出现的问题及其解决办法,下一步工作安排,需要项目办公室提供的保障条件等。依据计划流程体系作为基准计划,通过定期评估会议、阶段评估会议、定期进展报告、项目总结等形式,及时监控项目进展,发现进度、经费等偏差。

上飞院 ARJ21-700 项目计划由 ARJ21-700 项目部负责执行检查,各研究部或任务承担单位按项目管理部要求进行定期通报计划执行情况。

上飞院 ARJ21-700 项目计划的执行总结包括月度总结、季度总结、半年总结、年度总结。由各研究部按要求上报计划执行情况,由 ARJ21-700 项目部汇总整理,并对未完成原因进行分析,经 ARJ21-700 项目部部长审核,项目行政指挥或型号总设计师系统批准后上报。

2）进度计划跟踪方式

（1）进度计划的跟踪。

主要跟踪技术系统的总结、小结中有无待办事项和遗留问题，以这些问题的最终落实为完成计划的标志。协同总体，对各类进度绩效报告（各类技术总结和小结）和进度进展情况进行检查、评估，发现问题及时组织相关技术人员进行分析、上报。计划经理将其作为待办事项，编写近期待办事项汇总。对各类待办事项做到定期清零，不留疑点和隐患。

（2）现场跟踪。

计划经理在研制或试验现场进行实时跟踪，对能够现场解决的问题进行现场解决，对遗留问题组织专题技术讨论会和专题调度会，加以解决。计划经理在整机关键阶段深入一线、现场跟踪。通过比对基准计划，确定主线上是否出现时间延误，对可能影响研制进度的短线，逐项列为专题，由项目办公室牵头组织有关分系统和职能部门研究拟采取的纠偏措施。

3）进度计划的动态评估与反馈

首先在进度策划中，建立项目进度风险评估分级管理组织，利用 ARJ21－700 飞机风险分析矩阵，开展技术、进度、成本、质量、组织等各类风险的综合分析，利用"风险管理活动计划表""风险事件跟踪控制单"等表格化管理方法，实现进度风险的预警。

由于 ARJ21－700 飞机研制的技术、质量等因素制约，不可能在初期制订完全确定的计划，在进度计划执行阶段，ARJ21－700 飞机将进度计划模式转化为动态评估模式，通过对项目计划进展情况的定期评估，及时调整计划项目内容，通过对计划执行过程的控制、监督与综合协调，有效降低进度偏差量，在最短时间内对研制进度偏差进行纠正，实现进度的动态精确控制。通过对研制过程实施动态调整，保证主线研制进度不受影响。

4）进度计划的纠偏

对分析出的短线项目进行前馈控制；在研制过程中主管调度应实时跟踪，对能够现场解决的问题进行同期控制；在每周或每一个环节利用动态评估技术进行进度的动态评估，对影响进度的短线或出现的质量问题进行反馈控制，编制专题计划，关键短线成立专题小组，集中办公。同时，及时调整研制阶段计划，避免单项任务的推迟影响整体目标的实现。

当主线计划偏离基准计划后，采取纠偏措施。采取纠偏措施的原则是所选择的纠偏措施满足技术指标要求，满足产品质量、进度损失和成本增加最小的要求。

在设备生产、总装阶段，如果出现进度紧张、需要追赶工期的情况，要求生产单位或总装责任单位，加大人员和设备投入，延长工作时间，追赶工期。当计划达到或基本达到基准计划的要求时，可以重新按正常时间安排组织生产，尽量减少成本的增加。

对新出现的短线项目,成立专门的工作小组,采用团队作业模式,集中办公,出现问题现场解决。制订详细的日工作安排,在节点未完成的情况下,节假日不休息,避免因为单项任务的推迟,影响整体目标的实现。

5）进度计划的变更

（1）计划调整原则。

上飞院内下达的年度计划原则上不允许进行调整,除非发生任务来源单位调整计划或其他特殊原因。已发年度计划不做更改,在下级计划中进行调整。

其他计划调整原则是因任务来源变化而进行的计划调整、因外部条件变化而进行的计划调整、因内部资源配置需要进行的计划调整、因年度计划调整引起的计划调整或其他特殊原因。

（2）计划调整程序。

预计不能按期完成计划任务时,任务承担单位应提前填写《科研计划调整审批单》,在计划节点前 5 天完成整个流程的审签,提交 ARJ21-700 项目部备案。

8.3.5　进度管理措施和成果

ARJ21-700 项目部计划管理团队依据上飞院质量体系文件《型号科研计划管理》,对 ARJ21-700 项目实施计划管理。计划管理过程流程,如图 8-4 所示。

上飞院 ARJ21-700 项目部计划分年度计划、季度计划（按需）、月度计划、专项计划、紧急调度令（应急计划）、临时计划。紧急调度令（应急计划）的执行优先级高于其他所有计划。

上飞院 ARJ21-700 项目计划由 ARJ21-700 项目部依据上级计划、上级机关指令、领导指令编制。通常,年度计划每年度以红头文件下发一次,季度计划每季度按需要制订下发,月度计划每月下发一次,专项计划、紧急调度令（应急计划）、临时计划按需要随时编制和下发。

ARJ21-700 项目部参与对参加 ARJ21-700 项目的上飞院各研究部/中心进行考核的工作。考核内容包括上级下达的以及本院下发的 ARJ21-700 项目各类计划。考核工作的基本原则是公平、公正、合理、全面,既注重部门自身任务的完成情况,又考核各部门之间、研究部与管理部门之间工作协调、衔接,同时综合考虑各部门工作的主动性、积极性。

ARJ21-700 项目工作业绩考核组织机构包括考核领导小组和考核工作组。考核领导小组由主管 ARJ21-700 项目的副院长、型号总设计师负责。考核工作小组由专家团队、ARJ21-700 项目部、适航工程中心、科技质量部组成。考核领导小组负责指导考核工作小组的工作,监督考核工作全过程,并负责批准考核结果。考核工作小组负责 ARJ21-700 飞机项目工作业绩考核。ARJ21-700 项目部负责制订

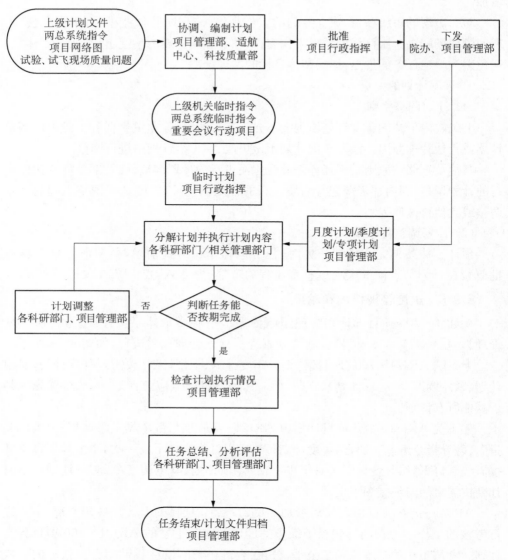

图 8 - 4　计划管理工作流程图

项目工作业绩考核细则,组织并完成考核工作;专家团队负责对考核的合理性和公平性进行审核,并评价各项考核内容;适航工程中心对适航审定计划提出考核意见;科技质量部对项目质量提出考核意见。

工作业绩(计划)考核包含以下 4 项内容:计划执行情况(70%)、协调/执行力(10%)、风险预警/计划管理(10%)、工作质量(10%)。

9 ARJ21‑700 飞机项目质量管理

飞机的质量从一定意义上说,是我国国产民机发展的根本所在。做好项目的质量管理是项目管理的关键,对项目的成功至关重要。本章介绍质量管理的通用过程以及 ARJ21‑700 飞机质量管理的实践经验,详细阐述面向产品实现过程的数据管理方法对 ARJ21‑700 飞机进行项目质量管理的过程。

9.1 概述

项目质量是指项目管理和项目成果的质量,它不仅包括项目的成果,即产品或服务的质量,也包括项目管理的质量。良好的项目管理过程是取得令人满意的产品或服务和其他成果的保证,项目管理各个过程的质量决定了项目成果的质量,也就是说,将项目作为一项最终产品看,项目质量体现在由 WBS 反映出的项目范围内所有的阶段、子项目、项目工作单元的质量所构成,也即项目的工作质量。

一个项目成功与否,主要是看项目的质量是否符合要求,一个质量没有达到客户要求的项目是失败的项目。要使质量符合要求或标准,则必须对质量进行有效管理。总之,项目的质量管理是保证项目实施达到设计质量及技术指标的关键,是保证项目顺利完成的基础。

质量管理分为质量策划、质量控制、质量保证和质量改进等环节,是适用于所有项目的通用过程和方法,对项目的质量管理起着基本的指导作用。ARJ21‑700 飞机质量管理作为大飞机项目的杰出代表,其质量管理的要求、思路以及措施等,都为 ARJ21‑700 飞机的质量管理提供了宝贵经验。

9.2 项目质量管理

根据 ISO 9000:2000《质量管理体系基础和术语》和 GB/T 19000‑2000 标准中所述,所谓质量,即一组固有特性满足要求的程度。传统的质量定义侧重于描述产品或服务的质量目标,比如适用性、可信性、用户满意程度和零缺陷等。随着时代发展,质量定义更趋向于一个过程而不仅仅是目标。更准确地说,质量贯穿于产品或服务的全过程,并且本身也经历了一个不断改进的过程。一般来讲,质量管理包括质量策划、质量控制、质量保证和质量改进 4 个过程。

9.2.1　质量策划

质量策划是项目质量管理的一部分,致力于制订项目质量目标,并规定必要的运行过程和相关资源,以实现项目质量目标。在项目质量管理中,项目质量策划就是围绕着项目所进行的质量目标策划、运行过程策划、确定相关资源等活动的过程,是对该项目质量的设计。通过项目质量策划,可以明确项目质量目标;明确为达到质量目标应采取的措施,包括必要的作业过程;明确应提供的必要条件,包括人员、设备等资源;明确项目相关利益者、部门或岗位的质量职责。质量策划的这些结果,可用质量计划、质量手册、程序文件等质量管理文件的形式加以表达。项目质量策划的内容包括质量目标策划、运行过程策划、相关资源确定、质量保证程序编制、分级质量控制点设置、质量文件编写等。

9.2.2　质量保证

1) 质量保证概念

质量保证是项目质量管理的一部分,致力于提供质量要求能得到满足的信任。项目质量保证的主要目的就是提供足够的质量信任,表明项目能够满足质量要求,并在项目管理实施过程中,根据需要证实全部有计划和有系统的质量管理活动。对于国防项目来说,获得信任的对象有两个方面:一是内部信任,对象是项目组织自身;二是外部信任,对象是项目客户。由于质量保证的对象不同,客观上存在着内部和外部质量保证。

质量保证所要提供的质量信任来源于质量管理体系的建立和运行(包括技术、管理、人员等方面的因素均处于受控状态),建立减少、消除、预防质量缺陷的机制,只有这样的体系才能说具有质量保证能力。项目的质量要求(产品要求、过程要求、体系要求)必须反映用户的要求,才能给用户以足够的信任。项目质量保证应包含以下内容:①供方合格声明;②提供形成文件的基本证据;③提供其他客户的认定证据;④用户亲自审核;⑤由第三方进行审核;⑥提供经国家认可的认证机构出具的认证证据。

质量保证和质量控制是质量管理的两个部分,其某些活动是互相关联、密不可分的。

2) 质量管理体系

质量管理体系是在质量方面指挥和控制组织的管理体系,每个组织中只能有唯一的质量管理体系。一般来说,建立质量管理体系包括机构设立、责任确定、管理手册编制和质量保证大纲编制等工作。对于项目而言,根据有关规定,要建立质量管理体系,须做如下的工作:

（1）项目组织要健全质量责任制，项目主管应对本组织的质量工作全面负责，并应当明确规定本组织业务技术部门和人员的质量责任。

（2）项目承制方应当根据需要设立质量保证组织，质量保证组织在项目主管的领导下行使职权。

（3）项目组织的主要职责如下：

① 根据质量责任制的规定，协调、评价业务技术部门的质量职责；

② 编制并实施质量管理文件，审查会签有关技术、管理文件；

③ 参与项目方案论证、设计和工艺评审、大型试验、技术鉴定及产品定型，实施有效的技术状态控制；

④ 对检验、试验、计量等有关人员的质量活动实施监督，定期进行评定；

⑤ 根据技术资料和质量管理文件，监督生产现场，管理检验印章，检验产品质量，保证交付使用的产品符合合同要求；

⑥ 负责不合格品的管理工作，检查督促有关纠正和预防措施的贯彻执行；

⑦ 参与考察、确认外购器材（含原材料、成品、元器件等）供应单位的质量保证体系，审查合格器材供应单位名单，负责复验进厂器材的质量；

⑧ 负责质量信息管理，考核质量指标，参与分析质量成本，掌握质量变化趋势；

⑨ 协同制订质量教育培训计划，组织群众性的质量管理活动；

⑩ 组织产品出厂后的技术服务工作。

（4）项目组织应依据项目的特点制订相应的质量保证大纲，突出可靠性、维修性和保障性。另外，为保证项目质量目标的实现，承制方应编制年度质量计划，实行目标管理。

9.2.3 质量控制

质量控制是项目质量管理的一部分，致力于满足质量要求。项目质量控制是关于活动和技术的集合性术语，在此过程中，活动与技术旨在创造特定的质量特征。这种活动包括不断监控过程、识别和消除产生问题的原因、利用统计过程控制来减少可变性和提高这些过程的有效性和效率。

1）质量控制的内容

项目质量控制的工作内容包括两个方面：技术措施和管理措施。技术措施是指建立一套技术方法和程序来保证项目在进行过程中，从启动、计划、实施、收尾到使用的每一活动都符合项目所涉及的技术标准。管理措施则要保证项目质量管理机构有效运行、资源配置的最优化、技术方案的切实实施等。项目质量控制的内容应包括：①选择控制的具体活动；②设定标准，为控制活动提供依据；③建立可用的控制体系；④研究适用的测量方法；⑤检查和控制；⑥编制必要的作业指导书。

项目进展是一个动态过程，所以，项目质量控制也具有动态性。为了掌握项目随着时间变化的状态,应采用动态控制的方法和技术进行质量控制工作。

2）质量控制的过程

从项目质量的形成过程可知,要有效地控制项目质量,就应该按照项目进展依次控制各阶段的工作质量。

就项目质量控制的过程而言,质量控制就是监控项目的实施状态,应将实际状态与质量策划做比较,分析存在的偏差及产生偏差的原因,并采取相应对策。项目的每一阶段都有其侧重点,所以质量控制的内容和所采取的工具、手段不完全相同。但一般来说,控制过程会采取以下步骤：①选择控制对象；②为控制对象确定标准或目标；③制订实施计划,确定保证措施；④按计划执行；⑤眼踪观测和检查；⑥发现和分析偏差；⑦根据偏差采取对策。

3）质量控制的一般方法

现代质量控制的方法应用了数理统计的基本原理,在项目质量控制的各个阶段起着很重要的作用。常用的数理统计方法有统计表分析、帕雷托分析、因果分析、趋势分析、直方图、散点图和质量控制图等方法。将这些基本的工具用于有效的资料收集,可以对资料样式进行辨析,并对可变性做出测量,这里不再详细介绍。

9.2.4 质量改进

1）质量改进概念

质量改进是质量管理的一部分,致力于增强满足质量要求的能力,是项目质量管理的一个十分重要的环节,也是改进质量管理体系、促进质量管理体系有效运行的重要措施和手段。在建立和实施质量管理体系时,任何一个项目组织的管理者都应对项目质量做持续改进,使客户满意,也使本组织工作获得更好的效果和更高的效率。《质量管理体系——持续成功管理的一种质量管理方法》中,明确给出一个组织处在不断变化的环境中,如何对内外部环境进行分析,并在平衡考虑相关利益的基础上,掌握制订共存互利、共同成长、能使组织达到长期持续成功的战略和方针。

项目质量管理贯彻了全面质量管理的思想,因此,质量改进就是要通过改进项目的实施过程质量来实现项目质量的提高,它实质上是一种不断寻求过程有效性和效率、为目标提供持续质量活动的方法。质量改进应遵循预防为主的原则,项目承制方应积极主动地寻找改进机会,而不是消极地等待问题出现后再去改进。质量改进通过采取预防措施和纠正措施来实现不出现、消除或减少质量问题的产生,并且避免发生或再次发生类似问题。

质量改进工作主要包括质量改进的组织、质量改进的策划、质量改进的测量、质量评审。各项工作内容均有其工作重点。

（1）质量改进的组织。

项目组织的质量管理部门应认真负责质量改进的组织工作。其主要任务是：

a. 利用质量方针和质量目标,明确指导思想,支持和协调组织内各单位、部门的质量改进活动;

b. 组织跨部门质量改进的活动,确定其目标并配备所需资源,以满足质量改进活动的需要;

c. 组织质量管理小组(QC小组,自主管理小组)活动,实现质量改进目标;

d. 鼓励组织内每个成员开展与本职工作有关的质量改进活动,并协调这些活动的开展;

e. 评审质量改进活动的进展情况等。

项目组织内各单位层次质量改进的职责是:识别并策划本单位的质量改进,并能持续开展活动;测量与跟踪质量损失减少情况,创造和保持一个使各工作人员有权力、有能力和有责任持续改进质量的环境。

在跨部门的组织过程中,项目组织质量改进的职责主要是:规定过程目标,在部门之间建立和保持联系,识别过程中内外客户的需求和期望并转化为具体的客户要求,寻找过程质量改进机会,配置质量改进所需资源,并监督质量改进措施的实施。

(2) 质量改进的策划。

项目组织的管理者应把质量目标和计划作为本组织经营计划中的一部分,并围绕减少质量损失来确定质量目标。项目组织的每个成员都应参与质量改进活动,以增加质量改进的机会。在实施项目质量改进活动时,项目管理者应注意监视和控制这些活动,确保将其纳入组织的总目标和经营计划之内。

质量改进的重点应放在那些新的质量改进项目以及原质量改进未取得充分进展的地方。

(3) 质量改进的测量。

每个项目组织都应建立一个与客户满意度、过程效率相联系的测量系统。既可确保使用有效和高效的方法来识别项目质量改进机会,又能测量质量改进活动的结果。

一个良好的测量系统应能对组织内各个部门及各个层次的质量改进进行测量,重点测量下列3个方面的信息:

a. 与客户满意度相关联的质量损失方面的信息,如对现有客户和潜在客户的调查、对同类竞争性产品和服务的调查、产品或服务特性记录、年收入的变化情况以及客户抱怨和索赔等。

b. 与过程效率相关联的质量损失方面的信息,包括劳动力、资金和物资的利用,返工和报废等不满意过程输出、过程的调整、等候时间及周期、储运和库存规模、时间、不必要的设计以及过程能力、稳定性的统计测量等。

c. 社会质量损失方面的信息,如雇员满意度,污染和废物处置造成的危害等。

所有测量结果均应进行统计分析,以了解其发展趋势;同时,也应测量与跟踪偏离以往情况"基线"的趋势,并把测量报告作为质量改进管理报表的重要组成部分。

(4)质量评审

各级项目管理者应定期评审质量活动的绩效,通过对质量活动的定期评审,达到或确保以下要求。

a. 项目组织能有效地推进质量改进;

b. 完善和落实质量计划;

c. 完善质量改进的测量,引导向令人满意的发展方向;

d. 把评审结果反映到下轮质量策划中去。

当然,通过质量改进活动的评审,也可发现不符合要求的情况,并对其采取适当的纠正措施。

2)质量改进的步骤与方法

质量改进应该在数据收集和分析的基础上,按照计划—执行—检查—反馈(简称为 PDCA)循环和下列步骤持续地开展,应该充分发动和组织本项目组织的各部门、各单位的成员参与,而 QC 小组活动则是开展质量改进的重要形式。

(1)识别质量改进机会。

发起质量改进活动、进行质量改进始于对质量改进机会的识别,它一般围绕质量损失的测量与质量水平的比较两个方面来识别和确定。项目组织在确定质量改进活动时,应明确地提出该项质量改进的必要性、重要性和范围,并制订改进活动时间表及配置所需的资源。

(2)调查原因。

通过有关质量信息数据资料的收集,增进对有待质量改进的过程状况的认识,分析原因时要以事实为依据。

(3)建立因果关系。

通过对有关数据资料的统计分析,掌握有待质量改进的过程的实质,建立起可能的因果关系,并剔除一些偶然的巧合因素,然后再收集新的数据资料,对建立的因果关系进行试验和确认。

(4)采取预防措施或纠正措施。

确定因果关系后,针对其原因拟订可行的预防措施或纠正措施方案,并对方案进行评估;参与实施质量改进的人员也应认真考查方案的优点和缺点并进行完善。

(5)实施和确认质量改进。

在实施预防措施或纠正措施后,应收集和分析有关的数据资料,以确认质量改进活动是否见效或成效的大小。如产生不希望发生的后果或质量改进活动无成效,则必须重新识别和确定质量改进活动。

（6）巩固质量改进成果。

质量改进成果获得确认后，应保持和巩固该成果，这就要修订、更改有关的标准、规范和作业程序、管理程序文件等。同时按新的标准、规范、程序文件进行培训和教育，以便有关人员掌握和实施。质量改进活动结束时，就应选择并实施新的质量改进活动，如此进行 PDCA 循环，使质量改进持续地开展下去。

3）质量改进的工具和技术

在质量改进活动过程中，无论是以数据资料为依据的定量分析，还是以非数据资料为依据的分析，都要运用一系列科学技术方法和工具，如调查表、分层图、头脑风暴法、因果分析图、控制图等。一般来说，质量改进的方法与质量控制所采用的方法基本相同。ISO/TR 10017：2003 和 ISO 9001：1994 的 GB/T 19001－2000 的《统计技术指南》详细地规定了试验设计、过程能力分析、回归分析、抽样、控制图等统计技术的应用范围和方法。

9.3　ARJ21－700 飞机项目面向全过程的质量管理

9.3.1　质量策划、质量理念及概况

中国商飞公司的质量方针是"精湛设计，精细制造，精诚服务，精益求精"。

精湛设计是质量之源。精通专业知识，吃透适航条款，严格规范设计，充分地面试验，设计安全可靠。

精益求精是质量之魂。如切如磋，如琢如磨，按照零缺陷的质量要求，做好每一项工作，力求尽善尽美，不断为顾客创造价值。

上飞院作为中国商飞公司设计研发中心，严格践行精湛设计、精益求精的要求，确保 ARJ21－700 项目研制质量。

1）质量管理组织机构及人员

ARJ21－700 项目研制初期就建立了质量管理体系，1999 年原上海飞机设计研究所（640 所）根据《质量体系设计、开发、生产、安装和服务的质量保证模式》，建立了质量管理体系，2001—2003 年和西安 603 所整合前，640 所质量部门按 1999 年建立的质量管理体系负责有关质量管理工作。

2003 年两所整合后，西安和上海两地的质量管理部门对原 603 所质量体系文件进行了讨论和修改，并于 9 月在上海分院开始实施。

2004 年 8 月上海和西安取得了新时代质量认证中心质量管理体系认证，2004—2008 年西安和一飞院上海分院质量部门按职责分工开展分院质量管理及项目研制质量控制。

2008 年，上海分院从一飞院划出，成立上海飞机设计研究院；2009 年，随着项目研制业务整体转移至上飞院，质量管理业务及工作量也相应增加，质量部门从高校

及设计部门招聘一批人员（7 名）进一步充实了质量管理队伍。

2010 年后，院组织机构及名称产生变化，质量部门名称由质量安全处更变为科技质量部，随着 ARJ21－700 项目试验、试飞及取证等工作逐步开展，科技质量部建立了内部管理制度，明确职责分工、规范细化质量管理要求，质量团队逐步稳定；至2014 年 8 月从事质量管理的主管人员共 13 人。

2）质量管理体系

ARJ21－700 项目研制初期就建立了质量管理体系，1999 年原上海飞机设计研究所（640 所）根据《质量体系设计、开发、生产、安装和服务的质量保证模式》，建立了质量管理体系；2003 年 6 月西安（603 所）和上海（640 所）两地协同开展 ARJ21－700 飞机项目研制，建立了基于质量管理体系，并于 2004 年 8 月取得新时代质量体系认证中心认证；中国商飞公司成立后，2009 年公司统一建立了基于 AS9100C 质量管理体系并取得认证。

9.3.2　质量保证

9.3.2.1　项目质量管理

在建立质量管理体系的基础上，根据 ARJ21－700 项目研制各阶段工作，编制相应质量控制文件，强化项目研制质量控制。2004 年编制了《ARJ21－700 飞机项目设计质量保证大纲》，指导设计人员和管理人员开展相关工作；后续编制了《ARJ21－700 飞机首飞前质量控制要求》《ARJ21－700 飞机项目试验质量管理程序》等 5 份质量控制文件，保证 ARJ21－700 项目的设计质量。

每年开展质量管理体系、项目文件等质量培训，促进设计人员熟悉项目研制质量流程及要求，增强全员参与质量体系的意识；通过内部审核、设计评审、质量复查、试验前检查、外包项目质量控制及系统供应商质量控制等活动实施项目研制质量控制。每年初结合项目研制计划，设置项目研制质量工作计划，明确设计评审、试验前检查等控制点；结合项目研制进展及要求，适时开展专项审核及质量复查等活动。

9.3.2.2　质量体系建设

1）质量管理体系建设概述

自 2003 年 ARJ21－700 项目研制开始，中航一集团为了整合设计技术力量发展中国的民机产业，由当时的上海飞机设计研究所和西安飞机设计研究所整合成一飞院。为了满足 ARJ21－700 飞机的型号研制质量管理需要，将原来 603 所仅适用于军机研制的质量体系扩展至同时适用于军、民两机的质量管理体系，并在 2004 年9 月通过了中国新时代质量体系认证中心的认证。

中国商飞公司成立后，为满足民用飞机研制质量管理需要，2009 年公司在质量管理体系策划中，以 AS9100 C《Quality Management Systems Requirements for Aviation，Space and Defense Organizations》为依据，满足适航规范 CCAR－21－R3《民用航空产品和零部件合格审定规定》和 AP－21－03R4《型号合格审定程序》的要求,构建公司组织构架,体现质量管理的渗透性和层次性,采取统一策划、统一构建、统一认证的总体方案,实施全公司一套体系的质量管理模式,认证范围覆盖飞机研制以及运营全过程,建设公司质量管理体系和取得第三方的体系认证,各中心获取与职责界定相对应的分证。

研发中心(上海飞机设计研究院)分证的认证范围覆盖设计和开发过程,结合型号项目设计和开发过程中的目标和各项活动,建立了由质量分手册、程序文件和作业文件组成的质量管理体系,并于2009年6月发布执行。公司于2009年年底通过了质量管理体系BV公司的三方认证,为型号的发展构筑了质量保障。并提出了"精湛设计,精细制造,精诚服务,精益求精"的质量方针。

2) 质量管理体系运行维护

(1) 内部审核。

质量管理体系文件发布并执行以来,依据内部审核文件的要求,每年开展全过程的质量管理体系内部审核;在不同时期接受新时代认证中心、BV公司等外部审核;审核中发现的不符合项和建议项,均已纠正和采取了相应的措施并通过验证。

(2) 专项审核。

针对内外部审核发现的问题以及项目研制过程中出现的薄弱环节,适时开展专项审核,项目研制以来,先后开展ARJ21－700飞机的多次专项审核,包括:重量、试验、试飞、构型、预投产、外包项目、文件控制(包括供应商)、ECP贯彻情况、测试和改装项目等,发现问题及建议项均已纠正落实。

3) 持续改进

2011年5月,针对体系框架以及在民机项目研制体系运行中存在的问题,开展体系适宜性调查、汇总、讨论、协调和评审会,形成了多项需要解决的问题和对问题达成共识的解决方案。对已发布的质量管理体系文件进行了修改完善、补充新增、合并优化,进一步细化和规范了研制管理流程。

通过质量管理体系运行,体系文件根据历次审核结果、项目研制需求以及QMIS平台建设,每年度对质量管理体系文件进行不断的修订、补充和完善。通过实践证明,质量管理体系为适用于民机项目研制不断持续改进,为民机研制质量提供了有效的保证。

9.3.3　质量控制

1) 设计质量复查

(1) 质量复查概述。

质量复查是对ARJ21－700飞机项目质量有效控制的重要手段之一,根据项目研制阶段的需要,组织对当前设计的合理性、正确性、协调性、完整性以及可能存在的风险等进行全方位"研制阶段性复查";或者针对在项目研制过程中发生的影响范围较大、重复发生的问题,在适当范围内进行"举一反三专项复查",确保发现并解决所有隐患,防止类似问题再次发生。

(2) 质量复查情况。

a. 质量复查工作。

质量复查工作在什么时间实施、以什么方式实施,与飞机研制项目所处的研制阶段紧密相关。

从质量复查组织实施的时间上看,阶段性复查绝大部分都在 2008 年 11 月 28 日 ARJ21 - 700 飞机首飞之前实施,主要是在飞机产品还未获得验证的情况下,在不确定问题的情况下,全面撒网,对当前设计的合理性、正确性、协调性、完整性以及可能存在的风险进行全方位的检查,大多实施的周期较长,涉及绝大部分专业。虽然对飞机项目研制过程的转阶段工作起到了预防作用,但从资源投入效率上看,还有很大提升空间。

在 ARJ21 - 700 飞机首飞之后转入飞机试飞取证阶段,暴露问题的概率自然大增,为了提高质量复查的效果,大多都是针对某一类问题组织举一反三的专项质量复查,在限定的复查工作范围内,能够确保发现并解决所有的隐患,有效地防止类似问题再次发生。

b. 质量复查问题跟踪。

2011 年前的质量复查问题的跟踪,主要是靠质量主管人员下发纸质纠正/预防措施单到责任部门进行落实和跟踪,质量复查问题的落实靠纸质单的传递容易造成问题状态跟踪的不及时,整理统计分析的工作量较大。

2011 年质量管理信息平台上线使用,立即应用到 ARJ21 - 700 项目的质量复查、各项评审等质量控制活动中。质量管理信息平台为各级各类人员提供了标准化、规范化的平台。对当前质量复查问题的处理进行实时监控和任务提醒,减少质量管理过程中的纸面工作,提高了质量信息的收集、汇总、统计、分析能力和质量管理效率。

c. 质量复查方法改进。

2010 年前的质量复查主要是靠设计人员自查或互查,更多是靠设计人员的经验和质量意识来完成,质量复查的效果无法进行量化和评价。

为加强民机设计质量、提高质量复查的工作效果,2011 年以来,质量部门以预防为主,强化精细化质量管理,推进检查单形式的质量控制方法,将设计要求和质量控制要求进行细化和量化,融入设计过程,为设计人员提供规范化的设计自查工具。

质量复查开始采用检查单的形式,根据每次复查的类别、复查的具体范围和要求等,编制了专项复查检查单,大大增强了质量复查的效果,更具有可操作性,便于量化和评价。

2) 设计评审

(1) 项目设计评审概述。

按照民机研制流程和 ARJ21 - 700 项目研制需求,对研制中的重要节点和设计结果进行评审,加强设计输出的准确性和完整性。项目在质量体系中编制了设计评审程序文件,用以指导设计评审工作,评审文件随着不同研制阶段进行完善:2003年参加中国商飞质量联合工作,编制了《设计评审》和《设计控制》两份程序文件,对如何实施评审工作进行了规定;2009年成立中国商飞公司,重新编制了《设计评审》文件,对评审内容要点进行了完善,增加了关键技术攻关评审要求等;2011年按照公司对质量体系文件统一策划要求,更名为《评审过程管理》,丰富了评审含义,细化了各职能部门的评审职责等。

(2)项目设计评审情况。

项目研制实施过程中,项目充分策划并设置相关设计评审节点,确保满足项目研制质量控制要求。

(3)典型设计评审。

a. 院内详细设计转段评审

2006年,为做好ARJ21-700飞机详细设计转阶段评审工作,科技发展部1月下发《关于ARJ21-700飞机详细设计评审文件和资料准备的通知》,明确一、二及三级评审报告组成及相关准备要求;3月发出《关于下发ARJ21-700飞机院内详细设计评审工作计划通知》,规定开展院内详细评审分组及时间节点等要求,质量部门(上海和西安协同)按详细设计评审计划开展有关准备工作,编制评审大纲、组织评审会议,3月27日至4月21日,分别开展总体、气动专业,综合技术(适航、可靠性、维修性、地面设备及IT)专业,结构、强度、标材专业、电子电气系统和机械系统详细设计评审,质量部门整理、下发并跟踪近数十项专家评审意见/建议。通过院内详细设计评审,对设计状态有较全面的把握,针对有关问题及时改进完善,为开展院外详细设计转段评审奠定基础。

b. 首飞前技术评审

2008年8月质量处根据ARJ21-700飞机首飞节点安排,按照"ARJ21-700飞机首飞前评审计划"以及质量管理体系文件《设计评审》的要求,组织实施3级文件的评审,评审同样采取分专业、分地域的方式,对总体气动、结构强度(分两地)、标准材料、电子电气系统、综合专业(分两地)、动力燃油、机械系统(分两地)分成10组进行了内部评审,此次评审上会文件67份,对评审组提出的所有问题,质量部门逐项跟踪落实解决。

系统级评审前,质量部组织6位老专家分专业对各副总师编制的14份2级报告进行审查,并提出修改建议,保证了系统级评审文件的完整性和正确性。2008年9月中航商飞组织进行系统级评审,评审出的问题由总师系统总结归纳,科技质量部协助总师系统组织归零。

2008年11月由工信部和中国商飞公司共同组织飞机级技术评审。6个评审组共提出数十项评审意见,并给出不影响首飞的结论,整理专家建议100项,对于首飞后落实问题给出不影响首飞的结论,并给出分析报告。

经过首飞前技术评审及有关问题落实,确保101架首飞的顺利实施。

c. 飞行类手册评审

2014年6月11—12日,科技质量部在上海召开了"ARJ21-700飞机飞行类手册评审",会议成立了专家组。中国民用航空局飞标司、上海审定中心,中国商飞公司支线项目部、科技质量部、适航中心、试飞中心、客服中心、上飞院等有关人员参加了会议。

会议听取了飞行类手册完善工作组关于ARJ21-700飞机飞行类手册(FCOM和QRH)第一阶段完善工作的汇报。对FCOM/QRH正常程序、非正常程序和应急程序进行抽查和质询。对涉及的相关设计原理、EICAS告警设计、性能数据等内容进行研讨。评审组同意通过评审,专家组提出的若干项评审意见/建议,科技质量部通过质量管理平台跟踪,落实评审意见,完善内容及可操作性,为开展功能可靠性试飞奠定了基础。

3) 系统供应商质量控制

(1) 系统供应商质量控制概述。

系统供应商质量管理从ARJ21-700飞机项目全球招标开始,经历了系统供应商选择、合同谈判签署、PDR、CDR、FFR、试验试飞、取证等重大阶段。

(2) 系统供应商质量控制情况。

a. 2003年,中国商飞对所有系统供应商提出主合同质量保证条款要求,明确相关资质及管理控制要求。

b. 质量人员对供应商提交的每份QAP和SQAP认真评估,反馈修改意见,并会签归档。在项目研制期间,结合各供应商提交的QAP/SQAP,参与对系统供应商的质量管理体系两方审核,对发现的审核问题督促各供应商及时纠正,确保后续的设计工作质量。

c. 开展ARJ21-700飞机项目PDR和CDR工作,2006年组织液压能源系统、燃油系统、主飞控系统、高升力、动力装置、AMS、内饰系统等CDR院内预审查并形成报告,跟踪PDR和CDR评审遗留问题落实归零;

d. 2007年起,质量部负责故障拒收报告的管理工作,根据ARJ21-700飞机试制中出现的问题,不断修改完善《ARJ21-700飞机项目故障拒收报告处理程序》文件,并于2013年变更为程序文件《不合格品控制》,增加对国外供应商提供的产品偏差处理程序和处理方法,对国外系统供应商提交的产品超差给予确认。

e. 2008年起,参与系统供应商机载软硬件现场审核工作,结合审核工作,修改完善《机载软件质量保证计划》,于2012年将要求纳入程序文件《机载软件和电子硬件管理》;开展ARJ21-700飞机首飞前评审前,督促相关供应商和专业梳理、落实开口问题。

f. 2009年,ARJ21-700飞机转场阎良,正式开始试飞取证及静力疲劳试验,完成涉及供应商有关的质量问题跟踪、原因分析和措施制订。

g. 2010年,编制《系统供应商质量控制》程序文件,将系统供应商质量控制要求编制成文;2013年进一步明确需采取纠正措施的供应商的产品质量问题由设计方分析及处理,规范民用飞机系统供应商质量控制工作;对影响较大的问题,按"双五归零"要求落实关闭。

h. 2011年,配合上飞公司对ARJ21-700项目质量管理体系文件中与供应商相关的质量要求进行梳理汇总,编制成合同条款提交上飞公司质量部。

4)外包项目质量控制

(1)外包项目质量管理概述。

外包项目质量控制主要制定外包项目管控流程及要求,开展潜在承担方质量能力评估、合同/技术协议质量要求确认、开展过程中期检查/验收等质量控制活动。

(2)外包项目质量控制情况。

为满足并规范ARJ21-700项目外包项目质量控制,项目编制了试验、试验件加工、软件开发等质量条款要求,通过技术协议会签环节明确外包项目质量要求。2009年取得AS9100认证后,进一步完善相关要求,先后完善或新增《外包项目管理》《外包项目潜在承担方质量能力评估》及《外包项目质量条款要求》等程序文件,规范外包项目潜在承担方质量能力评估、选择、外包项目过程控制流程要求,编制控制检查单、细化要求,完善了ARJ21-700项目外包项目质量控制要求。

依据外包项目内容、目的及要求,将潜在承担方分为A、B、C三类,分类实施外包项目潜在承担方质量能力评估,建立潜在合格承担方清单。ARJ21-700项目开展38家潜在承担方质量能力评估,其中评估合格A类8家、B类29家,评估不合格1家,如表9-1所示。

表9-1 外包项目潜在承担方质量能力评估

类型名称	A类	B类	合计
设计	3	3	6
试验件加工	0	8	8
试验	4	10	14
软件开发	0	2	2
技术咨询	1	4	5
其他	0	2	2
合计	8	29	37

通过外包项目技术协议会签,明确质量要求,设置中期检查及验收检查点,确保过程控制得以实施。2009年以来,开展外包项目技术协议会签、中期检查及验收近500余次,跟踪落实检查验收意见,保证了外包项目的研制质量。

5）试验试飞质量控制

（1）试验试飞质量控制概述

为确保试验过程可控、试验结果有效，编制质量管理体系文件，从顶层上确定了试验过程的管理要求。强化试验过程控制，从试验大纲会签，到试验任务书/试验大纲评审；从试验设备、试验件的验收，到试验前准备状态检查；从试验实施、过程监督，到试验日志的记录和试验故障的闭环管理等。质量活动与项目研制试验活动密切结合，深入渗透到试验的每一个环节。

a. 试验大纲会签。

在试验工作刚启动时，为了提前做好试验设备、试验测试仪器仪表的计量/校准工作，要求所有大纲都必须经过科质部计量专业人员会签，会签情况作为试验前检查内容，同时通过内审试验大纲会签情况，如发现问题即要求纠正并举一反三。

b. 试验任务书/大纲评审。

试验任务书、试验大纲的编制直接影响着试验的实施和试验的结果，为了确保任务书、大纲的合理性，根据质量管理体系要求，科质部根据计划安排对重要的试验任务书和试验大纲组织院级评审；指导设计部门对其试验任务书、试验大纲开展部门级评审；通过评审尽早发现问题并纠正。

c. 试验前准备状态检查。

为了确保试验的顺利进行，对于试验室试验、工程模拟器试验和飞行模拟器试验，科质部要求组织试验前准备状态检查，从"人、机、料、法、环、测"6个方面检查试验的准备情况、试验应急预案等，确保试验现场文件有效、试验准备充分、安全措施到位、所有的测试测量设备均经过计量/校准，通过试验前检查找出试验实施中存在的隐患，防患于未然，确保试验的顺利实施。

d. 试验实施过程监督。

系统质量主管参与试验室试验、地面试验的实施过程，对试验原始数据、试验日志、故障报告等进行检查，确保所有原始资料都被真实记录并保留，跟踪试验故障报告关闭落实。

e. 外包试验/试验件质量控制。

针对外包试验、外包试验件加工项目，科技质量部通过对外包项目潜在承担方质量能力评估确保相关资质，对于正式承担方，通过外包协议会签，将有关质量控制要求传递至外包项目承担方；在外包项目中期及验收阶段，对照合同和技术协议要求对外包实施结果进行检查/验收评审，跟踪有关问题落实，确保外包试验/试验件满足项目研制要求。

（2）试验试飞质量控制情况。

建立试验控制程序、明确要求，审签 ARJ21‐700 飞机各项试验项目网络计划图，控制各试验项目质量节点。2004 年编制了《ARJ21‐700 飞机项目符合性验证试验管理程序》，2007 年编制《ARJ21‐700 飞机项目试验质量管理程序》，2009 年后编制了

《试验管理》《ARJ21-700飞机机上地面试验和强度试验故障管理规定》等文件,明确在型号研制过程中如何对试验过程实施质量管理,每年都在全院范围对相关文件进行培训和宣传,确保所有一线设计人员知道试验过程质量控制要求,做到人人懂、人人做。

2006年先后开展了飞控系统、动力装置系统、液压系统、航电系统、供配电系统、起落架及反推力系统等地面试验检查30余项,监控检查试验日志的填写和试验故障的处理结果,协调确认试验过程中各供应商提供的试验件返修;参加系统综合试验例会和供应商例会,及时掌握试验动态。

2009年后,随着ARJ21-700项目试验、试飞工作的逐步推进,为保证各阶段试验、试飞故障及时得到处理,质量人员驻扎试验现场,主动了解试验情况、跟踪并指导故障落实关闭;定期组织试验、试飞故障专项清理,通过试验/试飞需求优化,完善试验试飞质量控制文件。

6)双五归零管理

双五归零是指针对发生的质量问题,从技术上按"定位准确、机理清楚、问题复现、措施有效、举一反三"的5条要求;从管理上按"过程清楚、责任明确、措施落实、严肃处理、完善规章"的5条要求逐项落实,形成技术归零报告。

对于归零报告的质量问题,责任单位完成归零工作后,质量管理部门按管理职责组织检查和评审。

为严格质量问题归零管理,2010年依据《中国商用飞机有限责任公司民机产品质量问题管理办法》分解细化,编制《民机项目研制质量问题技术归零和管理归零要求》,依据研制需求逐步细化要求,质量人员参与并指导故障原因分析、严格归零评审,使质量问题得到落实。

9.3.4　质量改进

1)设计质量管理经验

支线飞机的研制成功是中国商飞迈入民机市场的重要一步,但同时民用飞机高质量、高安全性和高可靠性等要求对民机质量管理提出了更高的要求。上飞院在质量管理方面形成了一套较为完善的质量体系管理文件和型号项目管理文件,并在项目研制过程中得到实践,全院员工的质量意识在不断提高,同时铸造了一支朝气蓬勃的质量管理队伍。管理创新如下所述。

(1)质量管理团队建设:通过近几年发展,初步建立了一支满足质量管理要求的质量管理队伍,质量管理人员的专业能力、年龄梯度等在不断地得到完善和提高。质量管理专业的组织架构不断完善,细化专业分工,建立了质量体系管理团队、综合质量管理团队及项目质量管理团队。

(2)质量管理信息化建设:设计质量管理通过质量信息化平台建设实现质量体系文件审签、质量审核、过程绩效管理、质量复查、设计评审、外包项目管理、供应商质量管理、试验管理、试验/试飞故障管理、质量信息管理、双五归零管理和QC小组等多项质量活动,结合平台建设工作对相关管理流程进行优化完善,使所有质量流程落实到具体操作步骤,有效地促进了质量管理工作的改进完善。同时与公司和其他中心之间的质量信息和数据交流的平台的建成,提高开展质量管理活动的及时性和有效性,实现了在公司内部质量管理多方位的立体化管理。

（3）质量工具及方法应用:编制推行复查、试验检查、外包项目质量能力评估及外包项目过程控制检查单,有效促进项目研制质量管理的实施;开展 ARJ21－700 项目有关 QC 小组活动及质量信得过班组建设,促进设计人员全员参与质量意识。

2）设计质量管理改进点

ARJ21－700 项目作为我国首次按国际适航规章要求研制的支线客机,由于受技术、管理及经验等客观因素限制,质量管理亦随着项目研制推进并在不断摸索中发展,有成功亦有不少需要改进之处。

一方面,国内航空产业链相关企业通过近几年民机的发展需求,大多取得了AS9100 C 等质量管理体系的第三方认证。但由于国内民用航空起步较晚,对于民用飞机的质量要求认识不到位,同时对于适航条款理解的不到位,所以缺乏通过适航检查的经验,使得民机研制质量控制困难重重,进而影响了型号取证、交付进度。鉴于此,国内航空产业链质量管理体系还需要完善,加强对适航条款的理解和通过适航检查的能力,推进国内航空产业链相关企业的民机工作的进展。

另一方面,对比全球范围内民机产业的质量管理方法和国内先进的航空企业质量管理的发展趋势,项目研制质量管理还存在着较大的差距,质量管理工作面临着严峻的挑战,主要体现在以下方面。

（1）文件体系:在质量体系文件方面,质量手册、程序文件、作业文件的文件体系虽已构建,但程序文件和作业文件还需进一步完善,尤其是作业文件,还不能满足项目研制工作规范化、标准化、量化管理的需要。在型号管理文件方面,缺少文件管理职责的界定,文件之间的协调性、完整性和适用性需要加强。

（2）项目质量管理:前期项目计划管理从策划、落实以及监督检查等环节存在一定问题,反映出计划的合理性、协调性以及科学性等存在问题,影响型号研制的设计质量;型号设计规范、标准体系尚未健全,成为制约产品质量和质量管理工作的难点;在适航符合性验证方面,缺乏一定的设计验证的能力,包括全机、系统级、部件级,尤其是系统交联验证、机载设备（含软件）等的检测和验证,在试验设施、检测设施、技术能力等方面均存在较大差距。

（3）供应商质量管理:尽管按照公司“主制造商-供应商”的发展模式及要求组建了供应商质量管理队伍,编制了供应商质量管理相关文件,建立并实施了供应商评价制度,但在供应链风险管理、过程控制、评价方法的合理性和充分性等方面仍然存在差距。缺乏供应商设计过程控制质量管理的实践经验,在部分专业中我们的设计水平低于供应商的水平,驾驭供应商的能力不够,对供应商的管理存在一定的缺陷。

（4）质量技术和方法的运用:由于项目研制的紧迫性,项目研制者在采用先进的质量管理技术和方法方面存在认识不足、推广困难的问题,如试验设计（DOE）、零缺陷管理等质量方法的运用至今尚未全面开展，与国外同类民机行业存在较大差距。

（5）员工质量教育培训：虽然随着项目的推进，设计人员都认识到了质量工作的重要性，但由于研制过程中质量和进度长期存在的矛盾，导致员工在工作中违反流程，存在抄"近道"现象；由于型号设计规范、标准体系尚未健全，新员工对项目研制流程的学习和运用仍过分依赖于"传-帮-带"的培养模式，与按流程办事、用先进的方法来分析和解决研制中存在的问题要求还有差距。鉴于此，员工质量教育培训需要进一步地加强，采取各种切实可行的方式提高员工的设计质量意识，努力使员工学习和掌握质量控制流程的作用和方法，进而提高设计质量。

（6）管理改进与现有流程的衔接：随着项目研制进程、公司管理体系建设及项目研制组织架构的变化，要保持质量管理体系及流程与实际工作有效调整并对接，确保对项目研制起到保驾护航的作用。

10 ARJ21－700 飞机项目风险管理

10.1 概述

所有类型和规模的组织都面临内部和外部的、使组织不能确定是否及何时实现其目标的因素和影响。这种不确定性所具有的对组织目标的影响就是"风险"。

组织的所有活动都涉及风险。组织通过识别、分析和评定是否运用风险处理修正风险以满足它们的风险准则，来管理风险。通过这个过程，他们与利益相关方进行沟通和协商，监测和评审风险，以及为确保不再进一步需求风险处理而修正风险的控制措施。ISO31000 国际标准详细描述了这一系统的和符合逻辑的过程。

所有的组织在某种程度上都在管理风险，因此 ISO31000 国际标准制定了一些为使风险管理变得有效而需要满足的原则。ISO31000 国际标准建议，组织制定、实施和持续改进一个框架，其目的是将风险管理过程整合到组织的整体治理、战略和规划、管理、报告过程、方针、价值观和文化中。

风险管理可以在组织的多个领域和层次、任何时间，应用到整个组织以及具体职能、项目和活动。

尽管过去一段时间在许多行业内，为满足不同的需要，已经开展风险管理实践，但在一个综合框架内采用一致性过程有助于确保在组织内有效、有效率和结合性地管理风险。ISO31000 国际标准中所描述的通用方法提供在任何范围和状况下，以系统、清晰、可靠的方式管理风险的原则和指南。

每一个具体行业或风险管理的应用都会产生各自的需求、受众、观念和准则。因此，ISO31000 国际标准的主要特点是将所包含的"确定状况"作为通用风险管理过程开始的活动。确定状况将捕获组织的目标、组织所追求目标的环境、组织的利益相关方和风险准则的多样性，所有这些都将帮助揭示和评价风险的性质和复杂性。

风险管理是项目管理的一个重要要素，是航空项目管理中很重要的一个环节。ARJ21－700 项目系统复杂、不确定因素多，是一项高风险的复杂工程研制项目，对风险管理提出了极大的挑战。为了进行有效的风险管理，从而满足 ARJ21－700 飞机任务的高安全、高可靠性要求，ARJ21－700 飞机项目风险管理团队吸收通用项目风险管理理论中的精华,通过研究其中的流程、模型及方法等理论内容,为风险管理工作提供充分的理论依据。ARJ21－700飞机风险管理继承其他民用飞机风险管理的基本思路和内容,开展包括风险规划、风险识别、风险分析、风险应对和风险监控等5个风险管理流程的全过程风险管理,系统级、分系统级和单机级的多层级全系统风险管理,包含关键短线、经费、质量、可靠性与安全性等全要素风险管理,形成了具有ARJ21－700飞机特点的全过程、全系统、全要素的多维风险管理模式,实现了对ARJ21－700飞机研制过程中各种风险的有效预防和应对,保证ARJ21－700飞机研制工作的顺利进行和项目目标的圆满实现。

10.2　风险管理基本理论

10.2.1　基本概念

1）风险的概念

任何对风险的定义都可能带有一定的主观性,这主要是由风险的特点和它所应用的范围来决定的。比较经典的风险定义是美国人韦伯斯特(Webster)给出的:风险是遭受损失的可能性,包括发生的概率和损失的大小。在一个项目中,损失可能有各种不同的形式,如质量的降低、费用的增加或项目完成的推迟等。

2）风险管理的概念

风险管理是研究风险发生规律和风险控制技术的一门新兴管理学科。从本质上讲,它是指应用一般的原理去管理一个组织的资源和活动,通过风险识别、预测、评价,并在此基础上优化组合各种风险管理技术,以有效控制和处置风险管理主体所面临的各种风险,期望达到以最小的成本获得最大安全保障的目标。

项目风险管理是指项目管理者通过风险预测、风险识别和风险分析,综合使用多种管理方法、技术和手段有效地应对风险,以最低成本实现最大安全保障的科学管理方法。

项目风险管理的主要目的是系统地识别与项目有关的风险,评价和管理改善项目的执行结果,即除了减少威胁或不利结果,还应试图利用机会或有利的可能性。项目风险管理应当作用于项目生命期的各个阶段。

项目风险管理有两大作用,一方面起到预警作用,当项目的不确定性对未来构成潜在的威胁或机会时,通过风险管理试图改变威胁或机会在未来发生的状况和质量,以及它们对项目执行效果可能造成的影响;另一方面起到应急、反应作用,与危机管理的作用相同,可以在很大程度上避免由于意外事件引起的恐慌和损失。

10.2.2　风险管理过程

风险管理过程包括沟通与协商、明确状况、风险评价、风险处理、监测和评审、记录风险管理过程等过程。管理过程如图10－1所示。

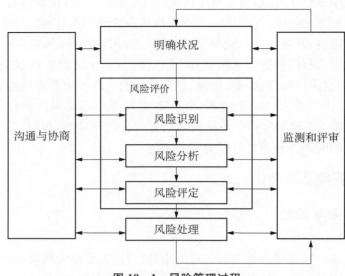

图 10 - 1   风险管理过程

1）沟通与协商

与内、外部利益相关方沟通和协商宜在风险管理过程的所有阶段进行。

因此，沟通和协商计划宜在早期制定。该计划宜针对与风险本身、风险成因、风险后果（如果掌握）以及处理风险措施相关的问题。为确保实施风险管理过程的职责明确，以及出于利益相关方理解决策的基础和特定措施需求的原因，宜采取有效的外部和内部沟通与协商。

与利益相关方的沟通协商是重要的，由于他们基于对风险的感知，做出了对风险的判断。这些感知可以因为利益相关方的价值观、需求、臆断、概念和关注点的不同而变化。由于利益相关方的观点会对决策产生重大影响，因此他们的感知被识别、记录以及在决策过程中被考虑。

沟通与协商宜提供真实的、相关的、准确的、便于理解的交流信息，同时宜考虑到保密和个人诚实因素。

2）明确状况

通过明确状况，组织明确其目标，界定管理风险要考虑的外部和内部参数，确定风险管理过程的范围和风险准则。尽管许多此类参数与风险管理框架设计时所考虑的参数类似，但在明确风险管理过程的状况时，这些参数需要细致地，特别是与特定风险管理过程联系起来考虑。

外部状况是指组织寻求实现其目标的外部环境。

为了确保在建立风险准则时，目标和外部利益相关方的关注点应予以考虑，理解外部状况是重要的。它基于组织宽泛的状况，但具备法律法规要求的具体细节、利益相关方的观点、风险管理过程范围、风险的其他因素。

内部状况是指组织寻求实现其目标的内部环境。

风险管理过程宜与组织的文化、过程、结构和战略相一致。内部状况是组织内部能够影响管理风险方法的方面。

宜确立组织活动的目标、策略、范围和参数或风险管理过程应用到组织的那些部分。风险管理宜充分考虑满足开展风险管理的资源需求。所需的资源、职责、权限和要保存的记录也宜予以规定。

3）风险评价

风险评价是风险识别、风险分析和风险评定的总过程。

（1）风险识别。

组织宜识别风险源、影响区域、事件（包括环境变化）以及致因和潜在后果。此步骤的目的是产生一个基于哪些可能产生、增强、阻碍、加快或推迟目标实现的事件的风险的综合表格。识别与不寻求机会相关的风险是重要的，综合识别是非常重要的，因为此阶段没有识别的风险将不会包含在进一步的分析中。

（2）风险分析。

风险分析涉及对风险的理解。风险分析是风险评定和确定风险是否需要处理以及最适合的风险处理策略和方法的重要输入。风险分析是风险决策的输入。

风险分析包括考虑风险的致因和来源、所带来的正面和负面后果及这些后果发生的可能性。影响后果的因素和可能性宜被识别，通过确定后果和其可能性以及其他风险特性，来进行风险分析。一个事件可以有多种结果并可以影响多重目标。现存的控制措施和其效果、效率也宜被考虑在内。

（3）风险评定。

风险评定的目的是基于风险分析的结果，帮助做出有关风险需要处理和处理实施优先级的决策。

风险评定包括将分析过程中确定的风险程度与在明确状况时建立的风险准则进行比较。基于这种比较，处理需求可予以考虑。

4）风险处理

风险处理包括选择一种或几种修正风险的方案，并且实施那些方案。一旦实施了方案，为处理提供或改进控制措施。

（1）选择风险处理方案。

选择最合适的风险处理方案，包括针对以法律法规和诸如社会责任、自然环境保护的其他要求所获得的利益，平衡成本和实施的工作量。决策也宜考虑可以批准在经济层面上不合理的风险处理，例如，严重的（高负面后果）但稀少（低可能性）的风险。

一些方案是可以单独或综合考虑或应用的，组织一般可以从综合方案的采用中获益。

当选择风险处理方案时,组织宜考虑利益相关方的价值观和观点,以及与他们沟通最适合的方法。如果风险处理方案可以影响组织别处的风险或与利益相关方关联的风险,则应包含在决策中。尽管同样有效,但有些风险处理可以比其他一些更容易让一些利益相关方接受。

(2) 准备和实施风险处理计划。

风险处理计划的目的是将如何实施已选择的处理措施形成文件。将要实施的风险处理方案、处理计划中提供的信息宜包括:①选择风险处理措施的原因,包括所期待获得的效益;②负责改进和实施计划的人员;③建议的措施;④资源需求,包括紧急情况时;⑤绩效测量和控制;⑥汇报及监测要求;⑦时间和日程安排。

5) 监测和评审

监测和评审都宜是风险管理过程的已计划的部分,包含常规检查或监督,可以定期或不定期进行。监测和评审的职责宜明确界定。

6) 记录风险管理过程

风险管理活动宜可追溯。在风险管理过程及整体过程中,记录提供了方法和工具改进的基础。

10.2.3 风险管理的方法

1) 风险识别方法

目前常用的方法有:专家法、故障树分析法、情景分析法等。

(1) 专家法。

包括专家个人判断法、头脑风暴法和德尔菲法等。这类方法主要利用各领域专家的专业理论和丰富的实践经验,找出各种潜在的风险并对其后果做出分析和评估。德尔菲法起源于 20 世纪 40 年代末,最初由美国兰德公司首先使用。使用该方法的程序是:首先选定适当数量与该项目有关的专家并与这些专家建立直接的函件联系,通过函询收集专家的意见,然后加以综合整理并反馈给各专家,再次征询意见。这样反复多次,逐渐使各专家意见趋于一致,以此作为最后识别的根据。德尔菲法应用领域很广,一般用该方法得出的结果也比较好。

(2) 故障树分析法。

利用图解的形式,将最大的故障分解成各种小的故障,或对引起故障的各种原因进行分析。譬如,将项目投资风险分为市场风险、政策调整风险、资源风险、技术风险等。该方法经常用于直接经验较少的风险辨识,通过对投资风险层层分解,可使项目管理者对投资风险因素有全面的认识,在此基础上,对风险大的因素进行针对性的管理。不足之处是应用于大系统时容易产生遗漏和错误。

（3）情景分析法。

这是一种能够分析引起风险的关键因素及其影响程度的方法。它可以采用图表或曲线等形式来描述当影响项目的某种因素发生变化时，整个项目情况的变化及其后果，供人们进行比较研究。

2）风险分析评估方法

现行的风险分析评估方法主要有主观评分法、敏感性分析法、蒙特卡罗模拟、决策树、设计评审等几种方法。

（1）主观评分法。

主观评分法的结果一般取 0～10 之间的整数（0 代表没有风险，10 代表风险最大）。然后由项目管理人员和相关方面的专家给出风险值，将所有专家给出的风险值乘以各自的权重并求和即为总评价，再同风险评价基准进行比较。

（2）敏感性分析法。

敏感性分析法只考虑影响项目目标成本的主要因素的变化，如利率、投资额、运营成本等，而不是采用工作分解结构把总成本按工作性质细分为各子项目成本，从子项目成本角度考虑风险因素的影响，再综合成整个项目风险。敏感性分析法的结果可以为决策者提供这样的信息：目标成本对哪个成本单项因素的变化最为敏感，哪个其次，可以相应排出对成本单项的敏感性顺序，这样的结果也说明，使用敏感性分析法分析风险不能得出风险影响程度的具体值，它只能说明一种影响的程度。

（3）蒙特卡罗模拟法。

蒙特卡罗方法又称随机抽样技巧或统计试验方法，是根据随机数对投入变量值概率分布进行每次随机抽样，计算项目的投资收益率。一般研究不确定因素问题的决策只考虑最好、最坏和最可能 3 种估计，如敏感性分析方法。如果不确定因素很多，只考虑这 3 种估计便会使决策发生偏差和失误。而蒙特卡罗方法可以避免这些情况的发生，使在复杂情况下的决策更为全面和准确。它根据随机数对投入变量值概率分布进行随机抽样，根据每次抽样值计算项目收益率，经过多次重复得到投资收益的概率分布图。根据收益概率保险下限值和不经济概率，来判断方案的风险性。

（4）决策树法。

决策树法是用树形图表示项目所有可供选择的行动方案、行动方案之间的关系、行动方案的后果以及这些后果发生的概率。利用决策树法可以计算出可供选择的行动方案后果的数学期望，进而对项目的风险进行评价。

（5）设计评审法。

设计评审就是对产品设计所做的正式全面和系统的审查，并把审查的结果形成文件，其目的是评价设计满足质量要求的能力，找出问题，提出建议。设计评审作为风险评价的方法,主要用于国防项目技术风险分析,也可应用于勘察风险分析。在风险管理中,由风险管理人员利用记录单的形式,在各层次设计评审过程中,对涉及的风险事项逐一记录有关风险及对风险的评估分析、对策等。

风险评估可以采用的方法很多,每一种方法都有自己的优缺点,在实际工作中,为了避免片面性和不确定性,应该运用两种以上的方法进行综合评价,以达到切合实际的目的。

3) 风险应对方法

风险应对的方法包括:减轻风险、预防风险、风险回避、风险控制、风险自留、风险转嫁和后备措施等。对不同的风险可用不同的应对方法,对一个项目所面临的各种风险,应综合运用各种方法进行处理。

(1) 减轻风险。

主要为了降低风险发生的可能性或减少后果的不利影响。如何减轻风险,则要按已知风险、可预测风险和不可预测风险来分别对待。

对于已知风险,可以在很大程度上加以控制,使其风险减轻。对于可预测风险,可以采取迂回策略,尽量将每个风险因素都减少到可以接受的水平上。对于不可预测风险,要尽量使之转化为可预测风险或已知风险,然后加以控制和处理。

在减轻风险时,要集中力量专攻威胁最大的那几个风险。有些时候,高风险是由于风险的耦合作用而引起的。一个风险减轻了,其他一系列风险也会随之减轻。

(2) 预防风险。

预防策略通常采取有形或无形手段。有形的风险预防手段指以工程技术为手段的工程法,用于消除实际的风险。无形的风险预防手段有教育法和程序法两种。

教育法。项目管理人员和所有其他有关各方的行为不应构成项目的风险因素。因此,要减轻与不当行为有关的风险,就必须对有关人员进行风险和风险管理教育。

程序法。程序法是指以制度化的方式从事项目活动,减少不必要的损失。项目管理班子制订的各种管理计划、方针和监督检查制度一般都能反映项目活动的客观规律性。因此,项目管理人员一定要认真执行。

(3) 风险回避。

风险回避是在考虑到某项目的风险及其所致损失都很大时,主动放弃或终止该项目以避免与该项目相联系的风险及其所致损失的一种应对风险的方式,它是一种最彻底也是最消极的风险应对技术。

（4）风险控制。

风险控制是为了最大限度地降低风险事故发生的概率和减小损失幅度而采取的风险应对技术。

（5）风险自留。

风险自留是由项目组自行承担风险损失的风险应对方法，在实践过程中有主动自留和被动自留之分。主动自留是指在对项目风险进行预测、识别、评估和分析的基础上，明确风险的性质及其后果，风险管理者认为主动承担某些风险比其他应对方式更好，于是筹措资金将这些风险自留。被动自留则是指在未能准确识别和评估风险及损失后果的情况下，被迫采取自身承担损失的风险应对方式。

（6）风险转嫁。

风险转嫁是指项目组将风险有意识地转给与其有相互经济利益关系的另一方承担风险的应对方式。保险是最重要的风险转嫁方式。

（7）后备措施。

有些风险要求事先制订后备措施。一旦项目实际进展情况与计划不同，就动用后备措施。主要有费用、进度和技术 3 种后备措施。

在设计和制订风险处置策略时，一定要针对项目中不同风险的特点分别采用这 7 种风险处置方式中的一种或几种，而且尽可能准确而合理地采用。在实施风险策略和计划时，应随时将产生变化的情况反馈给风险管理人员，以便能及时结合新的情况对项目风险处理策略进行调整，使之能适应新的情况，尽量减少风险导致的损失。

10.3　ARJ21－700 飞机项目分析管理

10.3.1　风险管理概念

图 10－2 为 ARJ21－700 项目风险管理概念。风险管理是在考虑成本、进度和性能项目限制条件下，以一种系统性、主动性、可理解和费用经济的方式，对项目风险反复进行识别、评估、降低、接受和控制的迭代过程。风险的本质是一个不确定的未来事件，对项目目前运行状态不造成影响。当风险发生时，转为项目问题管理。

10.3.2　风险管理的目标和体系

ARJ21－700 项目风险管理目标包括早期识别、持续跟踪和系统性地减少可能影响项目费用、进度或性能目标的潜在威胁。通过开展以下内容完成目标。

（1）及时识别和应对风险。

（2）风险影响最小化以实现项目目标。

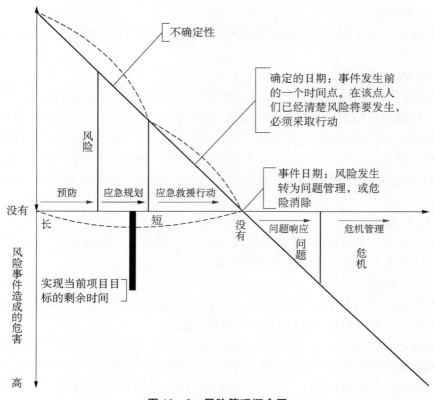

图 10 - 2　风险管理概念图

（3）按已建立的准则管理风险。

ARJ21 - 700 项目风险管理体系由三部分组成：第一部分为风险管理标准和规章制度，包括 ISO 31000 标准和《项目风险管理程序》；第二部分为 ARJ21 - 700 项目风险管理计划；第三部分为风险管理主体，即 ARJ21 - 700 项目 IPT 团队和 0—1 级支持团队。

10.3.3　风险管理职责

风险管理的职责和过程如表 10 - 1 所示。

表 10 - 1　管理过程风险

序号	团队成员	管理职责
1	风险发起者	a) 项目 IPT 团队成员。包括项目领导和团队成员，各 IPT 功能团队，PMO/EMO b) 识别项目风险，开展初步的风险评估和应对工作，建议风险责任人

（续表）

序号	团 队 成 员	管 理 职 责
2	IPT 功能团队	a) 确定风险资质。分析初始定性风险和根本原因。确认风险对团队工作的影响。在规定的时限内与 0 级/1 级 IPT 团队 PMO/EMO 沟通分析结果 b) 提出风险应对方案（包括应对策略和措施、计划，风险关闭标准，风险完成时限和资源需求建议） c) 按要求担任风险责任人 d) 对风险责任人开展的风险管理活动提供支持和指导 e) 运用习得的风险管理经验和教训改善产品性能，完善过程
3	风险责任人	a) 确定风险资质。分析初始定性风险和根本原因。确认风险对团队工作的影响。在规定的时限内与 0 级/1 级 IPT 团队 PMO/EMO 沟通分析结果 b) 组织风险应对计划实施，跟踪并向 1 级 IPT 团队 PMO/EMO 报告风险状态，包括风险完成时限、资源偏高情况、计划执行进展、机器有效性、风险级别变化 c) 在规定的时限内向 1 级 IPT 团队 PMO/EMO 报告风险关闭信息 d) 向 1 级 IPT 团队 PMO/EMO 提交风险管理过程记录，经验教训以支持产品和过程的持续改进 e) 按需提议召开风险应对会议
4	1 级 IPT 团队 PMO/EMO	a) 协助风管团队副总经理和 1 级 IPT 团队开展风险管理活动 b) 设置团队风险管理经理或主管 c) 组织审批 IPT 功能团队提出的风险级别，应对解决方案，制定风险责任人；风险责任人报告的易识别风险级别变化和关闭提交分管团队副总经理和 1 级 IPT 团队批准中等及以下风险，审批严重和高等风险 d) 报 0 级 IPT 团队 PMO 组织审批严重，高等风险级别，应对方案，制定风险责任人，易识别风险级别变化和关闭 e) 组织审批风险责任人制订的详细应对行动计划并纳入团队工作计划管理；严重和高等级风险报 0 级 IPT 团队 PMO 审批 f) 评估 IPT 团队风险管理绩效 g) 报告 IPT 团队风险管理情况 h) 开展风险管理培训，记录培训情况 i) 留存风险管理资料、经验教训建档，并向 0 级 IPT 团队 PMO 提交 注：设计研发团队风险审批、应对计划批准及实施工作和风理绩效评估由 1 级 IPT 团队 EMO 组织协调，总装职责、客服工程和风行试验由 1 级 IPT 团队 PMO 开展
5	0 级 IPT 团队 PMO	a) 协助 0 级 IPT 团队开展风险管理活动 b) 组织审批严重和高级风险级别，应对解决方案，指定风险责任人；1 级 IPT 团队 PMO/EMO 报告的已识别严重和高级风险级别变化和关闭，中等风险级别升高，提交 0 级 IPT 团队审批

（续表）

序号	团 队 成 员	管 理 职 责
		c) 审批风险责任人制订严重和高等风险应对计划，纳入项目加护管理 d) 评估风险管理绩效 e) 报告 ARJ21-700 项目风险管理情况 f) 开展风险管理培训，记录培训情况 g) 留存风险管理记录和经验教训建档
6	0 级/1 级 IPT 团队和分管团队副总经理	a) 批准/审批 0 级/1 级 IPT 团队 PMO/EMO 报告的风险应对解决方案，应对行动计划，级别变化和关闭，对风险管理提供指导 b) 指导风险责任人 c) 对风险责任人开展的风险管理活动提供支持和指导

10.3.4　风险识别和评估

1) 风险识别

ARJ21-700 项目 IPT 团队成员均承担识别项目风险的职责。风险识别的时机为项目团队工作会和项目日常工作过程。风险源包括项目计划和执行过程中或项目外部可能影响项目经费、进度和性能的威胁或危险事件。

风险发起者应采用统一的结构化语言进行初始风险描述，包括风险类别、发生原因、影响后果等信息。风险识别的结果应记录在《ARJ21-700 项目单项风险记录表》中提交给受主要影响的 IPT 团队。

2) 风险评估

应确保在项目范围内开展风险评估，即风险发起者初步分析和评价风险；受主要影响的项目 IPT 团队组织开展风险资质验证，确认风险对所有功能区域的影响，提出风险级别和风险责任人建议；其 1 级 IPT 团队 PMO/EMO 组织审批，报 1 级 IPT 团队和分管团队副总经理审批严重和高等风险级别、风险责任人，批准中等及以下风险；0 级 IPT 团队 PMO 组织审批严重和高等风险，报 0 级 IPT 批准严重和高等风险级别、风险责任人。风险评估的时机为项目团队工作会或日常工作过程。

风险分析应研究引起风险的根本原因和风险发生后可能对预期项目成本、进度和性能（质量）目标的不利影响。进行不利影响分析时，除了定性分析，还应尽可能进行定量分析，例如风险可能导致产品某项技术指标下降的量化程度。

开展风险分析时两个主要活动为：

(1) 发生的可能性：风险发生的可能性有多大？

(2) 影响严重程度：如果风险发生，影响有多严重？

风险评价确定了风险等级和风险优先级，评价方法包括定量和定性评价。

（1）风险等级。风险等级由风险事件发生的可能性评价和风险事件影响评价两项因素共同决定。应按照《ARJ21-700项目风险评价指标》（见附录A），给出风险事件相应的风险概率等级和风险后果等级，计算得出风险等级，确定该风险是严重风险、高等风险、中等风险、低等风险还是极低风险。

（2）风险优先级。按风险等级排序确定各单一风险事件的风险优先级。对于风险等级相同的风险，可依次按照对项目进度、成本和性能（质量）的影响程度大小等因素进行排序。

10.3.5 风险应对

通过风险评价，经对比风险接受准则所确定的不可接受风险，受风险主要影响的IPT团队应研究风险应对策略，制订预防性的措施、计划，提出风险完成时限、关闭标准、资源需求和风险责任人建议，以降低风险对项目目标的影响。1级IPT团队PMO/EMO组织审批应对方案和指定风险责任人，报0级IPT审批严重和高等风险，批准中等及以下风险。0级IPT团队PMO组织审批严重和高等风险应对方案和指定风险责任人，报0级IPT批准。项目团队工作会上应讨论风险应对情况。

1）风险应对策略

ARJ21-700项目风险应对策略如表10-2所示。

表10-2 ARJ21-700项目风险应对策略

应对策略		描　述
1	避免	更改项目计划，消除威胁，例如提出好的工作建议，使用高技术水平人员
2	转移	将风险转移到另一组织，例如通过签订合同和协议由供应商承担某一风险
3	减小	制订一系列的行动降低风险发生的可能性或影响，是最常用的方法
4	接受	确定一个风险级别以确定某一风险可接受的解决方式，包括客户对发生后果的可接受程度，项目组织吸收、处理或接受风险发生后果的能力。有效的风险管理需要项目经理通过管理获得合理的风险可接受等级

2）风险应对措施

ARJ21-700项目风险应对措施一般分为以下几种类型：

（1）消除引发风险事件的原因。

（2）降低风险发生的可能性。

（3）减小或限制风险事件的影响。

（4）加强风险事件的预警。

（5）风险应对行动计划制订。

3）风险应对行动计划

　　经批准的风险责任人制订详细的风险应对行动计划,组织其实施和汇报进展情况。其中严重和高等风险由 0 级 IPT 团队 PMO 组织审批,报 0 级 IPT 批准后纳入项目计划管理,中等及以下风险由 1 级 IPT 团队 PMO/EMO 组织审批,报 1 级 IPT 和分管团队副总经理批准后纳入团队工作计划管理。

　　风险应对行动计划应包括以下内容:

　　(1) 风险减小的主要和替代性方法。

　　(2) 实施方法的必要行动。

　　(3) 完成行动所需的详细资源需求。

　　(4) 行动的时间要求。

　　(5) 风险状态变更所必须满足的条件。

　　(6) 应包含采取应急行动的前提条件。

　　风险计划制订时,应遵循以下指导原则:

　　(1) 必须清晰地、很好地定义减小风险的行动、方法。

　　(2) 设置现实的减小风险的时间。

　　(3) 涉及引起风险的根本原因。

　　(4) 应定义 IPT 团队均认可的可减小风险的条件。

　　(5) 应建立一个利于后续产品和过程持续改进的评估标准。

10.3.6　风险报告和监控

　　风险报告和监控是 IPT 团队内部沟通风险状态,监控和管理团队风险应对功能,记录风险管理经验教训以为持续改进产品及其实现过程提供预防性措施的过程。其主要内容包括:

　　(1) 定义团队内部风险沟通管理过程。

　　(2) 风险报告。

　　(3) 风险管理过程的绩效测量。

　　(4) 经验教训总结。

　　(5) 持续过程改进。

　　1) 沟通

　　表 10-3 为 ARJ21-700 项目 IPT 团队内部风险管理沟通过程。

表 10-3　ARJ21-700 项目 IPT 团队内部风险管理沟通过程

发起者	职　责	时　限	接收方	所需采取的措施
风险发起者	确认潜在的风险	确认时	IPT 团队	确认风险资质
IPT 团队	确认风险组织和初始风险评估	确认时	IPT 团队经理	分析、验证潜在风险,确认风险等级

（续表）

发起者	职 责	时 限	接收方	所需采取的措施
IPT 团队 经理	确认风险等级，提出建议的应对方案	严重和高等风险 2 个工作日，中等风险 3 个工作日，低等及以下风险 7 天	1 级 IPT 团队 PMO/EMO	组织审批 IPT 团队风险评估结果，确认应对方案、实现、资源，指定风险责任人，提供工作指导
1 级 IPT 团队 PMO/ EMO	组织审批风险等级、应对方案/计划、完成时限和资源需求，指定风险责任人	1 个工作日	分管团队副总经理和 1 级 IPT	批准中等及以下风险和审批严重、高等风险等级，应对方案/计划、完成时限、资源需求，指定风险责任人
	已审批的严重和高等风险建议等级，应对方案、完成时限、资源需求和风险责任人提交 0 级 IPT 团队 PMO 审批	审批通过后 1 个工作日	0 级 IPT 团队 PMO	组织审批严重和高级风险等级的应对方案、完成时限、资源需求，指导风险责任人
	已批准的风险应对方案、完成时限和可用资源提交风险责任人	批准后 1 个工作日	风险责任人	审阅并编制详细的风向应对行动计划
	IPT 团队风险报告	每月 25 日前，每季度第三个月 30 日前，每年度 12 月 15 日前	分管团队副总经理和 1 级 IPT 高级经理	批准风险报告
	考核 IPT 团队风险管理绩效	每月或按需	分管团队副总经理和 1 级 IPT	批准绩效考核结果
风险责任人	编制并提交详细的风险应对行动计划	编制完成后	1 级 IPT 团队 PMO/EMO	审批风险应对计划，报 1 级 IPT 和分管团队副总经理审批严重和高等风险，批准中等及以下风险，严重和高等风险已审批行动计划报 0 级 IPT 团队 PMO 审批
	组织实施计划，报告与批准的风险应对资源和完成时限的偏离，风险级别和变化	发生偏离，状态变化或关闭后	1 级 IPT 团队 PMO/EMO	组织计划协调，审批风险级别变化和关闭，报 1 级 IPT 和分管团队副总经理审批严重和高等级风险，批准中等及以下风险，严重和高等级风险报 0 级 IPT 团队 PMO 组织审批

（续表）

发起者	职　责	时　限	接收方	所需采取的措施
0 级 IPT 团队 PMO	组织审批严重和高等风险等级、应对方案/计划、完成时限和资源需求，指导风险责任人	1 级 IPT 团队 PMO/EMO 提交审批建议后 1 个工作日	0 级 IPT 团队	批准严重和高等风险等级，应对方案/计划、完成时限，资源需求和风险责任人
	审批 IPT 团队风险管理报告	每月 25 日前，每季度第三个月 30 日前，每年度 12 月 15 日前	0 级 IPT 团队	批准风险管理报告
	考核 IPT 团队风险管理绩效	每月月底或按需	0 级 IPT 团队	批准绩效考核结果

2）风险报告

（1）IPT 团队月度风险管理报告。每月 25 日前，1 级 IPT 团队 PMO/EMO 针对严重风险、高等风险和中等风险，组织编制和更新《ARJ21 - 700 项目单项风险记录表》《ARJ21 - 700 项目风险级别变更表》和风险登记册（含中等及以下风险），其中新增风险应附上必要的风险分析和评估报告，提交 0 级 IPT 团队 PMO 审批。

（2）IPT 团队风险管理季度报告。每季度第三个月 30 日前，1 级 IPT 团队编制完成团队季度风险管理报告，对影响各团队工作的风险进行深入分析和评估，考核团队风险应对绩效，规划下季度团队风险管理工作。经 1 级 IPT 团队 PMO/EMO 审批，分管团队副总经理批准后提交 0 级 IPT 团队 PMO；组织更新并提交中等以下风险的《ARJ21 - 700 项目单项风险记录表》。

（3）IPT 团队风险管理年度报告。每年 12 月 15 日前，1 级 IPT 团队 PMO/EMO 编制完成团队年度风险报告，对本年度项目团队风险管理工作开展情况进行总结，考核团队风险应对绩效，分析下一年度风险形势。经 1 级 IPT 团队 PMO/EMO 审批，分管团队副总经理批准后提交 0 级 IPT 团队 PMO。

3）风险管理绩效测量

ARJ21 - 700 项目使用以下 7 个风险管理绩效测量指标评价 IPT 团队应对风险的能力及其有效性。

（1）风险应对计划的有效性。计算方法为：（应对计划中实际已完成的任务/总的计划任务数）×100%。建议最小达标值为 95%，IPT 团队每月对该指标进行跟踪测量，如不达标，则 IPT 团队应采取纠正措施。

（2）风险识别到确认风险应对策略时间。计算方法为：确认风险应对策略日期-风险识别日期。建议严重和高等风险最小达标周期值为 3 天，中等风险 4 天，低等风险 8 天；IPT 团队每月对该指标进行跟踪测量。如不达标，则 IPT 团队应采取纠正措施。

（3）最低等级受影响 IPT 团队识别风险百分比。计算方法为：（最低等级受影响 IPT 团队识别风险数量/IPT 团队识别总风险数量）×100％。建议最小达标值为67％，IPT 团队每月对该指标进行跟踪测量，如不达标，则 IPT 团队应采取纠正措施。

（4）风险应对计划任务纳入项目/IPT 团队工作进度的百分比。计算方法为：（已纳入项目/IPT 团队工作进度的风险应对计划任务数/风险应对计划总任务数）×100％。建议最小达标值为95％，IPT 团队每月对该指标进行跟踪测量，如不达标，则 IPT 团队应采取纠正措施。

（5）已采取风险应对计划的严重、高等和中等风险百分比。计算方法为：（已采取风险应对计划的严重、高等和中等风险数量/总的严重、高等和中等风险数量）×100％。建议最小达标值为95％。IPT 团队每月对该指标进行跟踪测量。如不达标，则 IPT 团队应采取纠正措施。

（6）每季度 IPT 团队提出风险管理过程改进建议。

（7）鼓励并记录客户提出的风险项和对 IPT 团队风险管理的建议，由 0 级/1 级 PMO 组织风险项和建议的审批。

4）经验教训总结

1 级 IPT 团队 PMO/EMO 负责组织编写团队开展风险管理所习得的经验教训案例，定期报 0 级 IPT 团队 PMO。0 级 IPT 团队 PMO 建立项目经验教训案例档案/数据库。在将来进行项目策划之前，应审阅案例档案，改进产品和过程。经验教训案例应包括如下信息。

（1）经验总结。

（2）经验详细内容：所涉及的产品、过程或服务；风险、问题描述及其原因；所得到的教训、建议的预防措施或可复制使用的智慧经验；该经验教训是否经 IPT 经理验证、主管团队副总经理和 1 级 IPT 批准（是或否）；该经验教训未运用的原因及原因确认的 IPT 经理信息。

（3）经验教训案例索引（标签）信息。风险发生的项目阶段，例如，研制试飞、产品制造、综合、安装、测试等；风险发生原因分类，例如，不合格设备或不正确加工方法、错误理解要求等；经验教训贡献者，名称、部门、电话、风险案例提交日期、E-mail；经验教训验证者，名称、部门、电话、风险案例提交日期、E-mail。

5）持续改进

项目 IPT 团队应在持续和迭代开展风险管理的基础上，在项目整个生命周期内评估风险管理过程，运用习得的经验教训案例确定是否改进现有的产品和过程。

10.3.7 风险管理流程

风险发起者初步识别和分析风险记录在《ARJ21-700 项目单项风险记录表》

上，提交给受风险主要影响的 IPT 团队。

IPT 团队经理组织确认风险资质，开展风险评估和应对。提出建议的风险等级和应对方案（含应对策略、措施，风险关闭标准，风险责任人，风险完成时限和资源需求）。记录在《ARJ21 – 700 项目单项风险记录表》上，提交 1 级 IPT 团队 PMO（总装制造、客服工程、飞行试验团队）/EMO（工程设计团队）组织风险等级、应对方案审批、指定风险责任人。

1 级 IPT 团队 PMO/EMO 组织审批风险等级，确认中等及以下风险应对方案并指定风险责任人；严重和高等风险提出建议。审批结果记录在《ARJ21 – 700 项目单项风险记录表》上，并填写风险编号。报 1 级 IPT 和分管团队副总经理审批严重和高等风险，批准中等及以下风险。批准情况记录在《ARJ21 – 700 项目风险登记册》上。

1 级 IPT 团队 PMO/EMO 将严重和高等风险审批建议报 0 级 IPT 团队 PMO 组织审批。

0 级 IPT 团队 PMO 组织审批严重和高等风险的风险等级和应对方案，分配风险责任人，审批结果记录在《ARJ21 – 700 项目单项风险记录表》上，报 0 级 IPT 批准。将批准结果反馈 1 级 IPT 团队 PMO/EMO。批准情况记录在《ARJ21 – 700 项目风险登记册》上。

1 级 IPT 团队 PMO/EMO 审阅批准结果，将其反馈风险责任人。风险责任人审阅已批准的严重、高等和中等风险及以下等级及其应对方案，制订详细的风险应对行动计划，提交 1 级 IPT 团队 PMO/EMO 批准实施。

1 级 IPT 团队 PMO/EMO 组织审批风险应对行动计划，报 1 级 IPT 和团队分管副总经理审批严重和高等风险，批准中等及以下风险并纳入团队工作计划实施。审批建议报 0 级 IPT 团队 PMO。

0 级 IPT 团队 PMO 组织审批严重和高等风险应对计划，报 0 级 IPT 批准后纳入项目计划管理。结果反馈 1 级 IPT 团队 PMO/EMO。

1 级 IPT 团队 PMO/EMO 审阅已批准的严重和高等风险应对计划，纳入团队工作计划。将其反馈给风险责任人组织实施。

风险责任人组织计划实施，向 1 级 IPT 团队 PMO/EMO 报告应对计划执行情况。

当实际风险完成时限和资源偏离批准要求时，风险责任人更新《ARJ21 – 700 项目单项风险记录表》和《ARJ21 – 700 项目风险级别变更/关闭审批表》，向 1 级 IPT 团队 PMO/EMO 报告。

1 级 IPT 团队 PMO/EMO 组织协调资源和完成时限，并评估是否可接受。如不可接受，则风险发生，转入问题管理。协调结果记录在《ARJ21 – 700 项目单项风险记录表》和《ARJ21 – 700 项目风险级别变更/关闭审批表》上，报 1 级 IPT 和主管副总经理审批严重和高等风险更新、时限和资源需求或转入问题关闭，批准中等及以下风险更新的完成时限和资源需求或转入问题关闭。更新《ARJ21 – 700 项目风险登记册》。

1级 IPT 团队 PMO/EMO 将严重和高等风险审批情况报 0 级 IPT 团队 PMO。

0 级 IPT 团队 PMO/EMO 组织协调严重和高等风险的资源和完成时限，并评估是否可接受。如不可接受，则风险发生转入问题管理。协调结果记录在更新的《ARJ21－700 项目单项风险记录表》和《ARJ2 项目风险级别变更/关闭审批表》上，报 0 级 IPT 批准。批准情况反馈 1 级 IPT 团队 PMO/EMO。更新《ARJ21－700 项目风险登记册》。

1级 IPT 团队 PMO/EMO 将批准情况反馈风险责任人。更新《ARJ21－700 项目风险登记册》。

风险责任人关闭风险，或按新批准的风险完成时限、资源更新应对计划。当已识别高等风险或中等风险等级上升时，风险责任人更新《ARJ21－700 项目单项风险记录表》和《ARJ21－700 项目风险级别变更/关闭审批表》，向 1 级 IPT 团队 PMO/EMO 报告。

1级 IPT 团队 PMO/EMO 组织审批，提出风险上升等级、应对方案建议，报1级 IPT 和分管团队副总经理审批。审批建议报 0 级 IPT 团队 PMO。

0 级 IPT 团队 PMO 组织审批，审批结果报 0 级 IPT 批准。批准结果反馈 1 级 IPT 团队 PMO/EMO，更新《ARJ21－700 项目风险登记册》。

1级 IPT 团队 PMO/EMO 审阅批准结果，反馈风险责任人。

风险责任人制定/更新风险应对计划，报 1/0 级 IPT 团队 PMO 批准后实施。更新《ARJ21－700 项目风险登记册》已识别的严重、高等、中等风险等级降低的或中等以下风险等级上升的，风险责任人更新《ARJ21－700 目单项风险记录表》和《ARJ21－700 项目风险级别变更/关闭审批表》，报 1 级 IPT 团队 PMO/EMO 审批。

1级 IPT 团队 PMO/EMO 组织审批风险等级变化，报 1 级 IPT 和分管团队副总经理审批严重和高等风险级别降低，批准中等风险及以下风险等级上升。审批结果报 0 级 IPT 团队 PMO。批准情况记录在《ARJ21－700 项目风险登记册》上。

1级 IPT 团队 PMO 审阅批准结果，反馈风险责任人。批准情况记录在《ARJ21－700 项目风险登记册》上。

风险责任人在规定的风险完成时限内向 1 级 IPT 团队 PMO/EMO 报告风险关闭情况。

1级 IPT 团队 PMO/EMO 组织审批风险关闭，报 1 级 IPT 和主管副总经理审批严重和高等风险关闭，批准中等及以下风险关闭。批准结果记录在《ARJ21－700 项目风险登记册》上。

0 级 IPT 团队 PMO 组织审批严重和高等风险关闭，报 0 级 IPT 批准。结果反馈 1 级 IPT 团队 PMO/EMO。批准情况记录在《ARJ21－700 项目风险登记册》上。

1级 IPT 团队 PMO/EMO 将批准关闭反馈风险责任人。批准情况记录在《ARJ21－700 项目风险登记册》上。风险责任人关闭风险。

11 ARJ21-700飞机项目试验管理

11.1 概述

随着飞机型号项目的迅速发展,与之密切相关的试验验证技术不断进步,对试验场试验设备、设施的要求越来越复杂,试验技术要求越来越高。为了确保试验质量、降低试验消耗和缩短试验周期/提高试验工作的有效性,试验的管理工作日益受到重视,并不断进行深入研究。ARJ21-700飞机的设计和试飞任务中,验证试验具有项目多、难度大的特点,为了使飞机的全部功能都得到充分有效的试验验证,ARJ21-700飞机试验管理在严格遵守各种试验规范、继承项目研制试验管理的一般模式和飞机试验管理的实践基础上,利用统筹优化的思想对飞机的试验进行创新管理,建立飞机试验评估体系,通过运用统筹分析方法和试验评估体系确定飞机数十项验证试验项目,制订评估计划,在飞机研制过程中,完成所有试验的评估,实现了对飞机软件、设备和飞行程序的验证。通过运用统筹分析方法和试验评估体系,使试验项目得到优化,试验关联合理,试验项目覆盖完备、系统,并使试验资源得到合理应用,地面试验验证及时充分,有效地降低飞机的各种风险因素,促进了项目的顺利实施。

11.2 项目试验管理

11.2.1 试验概述

试验是指在型号研制和生产阶段通过种种测试手段,收集有关新项目产品的数据或资料,评定其性能和为项目管理者提供决策依据的综合过程。从广义上讲,试验工作包括在型号系统、分系统或主要部件的研究、开发、生产和使用期间的所有物理试验、建模、仿真、使用试验以及相关的分析活动。

试验可贯穿项目寿命周期全过程,按照试验内容分为综合性试验和单项(如性能、可靠性、维修性、环境适应性等)试验。按照试验对象和时机分为原理样机试验、初样试验、正样试验、设计定型试验和生产定型试验等。

综合性试验可分为研制试验和使用试验，以及一些特殊试验。

（1）研制试验。

研制试验是在项目实施过程中为工程设计和研制提供协助，验证产品是否达到规范要求而实施的试验。一般的试验由研制部门或单位规划、组织和实施。试验对象包括各种层次的产品：部件、设备、分系统、系统（包含软硬件）及其预先确定的改进方案等。除利用实际产品外，试验可能利用系统模型、样机等。通常是在相应的使用试验之前进行。

（2）使用试验。

使用试验是对研制产品在真实条件下进行的外场试验，其目的是确定当它们由典型用户使用时的效能和适应性是否满足要求。使用试验由独立的试验机构实施，承研方或承制方不介入试验。

研制试验与使用试验的区别如表11-1所示，但是两种试验并不是截然不同的前后阶段，它们在某些时候可以结合或并行进行。

表 11-1　研制试验与使用试验的主要区别

研 制 试 验	使 用 试 验
● 由项目主任监管	● 由独立的试验机构监管
● 承包商参与	● 严格限制承包商介入
● 由训练有素的操作人员进行	● 由新近培训的用户进行
● 多为单项试验，包括分系统试验，不必配套	● 整系统与配套设备的综合试验
● 在可控条件下进行	● 在实际使用环境中进行
● 按规定的技术要求进行试验	● 按用户需求进行试验
● 精确测定技术性能是否达到设计目标	● 评定系统的使用效能和适用性
● 试验件为研制品或样机	● 试验件一般采用真实产品或试产品

试验验证工作是研制和生产活动的基本组成部分，是项目管理者管理和决策的有效手段。它既是工程技术活动的重要内容，可用于发现设计缺陷并帮助研制者及时纠正；同时它又是决策过程的关键因素，可为决策部门提供客观的、可靠的数据和资料，以便进行综合分析，调整各项基本要求，降低技术风险。新设计的项目是否成熟、可靠，研制工作是否可按计划向下一阶段推进，以及产品使用可能会出现什么技术风险及其防范措施，要依靠试验过程所显示的客观状况来分析、判定。

试验工作的基本方针与原则可归纳如下：

（1）明确试验工作的目的。

要搞好试验工作，首先要明确其意义，认识到它是项目实施过程中不可缺少的管理、决策工具和技术、质量保障手段。

（2）及早拟订试验工作计划。

为统一安排和协调新项目的各种试验活动，确保在每次阶段审查与决策之前完成必要的试验工作，项目计划经理应尽早组织制订有关试验工作的总体计划和各阶段的具体计划，以保证在系统研制和演示验证阶段就能按计划顺利开展应有的试验活动。

（3）各种试验应贯穿项目研制全过程。

为了减少各个项目实施阶段的技术风险，及时、全面和准确地了解和评定新产品所达到的技术性能，在项目实施过程的各个阶段，都应开展相应的不同程度的试验活动。

（4）试验环境要严格选定。

一切试验活动都应根据实际需要和可能，从严选择试验场所和环境。研制试验要在特定的可控条件下进行，而使用试验则应尽可能在逼真的模拟环境或真实条件下进行，并尽可能充分利用现有试验设备和设施。

（5）分析与鉴定工作要注重定量标准。

在评定试验结果时，应强调采用定量衡量标准，对实验数据进行有效采集和系统分析，以便为新系统硬件和软件的分析论证工作提供真实可信的证据，确保研制成的新产品的性能与质量符合预定的标准。

（6）及时、全面地报告试验信息。

对于通过研制试验和使用试验得到的所有数据和资料，及时全面地提交给项目办公室和产品研制单位，便于进行有效的数据分析，为判断产品性能提供真实的数据支持。

（7）要妥善保管有关涉密资料。

为防止失密和泄密，在整个项目实施过程的各项试验活动中，都要采取适当的安全保密措施，对获得的有价值的关键数据、资料，及时评定适当的密级，并按保密要求严格管理。

（8）不得任意更改原定的试验计划。

试验计划一经确定，不得随意更改。如果需要调整、变动，则应由计划编制部门和项目办公室共同协调确认，保证试验计划调整与项目其他各项工作的协调性。

11.2.2　试验的流程

各种试验的过程有着不同的程序和方法，但是，试验也有通用性流程，如图 11-1 所示。

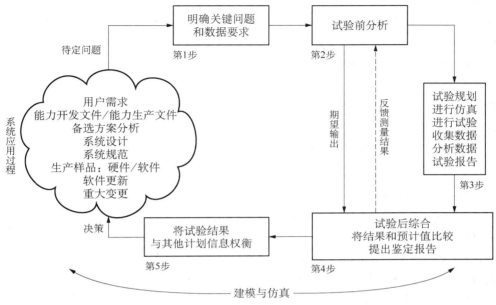

图 11-1　试验的一般流程

1）制订试验目标

目标是对被试系统进行效能和适用性的性能鉴定，以便及时了解在某一时间点系统满足用户需求的程度。这些系统根据项目阶段的不同，可以是方案、原型样机、工程样机或生产样本/生产系统。

2）试验前分析

对确定的目标进行试验前分析，确定所需数据的类型和数量、期望或预期的试验结果、进行试验所需的分析手段。在试验前分析中，可应用验证过的模型或仿真系统来帮助确定如何设计试验场景、如何建立试验环境、如何准备试验仪器设备、如何调配和控制试验资源、如何最佳安排复核试验顺序，以及如何评估结果。

3）试验活动和数据管理

规划实际试验活动、进行试验以及对确定的数据需求进行数据管理。试验管理人员确定哪些历史资料中的有效数据可以直接应用，哪些新数据必须通过试验得出。规划并实施必要的试验以积累充分的数据供分析用。要对数据完整性、准确性和有效性进行筛选。

4）试验后综合鉴定

将实测得的结果（试验数据）与预期的结果进行比较，在这一步中将数据合成信息。当测得的结果与预期结果不一致时，必须重新检查试验条件和程序以确定性能偏差是真实的还是由于试验条件的不足而引起的，如计算机仿真逼真度不够、试验保障资源不充分或不恰当、仪表仪器误差或试验过程有缺陷等。试验前,必须认真检查系统性能参数以及后勤保障条件,进行全面描述并用文件记录下来。在数据分析中,通常会采用建模与仿真的方法,以扩展对效能和适用性的鉴定。

5) 权衡比较选定措施

决策者将获得的试验信息与其他计划信息进行比较权衡,以选定一系列正确的措施。在这个过程中,可能提出对试验数据的其他需求,并就此开始新一轮的试验过程。

11.2.3　型号不同寿命周期内试验内容

1) 研制试验与型号寿命周期

(1) 立项论证阶段。

从型号项目立项到性能指标的论证过程,首先要通过建模与仿真分析任务需求,探索解决方案。在确定要进行新型号研制或在现有技术基础上进行技术改造和改进时,就要进行指标论证。在论证过程中,要进一步通过建模与仿真和某些必要而可行的试验,为论证、权衡和确定指标提供可靠基础。

(2) 方案设计阶段。

在系统研制的方案阶段,要从若干备选方案中选择、确定最好的设计方案,并进行方案设计,完成原理样机的研制和试验。其目的是在转入工程研制前评价技术和设计的应用潜力,确定可望实现战术技术指标的设计方案,以便做出转入工程研制的决策。

(3) 工程研制阶段。

依据上个阶段结束时制定的工程研制合同及其相应的工作说明和技术规范,在此阶段将进行工程样机的研制和试验。一般要进行两轮这样的研制和试验,为转入设计定型提供决策依据。美国国防部规定工程与制造研制阶段中包含合格鉴定试验,它提供用于系统评价的全面数据,证明可以进行初始使用试验或小批量生产。

(4) 生产运营阶段。

在做出全面生产决策后,还可能需要进行某些研制试验,以验证发现的设计问题的纠正情况并演示系统改进改型进入生产准备的情况。为确保按照合同规范生产,还要进行生产抽样试验,检验生产产品是否符合规范要求。

在运营阶段初期,应当进行研制试验,评估型号达到的技术性能,确保以前各种试验中鉴别的缺陷已得到纠正,为必要时提出改进或改型建议提供依据,并对这些建议进行评价。除产品设计外,运营阶段的试验内容还应当包括保障资源的到位情况,以及是否能够保证完好性和在型号剩余寿命期内的需要。使用阶段的这些试验可能需要由使用单位完成或协作完成,但就性质来说仍是研制试验与评价的部分延伸。

2）使用试验与型号寿命周期

使用试验开始于研制早期，一般要延续到型号寿命周期终止为止。

（1）方案设计阶段。

在论证阶段就要开始考虑使用试验。方案阶段进行的使用试验主要是早期使用评估，重点是考察在任务分析期间明确的缺陷。在方案阶段后期，有了原理样机，可以在进行研制试验的同时考核有关使用与保障问题，即进行研制与使用组合试验，并继续进行使用评估。这些对使用与保障方面的评价将是转入工程研制阶段的决策依据。

（2）工程研制阶段。

在此阶段，主要是由研制部门组织进行试验即研制试验；使用部门对其进行监督，不单独组织专门的使用试验。

（3）定型。

定型试验是由针对用户的试验机构进行，其中由试验场完成各种性能的试验和测试，检验系统是否达到了规定的战术技术指标并做出评价；由用户进行使用试验（设计定型）或试用（生产定型），对型号的使用、保障和适应性做出评价。

（4）运营阶段。

运营阶段试验在我国尚未系统地组织进行，也无相应的法规。实际上，运营阶段装备的试验很重要。在初步运营阶段，因为有了比较多的产品样本和使用、维修数据，用户或试验单位可以进行后续使用试验，以修正在使用前试验对系统效能和适应性的估计，特别是对国防型号的技术性能、使用与保障方面的状况做出准确的评价，并有针对性地提出完善和改进措施。

在飞机运营期间，必要时还要进行试验。目的主要是为使用、储存或是改进、更新决策提供数据基础。其评价内容仍然是以系统效能和性能为主，包括系统的战备完好性和保障能力。

运营阶段的试验，主要不是通过安排专门试验，而是尽可能在用户使用过程中积累各种真实数据。只有在没有某种数据积累的情况下，才做有限的试验以研究和解决某些专项问题。

11.3 ARJ21-700飞机项目研制试验管理

我国大飞机研制、生产的一条基本经验，就是一切经过地面试验，不带疑点上天。为加强试验工作的科学管理，保证试验高质量、高效率和高效益，团队制订了一整套的各种试验管理条例和试验技术规范。在航空工程型号研究、设计、试制、试验这4个重要的环节中，试验是确保项目目标实现的重要技术手段。大型试验一般有：总体试验、强度试验、结构试验、四性试验、航电试验、飞控试验、液压试验、环控试验、动力试验、电气试验、标材试验。

11.3.1　试验管理概述

试验是 ARJ21 - 700 研制过程的一个有机组成部分,飞机的研制试验,一般分为系统级、分系统级和单机试验,不同级别的试验在不同的研制阶段有着不同的技术和管理工作。

1) 方案设计阶段

主要进行关键技术方案的验证试验,此阶段主要试验的管理工作包括:

(1) 初步分析和评估试验项目。

(2) 确定测试条件及试验方案。

2) 初样阶段

初样阶段的试验主要是鉴定性试验,用于验证产品能否达到规定的功能和鉴定环境的适应能力。此阶段管理内容主要是对以下试验过程进行管理。

(1) 单机试验:性能试验、鉴定试验、可靠性试验和寿命试验。

(2) 分系统试验:结构分系统试验、热控分系统试验、控制分系统试验。

(3) 系统试验:系统集成、电性能测试、力学试验、热试验等。

3) 正样阶段

正样阶段的试验主要是产品验收试验,是用来证明每一件交付产品是否可接收的试验。此阶段管理内容主要是对以下试验过程进行管理。

(1) 单机级试验:交付试验。

(2) 分系统试验:各分系统联试。

(3) 系统试验:总体试验、电性能测试、力学试验等。

(4) 系统间试验:若正样技术状态与初样技术状态有较大改变,则应再做相应系统间的有关匹配试验。

4) 飞行试验管理

飞行试验是飞机试验管理中最为重要的环节之一。正在研制的飞机只有通过各项飞行试验,才能在总体上初步确定飞机的设计是成功的。

申请人的飞行试验按飞行试验的目的可分为:研发试飞和申请人表明符合性试飞两类。研发试飞(R&D flight test),是申请人对所设计的产品进行飞行性能和使用安全性的调整试飞,由申请人自行组织开展,以调整飞机状态、冻结飞机构型为目的的试飞,也称为研制试飞;申请人表明符合性试飞(show compliance flight test)是申请人按照审查组批准的型号合格审定试飞大纲开展的试飞,用于表明飞机对于民航规章的符合性,并需满足以下两个条件:申请人飞行试验所用的飞机与后来用来表明此型号设计制造符合性的飞机实质上是完全相同的,以及在申请人飞行试验之后和以后进行的制造符合性检查之前的这段时间,没有进行重大更改。

申请人表明符合性试飞可简称表明符合性试飞。

11.3.2　试验管理流程

飞机的试验飞行是一个很大的项目,需要各个方面很好地协调工作才能完成。在飞机的试验管理流程中主要分为两种方式:

(1) 申请人飞行试验流程。

(2) 局方飞行试验程序。

1) 申请人飞行试验流程

(1) 试飞单位按照设计研发中心的试飞要求编制完成试飞大纲,并获得局方批准。

(2) 设计研发中心确认飞机构型基本冻结且明确定义,与取证构型的差异不影响其用于表明条款符合性试飞,并编制针对该科目的构型评估报告,获得局方批准。

(3) 总装制造中心提交该科目的制造符合性声明。

(4) 适航管理部协调局方完成针对该科目试验前的制造符合性检查工作。

(5) 设计研发中心协调审查代表目击该试飞科目。

(6) 试飞完成后,设计研发中心负责协调审查代表对试飞结果的有效性及完整性进行快速确认。

(7) 如果后续该科目有关的构型进行更改,设计研发中心负责评估该更改对已完成科目的影响,并获得审查代表认可;设计研发中心决策是否需进行补充试飞,并获得审查代表认可。

(8) 试飞完成后,试飞单位负责编制申请人表明符合性试飞报告,设计研发单位负责会签,并提交局方批准。

2) 局方飞行试验程序

(1) 飞行试验前的工作,包括:①型号检查核准书;②试飞科目性质确定;③构型评估报告;④试飞任务单和风险评估单;⑤申请人表明符合性试飞报告或试飞结果数据(如适用);⑥试飞飞机对于型号设计的制造符合性;⑦风险管理流程;⑧试飞人员的飞行资格;⑨安全机长;⑩审定试飞会签表;⑪ 试飞工程师相关工作;⑫ 航前航后检查单;⑬ 目击审查代表。

(2) 审定飞行试验实施流程:①审定试飞计划协调;②航前准备;③飞行管理调度;④航后讲评及问题跟踪;⑤局方审定试飞结果确认及试飞报告的签署;⑥型号检查报告。

11.3.3　试验项目研制需求

1) 飞机功能验证需求

针对飞机在不同环境和状况下的飞行任务,打破分系统之间任务的界限,从整机的角度进行功能基线分析。针对功能基线中的每一项功能,提出为保证飞行任务的完成所应该进行的验证试验项目。同时,结合飞机技术状态的继承情况,分析原来已进行过的试验是否继续有效,给出是否需要专门进行验证试验的结论。

2）飞行事件验证需求

针对飞机在面对各种飞行事件下的飞行任务,通过模拟飞行和试验飞行了解飞机在设计上的不足和有待改进的地方,对技术要求有更加清晰的了解。

3）故障模式与对策验证需求

根据飞机故障模式与对策、出舱活动故障模式与对策及出舱活动应急飞行程序,对飞机的故障模式与对策主要通过总体测试进行验证。

4）飞机技术指标验证需求

对飞机任务所需的可靠性与安全性、起飞质量、有效载荷质量、乘员人数、运行时间、驾驶舱功能、照明、图像和话音、机内环境、姿态控制精度、供电、测控通信等数十项技术指标进行全面验证。

11.3.4　试验管理实践

在 ARJ21 - 700 的设计过程中,试验是其中必不可少的一个环节,它保证了飞机的质量,保证飞机每一部分能够正常地运行,也保证了飞机组装后在各种条件下的正常飞行。

1）失速飞行试验

为了验证 ARJ21 - 700 飞机对适航条款和问题纪要的符合性,申请方通过飞行试验,验证 ARJ21 - 700 飞机具备适航要求所规定的失速特性和失速警告能力。

试验成立了总指挥负责的工作团队。同时,中国商飞公司高度重视 ARJ21 - 700 飞机失速保护系统技术攻关,公司主要领导高度关注并督促解决,总师系统成立了专项技术攻关团队,每周上报工作进展。

申请方组织上飞院相关专业、试飞院试飞员和课题人员、局方审查代表、局方飞行员、乌克兰气动专家和 FAA 咨询专家等对失速试飞进行联合攻关。试飞过程中,定期召开适航审查会（每周一次）,及时将试飞结果和试飞情况与局方审查代表通报。局方审查代表对试飞方法和结果提出意见,申请方积极解决问题。

另外,中国商飞公司也正将失速试飞的经验应用在大型客机 C919 飞机设计上,该项技术是飞机设计与适航验证技术中不可或缺的组成部分,它也将为 C919 飞机顺利研制和适航取证打下扎实的基础,为公司节约设计与试飞成本。

2）飞控系统研制过程中的综合试验

在这个试验中主要在两个方向上进行:

（1）机上地面试验。

机上地面试验一般在试飞机上进行,不同阶段的机上地面试验构型要求（包括飞控系统试验件、成品件、软件等构型）由相应的试验大纲规定。试验大纲需经过CAAC审查组批准方可实施，正式试验前还需通过制造符合性检查。

（2）飞行试验。

依据《ARJ21－700飞机型号合格审定试飞大纲-飞控系统分册》要求，飞控系统试飞科目除低温条件下襟缝翼伸出试验在AC103实施外，其余科目均在AC101架实施，相应的构型要求详见架次构型评估报告。

由于飞机项目的巨大和特殊性，每一个试验都需要大量的准备。

（1）系统综合试验准备及依据。

系统综合试验一般由上飞院飞控部、国家重点实验室及相关部门完成。其中飞控部作为设计部门提出系统综合试验任务书，重点实验室作为承试部门，编制相应的试验大纲和试验程序。

系统综合试验主要包括研发试验和适航验证试验（MOC4）。针对研发试验，由设计部门提出试验任务书，由试验部门编制对应的试验大纲并完成试验实施，实施过程中需要设计人员进行跟试，及时发现并反映试验问题。所有试验不符合项均按照质量部门的规定进行归零管理。

铁鸟适航试验是根据《ARJ21－700飞机高升力系统专项合格审定计划》和《ARJ21－700飞机主飞控系统专项合格审定计划》规定，针对所有包括符合性方法4的条款设置专门试验项目表明飞控系统符合性。一般情况下，试验项目的确定必须与局方共同讨论确定。试验前，由设计部门编制试验构型评估报告提请局方批准，试验部门编制适航试验大纲提请局方批准，局方代表在试验前还需要完成制造符合性检查。试验时，局方代表根据情况安排目击试验并完成目击报告。试验完成后，试验部门编制试验报告，设计部门编制试验分析报告并提交复方批准。

（2）机上地面试验准备及依据。

机上地面试验一般由上飞院、上飞公司、试飞院、其他单位（按需）等单位共同完成。上飞院作为设计单位负责提出试验大纲，上飞公司作为承试单位完成试验，试飞院提供试验场地及设备等保障。

机上地面试验主要包括OATP试验、MOC5试验和其他专项试验。OATP试验由总装制造单位完成，试验大纲由设计部门提出。MOC5试验根据《ARJ21－700飞机高升力系统专项合格审定计划》和《ARJ21－700飞机主飞控系统专项合格审定计划》规定，针对所有包括符合性方法5的条款设置专门试验项目表明飞控系统符合性。一般情况下，试验项目的确定必须与局方共同讨论确定。试验前，由设计部门编制试验构型评估报告提请局方批准，试验部门编制适航试验大纲提请局方批准，局方代表在试验前还需要完成制造符合性检查。试验时，局方代表根据情况安排目击试验并完成目击报告。试验完成后，试验部门编制试验报告，设计部门编制试验分析报告并提交复方批准。

（3）飞行试验准备及依据。

飞行试验所涉及的组织机构包括试飞院、上飞院、试飞中心等单位。上飞院提出试飞要求，编写试飞分析报告，向局方汇报试飞进度和适航文件，试飞保障工作；试飞院编写试飞大纲、出具试飞任务单，编写试飞报告、试飞保障工作；上飞公司完成试飞保障工作。

相关的试验程序：

飞控系统试验/试飞程序严格遵守 AP-21-03R3 型号合格审定程序的规定。

飞行试验根据《ARJ21-700 飞机高升力系统专项合格审定计划》和《ARJ21-700 飞机主飞控系统专项合格审定计划》规定，针对所有包括符合性方法 6 的条款设置专门试验项目表明飞控系统符合性。一般情况下，试验项目的确定必须与局方共同讨论确定。试验前，由设计部门编制试验构型评估报告提请局方批准，试验部门编制适航试验大纲提请局方批准，局方代表在试验前还需要完成制造符合性检查。试验时，局方代表根据情况安排目击试验并完成目击报告。试验完成后，试验部门编制试验报告，设计部门编制试验分析报告并提交复方批准。

ARJ21-700 飞机 02 架全机疲劳试验在技术上处于国内领先地位，达到同类飞机国际先进水平，其积累的经验可直接应用到大型客机以及国内其他民机型号全尺寸疲劳试验中。

功能与可靠性试飞涉及全机 21 个系统，如发动机、APU、燃油、电气、飞控、液压、空调、氧气、起落架、防火、航电等，检查项目多，历时长，组织难度较大，对人员组织和试飞保障工作具有很大挑战，实施和开展难度较大，是 ARJ21-700 飞机重要的专项试飞项目之一。

结合试飞和其他审定试飞进行，共计进行 586 架次/903 小时 57 分钟，按照 5∶1 折算后为 181.55 小时，满足试飞大纲要求。专项试飞由 105 架机依据手册进行模拟航线试飞完成，在成都、贵阳、桂林、海口、福州、舟山、天津、石家庄、西安和银川 10 个机场及其航线飞行，共计进行 82 架次/173 小时 53 分钟，完成了各系统专项检查项目，满足试飞大纲要求。试飞期间发现影响 TC 问题均得到解决，试飞结果表明 ARJ21-700 飞机功能和可靠性满足相关条款要求。

压调系统运行时需要的外部输入源自总体、航电、电气、起落架、发动机等多个专业，当相关专业的设计构型发生变化时，需要仔细分析对于压调系统的功能和运行影响。此外，应该有措施保证某专业构型发生变化时，能够确实传达到相关受影响专业进行评估。在设计安全活门维修报警逻辑时，需要紧密结合安全活门的机上安装环境。传递给供应商的设计输入一定要可靠，否则容易引起设计工作反复等，若早期受制于现实情况无法提供准备输入，则该输入一定要纳入监控，在条件具备后及时进行更新。总体专业在进行飞机应急下降能力设计时，应充分考虑必要条款的要求。排气活门在地面停机状态下可能处于打开状态,因此在选择安装位置时,应避开动物可达区。试飞的构型条件要紧密结合安全性分析,系统研制和试验试飞的每个过程,都不能脱离系统的安全性分析。

ARJ21-700飞机飞控系统功能复杂、交联广泛,其试验试飞工作内容多、周期长、难度大,且无国内成熟经验可供借鉴,完全是在独立自主的情况下,通过周密的准备和探索,制订出的一整套试验试飞方案。在参试各方的团结合作和不懈努力下,飞控系统试验、试飞工作取得了很大的进展,一直在稳步有序地进行;同时,外场飞控系统表明符合性及合格审定试飞科目已经成功开飞,为后续型号的试飞工作积累了宝贵经验。本试验技术在ARJ21-700飞机适航取证过程中得到了中国民航适航当局的认可。试验任务书、疲劳载荷谱编制报告、疲劳载荷处理报告、试验大纲和阶段性试验报告及分析报告都得到了中国民航适航当局的批准。

3)飞机结构试验

ARJ21-700飞机从2003年立项到2014年的取证交付,结构专业根据自身特点规划和安排了系列的试验和试飞科目来表明飞机结构的适航符合性,按照型号审定基础的要求,与局方共同制定了4份CP,涉及复合材料闪电防护、雷达罩合格审定、起落架合格审定以及客舱安全四个方面,一共规划了28项试验室试验(MOC4)、3项研发试验、5项全机地面试验(MOC5)、4项飞行试验(MOC6),共计40项试验和试飞活动。每一项试验和试飞活动均符合相关审定要求,每一项试验活动都凝聚了申请人、制造方、试验方和审查方的智慧和心血。

通过有效的试验管理和科研人员的努力,在飞机的结构试验中获得了大量的科技成果,掌握了很多的关键技术。

ARJ21-700飞机研制试验和试飞经历了漫长的工作,通过对结构专业试验、试飞活动的总结,可以将之前取得的成功工作经验和失败教训及时记录保存下来,对后续的型号研制起到相关指导和支持作用。

结构试验试飞工作内容多、周期长、难度大,且无国内成熟经验可供借鉴,完全是在独立自主的情况下,通过周密的准备和探索,制订出的一整套试验试飞方案。在参试各方的团结合作和不懈努力下,结构专业试验和试飞工作取得了很大的进展,一直在稳步有序地进行,而且取得了一颗颗硕果,为后续型号的试验和试飞工作积累了宝贵经验。

4)全机共振试验

ARJ21-700飞机共进行两轮全机地面共振试验(GVT),分别是101架机全机地面共振试验和104架机全机地面共振试验,101架机全机地面共振试验在首飞前完成,104架机全机地面共振试验在首飞后颤振试飞前完成,试验均为适航验证试验,目的是采用机上地面试验方法测试得到飞机的固有振动特性,用以验证和修正飞机动力学计算模型。

ARJ21-700 飞机首飞前全机地面共振试验于 2008 年 9 月 26 日至 2008 年 10 月 13 日在上海飞机制造厂试飞站完成。试验为首飞前试验,试验是在 101 架飞机上进行的,取得了可靠的试验结果。

ARJ21-700 飞机 104 架全机地面共振试验于 2010 年 5 月 11 日至 2010 年 6 月 9 日在上海飞机制造有限公司完成,试验取得了可靠的试验结果。

11.4 ARJ21-700 飞机项目试验管理实践

11.4.1 试验管理创新点和经验

对于试验试飞工作,最大的建议就是要切实重视构型到位。ARJ21-700 飞机试飞工作自 2008 年 11 月 28 日首飞开始,前后历经 6 年时间,过程艰苦卓绝。在这 6 年实践过程中,项目团队深刻意识到构型管理的重要性,构型的变更直接影响到局方对试验结果的认可。为此,团队在构型管理工作中积累了大量经验,设计人员也自主开发了多个管理构型的工具软件。工程人员深刻地意识到:要保证试飞顺畅高效,就必须严格管理构型的变更。要保证试飞工作进行得顺畅高效,就务必狠抓构型落实。

试验技术管理、技术方法经验教训及建议如下。

(1)试验前要做好充分的分析和准备工作,对试验方案以及载荷和载荷谱必须做深入的分析,并与其他机型资料对比,充分讨论后确定最合理的试验方案和载荷谱;严格按照适航符合性要求编制试验相关的各种适航符合性文件,准备符合性文件的支持材料和/或证据以备面对局方的各种质疑,争取做到回答适航审查代表提出的问题时有理有据。

(2)试验相关人员应能与适航审查代表进行有效和友好的沟通,建立审查代表对团队的信任。对审查代表提出的问题不推诿、不狡辩,以事实和证据说话,对好的建议要采纳和实施;对于与审查方之间有异议的问题要积极搜集资料或进行权威性的咨询,以负责的态度找出问题的解决方案,进行合理的解释;出现问题要及时与局方沟通,做到不隐瞒、不拖拉。

(3)争取权威性外援,在试验技术和适航符合性解释上获得强有力的帮助。充分调动外部条件,利用外部的资源(国外、行业外、地方科研院校等)协助完成研制任务,为我所用。

(4)依靠团队力量解决问题。试验故障的调查和处理会涉及很多单位和部门,各相关单位和/或部门必须通力合作,才能以最快的速度做出正确的处理。对于现场重大影响故障的处理尤其体现出这一点,项目组充分发挥各部门的特长,采用现场集中办公的方式集智攻关,攻关队员精诚团结,从各个方面考虑问题,以团队的力量确保了故障的分析和处理及时、准确、可靠。

（5）及时总结试验中的经验和教训，为以后的试验提供指导和借鉴。

（6）试验过程中暴露了很多结构设计不合理的地方，均进行了设计更改，并及时总结，避免类似的设计问题在今后的型号设计中再次发生。

11.4.2　试验管理成果的意义

ARJ21-700 飞机压调系统机上试验工作始于 2010 年 7 月，结束于 2014 年 7 月，共历时 4 年。试验试飞过程中，遇到了一系列故障和技术难题，在付出了艰辛的努力后，这些故障和技术难题最终都得到了妥善解决，并以此为契机，极大地提升了压调专业的技术能力。

通过 ARJ21-700 飞机的试验试飞工作，积累了宝贵的试验试飞经验，并已经用于指导 C919 试飞要求和试飞手册编制，以及试飞改装工作。

12 ARJ21‐700 飞机项目供应商管理

供应商管理是一项复杂的系统工程,包含了丰富的管理方法、手段和技术。本章在对产业链、供应商理论和 ARJ21‐700 飞机供应商管理体系综述的基础上,全面介绍了 ARJ21‐700 飞机基于产业链模式的供应商管理体系和管理实践成果。

12.1 概述

ARJ21‐700 飞机的供应商管理,是在传统供应商管理的基础上,对其进行优化和完善后形成的管理模式。在 ARJ21‐700 飞机供应商管理实践中,创新性地引进产业链模式,采用有效的管理方法,加强信息沟通,提高文化认同和互动,促进供应商能力的培育,建立与供应商的良好战略合作关系,从而有效地加强了对供应商产品质量、进度的管理,促进了供应商专业技术水平的提高,为 ARJ21‐700 飞机项目目标的圆满实现提供了保障。

12.2 产业链概念

随着社会的发展和进步,社会分工越来越细,专业化程度越来越高,社会的生产过程日益划分为一系列有关联的生产环节,而各个产业部门或者企业只能承担生产过程中的某一段,因此就出现了经济关联。产业链的最初形成是与社会的分工本质相关的,分工让不同的人从事不同专业的劳动,经济的发展让人们的需求多样化、层次化和现代化,从而使产业的划分越来越细化,产业中的子系统之间的依赖性越来越强,从而形成一种与经济活动相关的序化结构,即产业链。

从市场角度看,随着市场秩序的逐渐完善,市场竞争日趋激烈,特别是随着全球化、知识化、信息化的到来,企业的经营活动置身于更加复杂的空间,需求不确定、竞争不确定、技术发展不确定等导致的环境不确定,对企业经营所需要的资源在质量和数量、时间和空间等方面提出了更加严格的要求,企业经营风险剧增,在全球性竞争的大市场环境下任何一个企业都不可能在所有业务上都成为最杰出者,再加上企业的资金有限性、市场网络的局限性、资源的稀缺性、技术的垄断性等一系列因素的影响,企业仅靠自身的力量很难在这激烈的市场竞争中生存和发展。在这种时代背景下,企业为了获得更多的利益,产业链这种组织模式就成了一种比较好的选择。

12.2.1 产业链类型

产业链一般分为以下几种类型。

1)层级产业链

产业链中存在一个或多个企业核心,这些核心在一定程度上对链内其他企业具有一定的控制权(非产权)。其表现为由一个或多个核心企业发起,产业链中的其他企业响应而进行合作的联盟机制。这种联盟机制是开放而非强制的结构,但核心企业在信息不对称的产业链中掌握较多信息优势(技术、需求和销售渠道等),往往拥有改变产业链产品特征,甚至调整工艺以及变动产业链协调机制的发言权。

2)短距离市场产业链

短距离市场产业链是指上下游企业双方不是以紧密合作关系进行研发、生产和销售活动,而是通过市场作为载体来沟通产业链不同环节的主体之间各种交易的产业链。而市场之所以能够成为这种产业链的合作平台,是因为处于产业链不同环节的企业都聚集在相邻或同一地域的"短距离"市场上,而不是上下游企业双方的紧密合作。

3)网络型产业链

网络型产业链是围绕核心企业,通过对信息流、物流、资金流以及知识流的控制,从采购原材料开始,通过销售网络将最终产品送到消费者手中,将供应商、制造商、分销商、零售商直到最终用户连成一个整体的功能网络结构的产业链模式。网络型产业链注重围绕核心企业的网络关系,同时强调合作企业的战略伙伴关系,是一种较高层次的产业链企业协作方式。

12.2.2 产业链特点

在产业市场、产业配套、政府政策等相关约束下,产业链通常包含有机整体性、层次性、供求关系与价值的传递性等显著特点。

1)各组成部分的有机整体性

构成产业链的各个组成部分相互联动、相互制约、相互依存,它们在技术、经济上具有高度的关联性。上游产业(环节)和下游产业(环节)之间以及与辅助组织或产业市场之间存在着大量的信息、物质、价值方面的交换关系,且它们之间具有多样化的链接实现形式。产业链上每一个环节的运作效率对整个产业链的整体效率影响越来越大,各成员企业间联系更为紧密,优势互补,相互依赖。

2)产业链的层次性

产业链之间相互交织,往往呈现出多层次的网络结构,存在主链条、次链条的区分,但这些链条都处于一定的外部支撑环境之下。一方面产业链是产业层次的表达,是指人们通过社会生产将自然资源集中、运输、处理和加工,使资源转化为产品或服务,提供给最终消费者,这些不同阶段构成了多个产业层次,它们的连接构成了产业链条。另一方面产业链是产业关联程度的表达,产业关联不仅反映了产业内各环节即上下游之间的产业纵向延伸关系,而且是资源加工深度的表达,它代表了从自然资源到最终消费之间的距离和社会资源的利用深度。产业链越长,表明加工可以达到的深度越深。随着全球一体化程度的加深,产业链中的企业协同的方式也由过去浅层的利益交易,逐渐发展成为以战略联盟、优势互补、资源共享、流程对接和文化融合为特征的深度合作。从更高的层次上说,产业链已经超出了单个区域或单体产业(企业)能力和资源范围,演变为跨区域或跨行业的概念。

3) 供求关系与价值的传递性

从供给的角度看,产业链是资源功能传递、集中、累加的手段。资源在产业链的各个环节上进行传递,并伴随着功能的传递和累加,使效用或价值在原来的基础上不断增加。从需求的角度看,产业链又是满足需求程度的反映。产业链的每个环节和结点都对其上游环节和节点提出需求,又都对其下游环节或节点进行供给。随着经济发展的细化与深化,产业链中的价值和利润正在向对价值创造起关键作用的环节集中,而且转移的范围越来越大,方式越来越多,频率越来越快。

12.2.3 产业链功能

1) 促进成本的节约

产业链各组成部分之间通过不同的模式,主要以互惠互生、协调合作为主,从而降低各种有形和无形的交易成本,特别是由于企业之间存在的长期接触可以使企业之间达成一种默契,容易建立信誉机制和信赖关系,使企业的各种机会主义行为大为减少。相互的信任使有关战略、人才、产业信息、市场知识等信息的搜集和使用成本,以及各种合约的谈判、执行和监督成本都大大降低。

2) 促进专业化效应的产生

产业链内的企业是产业链条上的不同环节,它们之间总是存在专业化分工。产业链内的企业更容易找到企业化的雇员,而雇员的专业化知识更容易使其在专业领域内有所突破,实现创新。专业化效应还表现为企业更容易获得各种供给,从而可以增强共生体内共生企业的讨价还价的能力,取得价格优势。

3) 提升对外综合竞争力

产业链作为一个有机整体,其生产方式相对灵活和多样化,这种集体的灵活性保证了对高度多样化的消费需求和投入供应的及时反馈,对新技术和市场信息的快速吸收,以及对劳动力资源的有效使用、培训和分配。产业链的优化使上下游的产业得以配套、产业分工细化、各环节得以科学分工,从而降低企业的生产成本和经营风险,并取得显著的效益。产业共生体内各共生单元对外往往共用一定地域品牌,具有强大的广告效应,无论是在与国内其他企业竞争,还是参与国际竞争时,均可以以整体形象推出,共享信誉,并凭借对外综合竞争力获得优势。

4) 增强抗风险能力

产业链能集聚大量的中小企业,它们之间在技术上既替代又配套,在市场上既竞争又合作,互相创造需求又共同向着更高水平迈进。产业链的培育与优化将增强产业和区域经济的抗风险能力,加快融入世界经济的步伐,能在整体上参与国际竞争。同时,产业链符合可持续发展的要求,形成上下游关联、产品互补、资源互补、功能互补的产业链条。从产业发展的内在逻辑上分析,这种互补式链条可以发挥稳定区域乃至一国的经济发展的作用。

12.2.4　供应链管理

1) 概念及意义

进行供应链管理,使供应链运作以最少的成本达到最优化,令供应链从采购开始到满足最终客户的所有过程,包括工作流、实物流、资金流和信息流等均能高效率地运作,把合适的产品以合理的价格及时准确地送达消费者手上。

供应链管理是一种集成的管理思想和方法,它执行供应链中从供应商到最终用户的物流计划和控制等职能。从单一的企业角度来看,是指企业通过改善上、下游供应链关系,整合和优化供应链中的信息流、物流、资金流,以获得企业的竞争优势。

供应链管理是企业的有效性管理,表现了企业在战略和战术上对企业整个作业流程的优化。整合并优化供应商、制造商、零售商的业务效率,使商品以正确的数量和品质、在正确的地点、以正确的时间和最佳的成本进行生产和销售。

一个公司采用供应链管理的最终目的有三个:

(1) 提升客户的最大满意度(提高交货的可靠性和灵活性)。

(2) 降低公司的成本(降低库存,减少生产及分销的费用)。

(3) 企业整体"流程品质"最优化(错误成本去除,异常事件消弭)。

2) 基本要求

(1) 信息资源共享。信息是现代竞争的主要后盾。供应链管理采用现代科技方法,以最优流通渠道使信息迅速、准确地传递,在供应链上的和企业之间实现资源共享。

(2) 提高服务质量,扩大客户需求。供应链管理中,一起围绕"以客户为中心"的理念动作。消费者大多要求提供产品和服务的前置时间越短越好,为此供应链管理通过生产企业内部、外部及流程企业的整体协作,大大缩短产品的流通周期,加快了物流配送的速度,从而使客户个性化的需求在最短的时间内得到满足。

(3) 实现双赢。供应链管理把供应链的供应商、分销商、零售商等联系在一起,并对之进行优化,使各个相关企业形成了一个融会贯通的网络整体。在这个网络中,各企业仍保持着个体特性,但它们为整体利益的最大化共同合作,实现双赢。在供应链管理的发展中,有人预测,在未来的生产和流通中,将看不到企业,而只看到供应链。生产和流通的供应链化将成为现代生产和流通的主要方式。

3) 管理特征

(1) 顾客权力。不断增加的顾客权力对供应链的设计和管理有重要的影响。因为顾客需要和期望相对迅速,供应链应该快速和敏捷,而不是缓慢和僵化。

(2) 长期定位。运作良好的供应链从整体上提高单个公司和供应链的长期绩效。对长期绩效的强调表明供应链应该与供应商、顾客、中介和服务性企业等不同的参加者采取长期而不是短期合作。重要的是,长期定位更看重关系型交换,而短期交换倾向于交易型交换。

(3) 杠杆技术。可以说杠杆技术是对供应链产生影响的变化的中心,计算能力和互联网这两个主要因素促成了大部分的变化。

(4) 跨组织沟通的增强。因为供应链依靠大量的实时信息,因此信息能够在组织间无缝传递是非常必要的。

(5) 库存控制。供应链管理的另一个特征包括库存控制范畴下的各种活动。在供应链中库存控制的一个方面是从间断模式转变为连续流。

(6) 组织间协作。因为供应链管理的一个主要目标是从整体上优化供应链的绩效,而不是优化单个企业的绩效,因此供应链的参加者之间的协作非常重要。

12.3　供应商管理

供应商管理是项目物资管理的核心内容和关键环节,它对企业的采购乃至生产起到至关重要的作用。

(1) 供应商管理有助于提高客户对需求和服务的满意度。

目前很多顾客与供应商之间仍然是相互对立而非合作伙伴的关系,都是希望减少自己的要素投入来实现利益最大化。只有加强供应商管理,使采购方与合格的供应商建立起合作伙伴关系,实现信息共享,才能达到低成本、高柔性、高效率的目标。

(2) 供应商管理有助于提高供应商对客户需求反应的敏捷性。

零库存管理、敏捷生产、精益物流等逐渐成为生产领域、流通领域的主要管理模式。在这样的环境中,只有加强供应商的管理,使采购方与供应商建立合作伙伴关系,才能提高供应商对客户需求反应的敏捷性。

(3) 供应商管理有助于保证采购质量,降低采购成本。

供应商产品的质量是客户生产质量和研发质量的组成部分,供应商的质量管理体系同时也就是客户的质量管理体系,所以加强供应商的管理、选择合适的供应商,使供应商在竞争环境中保持提高产品质量、合理降低成本的竞争状态,对保证采购质量、降低采购成本有积极的意义。

12.3.1 供应商类型

为了保证企业的运营,企业需要对原材料、零部件、设备、办公用品以及其他产品或服务进行采购。供应商是指为企业生产和科研单位研发提供原材料、设备及其他资源的企业。

由于采购内容的不同,企业与供应商的关系也相应地有不同的类型。

1) 短期目标型

这种类型的最主要特征是双方之间的关系是交易关系,虽然他们希望彼此能保持比较长期的买卖关系,获得稳定的供应,但是双方所做的努力只停留在短期的交易合同上,各自关注的是如何谈判、如何提高自己的谈判技巧,而不是如何改善自己的工作,使双方都获利。供应商一方能提供标准化的产品或服务,保证每一笔交易的信誉,当买卖完成时,双方关系也终止了。对于双方而言,只有业务人员和采购人员有联系,其他部门人员一般不参与双方之间的业务活动。

2) 长期目标型

长期目标型的特征是建立一种合作伙伴关系,双方的工作是从长远利益出发,相互配合,不断提高产品质量与改进服务,降低成本,提高竞争力。同时,合作的范围遍及公司内的多个部门。例如,由于是长期合作,企业可以对供应商提出新的技术要求,而如果供应商目前还没有这种能力,采购方则可以对供应商提供技术、资金等方面的支持。供应商的技术创新和发展也会促进企业产品改进,所以这样做有利于企业长远利益。

3) 渗透型

这种关系形式是在长期目标型基础上发展起来的,其管理思想是把对方公司看作自己公司的延伸,是自己公司的一部分,因此,对对方的关心程度又提高了。为了能够参与对方的业务活动,有时会在产权关系上采取适当的措施,如互相投资、参股等,以保证双方利益人介入对方的有关业务活动。这样做的优点是促进相互了解,供应商可以了解自己的产品在客户方是怎么样起作用的,以发现需要改进的地方,而采购方也可以具体地知道供应商的生产流程、产品是如何制造出来的,并可以对此提出相应的改进要求。

4) 联盟型

联盟型的特点是着眼于更长的纵向链条上管理成员之间的关系。另外,由于成员增加,往往需要一个处于产业链上核心地位的企业出面协调成员之间的关系。

5) 纵向集成型

这种形式被认为是最复杂的关系模型,即把产业链上的成员整合起来,像一个整体,但各成员是完全独立的企业,决策权属于自己。在这种关系中,要求每个企业在充分了解产业链的目标、要求,在充分掌握信息的条件下,自觉做出有利于产业链整体利益的决策。

12.3.2　供应商管理基本过程

1）供应商信息管理

供应商信息管理首先是根据企业的需求，建立并使用系统化的采购信息档案，建立一个供应商信息数据库，对供应商信息，包括分析市场和供给需求，动态分析公司的采购状况，如市场份额、可得生产能力的百分比、价格、贸易条件、规格等进行系统的管理；审查市场动态，如供应商地点、供应能力的变化、公司竞争对手的采购行为，替代物品的可得性；研究行业结构变化，如供应商的所有权变化、一体化程度、拥有的新技术；评估竞争者采购行为，如采购更低的购买价格后的利润、供应商规模的大小、长期及短期采购策略等；建立成本和价格模式，发展相对价格的成本概念，确定所采购原料的成本驱动因素；建立成本模型，模拟原料历史、将来成本价格动态，预测关键成本驱动因素引起的价格动态；预测供应商的成本和利润；查看运费和关税的相关影响；进行价格预测，如利润趋向等；市场信息要点；将成本模型应用于供应商的报价分析；确定影响采购策略和谈判的主要因素等。

2）供应商选择

供应商的选择是企业的一个重要决策，一个好的供应商应该拥有生产所需原材料质量的技术，拥有生产所需原材料数量的供应能力，以及能够在经营获得利润的同时提供有竞争力的原材料。同一产品在市场上的供应商数目越来越多，供应商的多样性使得选择变得更复杂，因此需要一个规范的程序来操作。供应商选择程序一般包含成立供应商选择和评估小组、收集供应商信息、对供应商进行选择和评估、对备选供应商进行详细的考察等过程。

3）谈判

供应商选择好之后就进入实质性的谈判阶段。谈判是有效采购的关键，通过谈判制定一个双方认可的合同价格，并且协商解决多变的、不可预见的商业问题。企业需要通过确定目标、有效计划和使用正确的谈判技能来提高与供应商谈判的效果。

4）合同签订

谈判成功后企业与供应商签订采购合同，采购合同是指供需双方在执行物资供应或协作活动中，自愿签订的一种具有法律效力的契约，是市场经济条件下企业间经济联系的主要形式，也是企业落实货源、确立与供应商供需管理的纽带。

5）供应商管理过程控制

在采购业务过程中对供应商进行具体控制和管理。采购员与供应商密切联系，定期与对方的生产计划员沟通，确保双方都能及时掌握物料需求变动及物料可得情况，建立和供应商共同进行物料管理的方法，与供应商一起制订存货策略和责任制，讨论交货装卸方法及其细节，建立数量验证和查询制度。

6）"双赢"关系管理

"双赢"关系已经成为产业链上企业之间合作的典范，因此要在采购管理中体现产业链的思想，对供应商的管理就应集中在如何和供应商建立"双赢"关系以及维护和保持"双赢"关系上。要保持长期的双赢关系，对供应商的激励是非常重要的。没有有效的激励机制，是不可能维持良好的供应关系。在激励机制的设计上，要体现公平一致的原则，使供应商和企业分享成功，同时也使供应商从合作中体会到"双赢"机制的好处。

7）供应商评估

对供应商进行评价，使供应商不断改进。对供应商的评价要抓住主要指标或问题，比如交货质量是否改善了、交货期是否缩短了、交货的准时率是否提高了等，通过评价把结果反馈给供应商，和供应商共同探讨问题产生的源头，并采取相应的改进措施。

12.3.3　供应商管理方法

供应商管理的主要内容包括供应商的选择及供应商合同管理等。

1）供应商选择

供应商选择的管理方法包括定性选择法和定量选择法。定性选择法主要包括直观判断法、招标法和协商选择法，定量选择法包括采购成本比较法等。

（1）直观判断法。

直观判断法是根据对采购人员的意见征求及对供应商进行调查得到的资料，结合企业自身的分析判断，对供应商进行分析、评价的一种方法。这种方法主要是倾听和采纳有经验的采购人员意见，或者直接由采购人员凭经验做出判断，定性地选择和评价供应商。这种评价供应商的方法直观且简单易行，但主观性较大，常用于选择非主要原材料的合作伙伴。

（2）招标法。

招标法是由企业提出招标条件，各投标人进行竞标，然后由企业决标，选择最佳的供应商。招标法可以是公开招标，也可以是指定竞标。公开招标对投标者的资格可不予限制；指定竞标则由企业预先选择若干个可能的合作伙伴，再进行竞标和决标。招标方法竞争性强，企业能在更广泛的范围内选择合适的合作伙伴，以获得供应条件好、便宜且适用的原料。招标法可以保证采购到最优的原材料的同时，采购活动对所有的投标人都公开、公平与公正。但招标法也有一些缺点，如招标手续比较繁杂，时间长，不能适应紧急订购的需要；订购机动性差，有时订购者对投标者了解不够，双方未能充分协商，造成货不对路或不能按时到货。当订购数量大、供应商竞争激烈时，可采用招标法来选择适当的合作伙伴，与最优的供应商签订合同或协议。

（3）协商选择法。

协商选择法是由企业先选出供应条件较好的几个合作伙伴，同他们分别进行协商，再确定适当的合作伙伴。与招标法相比，协商方法由于进行协商，在物资质量、交货日期和售后服务等方面较有保证，当采购时间紧迫、投标单位少、竞争程度小，订购物资规格和技术条件复杂时，协商选择法比招标法更为合适。但协商选择法也有缺点，由于选择范围有限，不一定能得到价格最合理、供应条件最好的供应来源。在供应商较多、企业难以抉择时，可以采用协商选择的方法。

（4）采购成本比较法。

采购成本比较法是通过计算和分析针对各个不同的供应商的采购成本，选择采购成本较低的供应商的一种办法。对质量和交货期都能满足要求的供应商，可以通过计算采购成本来进行比较分析。采购成本一般是售价、采购费用、运输费用等各项支出的总和。通过计算不同供应商的采购成本，选择采购成本较低的供应商。

2）供应商合同管理

供应商合同管理的主要方法和工具包括合同磋商、合同变更控制系统等。

（1）合同磋商。

合同磋商是合同签订前的步骤，包括对合同结构和要求的澄清和讨论。最终的合同文本应反映所有已达成一致的意见。合同的内容涵盖（但不局限于）责任和权利、适用的条款和法律、技术和商业管理方案、合同融资以及价格。

对于复杂的采购条款，合同磋商应是一个独立的过程，该过程有自己的输入（如一个问题或公开项目表）和输出（如备忘录）。

（2）合同变更控制系统。

合同变更控制系统用于控制合同修改的过程。它包括文档工作、追踪系统、争议解决程序和授权变更的批准等级等。合同变更控制系统应与整体变更控制系统相匹配，是整体变更控制系统的一个组成部分。

12.4　ARJ21‐700 飞机项目供应商管理

12.4.1　供应商范围

ARJ21‐700 飞机供应商是一个庞大的、非线性的网络型组织，它由主承包商来负责组建，由主承包商、分包商、零件（组件）供应商等协同完成项目产品的研发、设计与制造。

主承包商是指 ARJ21‐700 飞机研制的主要承担单位。

分包商是指承担 ARJ21－700 飞机的分系统、子系统研制的单位,具有较强的研发和合作创新的能力。

零件(组件)供应商是指为 ARJ21－700 飞机研制的主承包商、分承包商、子承包商提供零部件或者部组件供应的企业。

ARJ21－700 飞机供应商是分包商和零件(组件)供应商的统称。根据 ARJ21－700 的技术与管理特点,ARJ21－700 飞机的采购,既包括分、子系统的分包采购,也包括部组件、零部件的零星采购,因此对供应商的管理过程是十分特殊和复杂的,具体表现在以下几个方面:

(1) ARJ21－700 飞机采购的分系统、部组件、零部件,其需求通常是小批量、短周期、高质量、高可靠性的,供应商的资产专用性投资大,导致制造/购买决策难。

(2) ARJ21－700 飞机采购的分系统、部组件、零部件,定型产品少,研发性、技术攻关性产品多,要求供应商的科研能力强,并能够在该研发领域投资。

为了满足 ARJ21－700 飞机的采购管理需要,建立规范的供应商管理模式,使供应商能够积极地参与项目的设计工作中,形成新型的合作关系是十分必要的。

12.4.2 供应链管理团队

供应商管理的组织模式,按照项目所处的不同阶段,采取不同的管理模式,从最初的职能化管理模式,到探索项目经理模式,最后配合公司项目管理改革,全面融入公司各级 IPT 团队,并在此过程中充分发挥采购与供应商管理系统的主动性和积极性,最终形成独特的供应链管理模式。

1) 从职能化的区域管理到团队式的项目管理

(1) 最早的职能化管理模式。

公司成立伊始,总部和三大中心分别设立了采购与供应商管理部门,作为项目研制过程中牵头开展供应商协调、组织以及合同管理的职能部门。同时,设计、制造、客服、质量、适航等各业务条线,按照各职能划分,各自开展与本业务相关的供应商管理有关工作。

职能化管理模式的组织结构如图 12－1 所示。

(2) 成立供应商项目管理团队。

随着项目研制工作的逐渐深入,单纯的职能化管理模式由于横向间协调的缺陷,逐渐无法适应管理需要。从 2011 年开始,国际合作与供应商管理部(简称国合部)组织成立供应商项目管理团队,通过团队解决内部协调问题,进而加速与供应商的沟通、协调乃至决策,成为一种新的模式。

在项目管理团队模式下,由项目经理牵头、设计研发中心委派工程经理、质量系

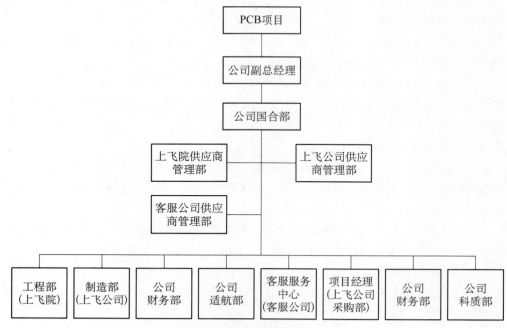

图 12-1　职能化管理模式组织图

统委派质量经理、适航系统委派适航经理、总装制造中心委派采购经理和制造经理、客户服务中心委派客服经理进入团队，共同开展协调和管理工作，项目经理由上飞公司采购经理担任。

2012 年，随着 ARJ21-700 项目进入适航审定试飞（TIA）阶段，工程更改、试飞试验、供应商资源协调等方面的任务日益繁重和复杂，为了更有效地协调内部与外部资源，供应商项目经理的职位转换为国合部人员担任。

在 2013—2014 年间，ARJ21-700 项目共成立了 19 个供应商管理团队，覆盖了 ARJ21-700 项目 19 个机载系统。

项目管理团队历经几次变化，尤其是项目经理作为团队中最重要的成员，由哪个单位或部门派出，才能最好地带领团队开展工作，是困扰采购与供应链系统很长时间的问题。在 ARJ21-700 项目试飞阶段前期，项目经理由上飞公司采购部人员担任；从 2012 年起的试飞取证阶段，则由总部国合部人员担任。

但是，无论由哪个部门人员担任项目经理，项目管理团队模式下的组织结构保持不变，基本如图 12-2 所示。

2) 从独立化的项目管理到集成式的供应链管理

从 2014 年起，公司开始全面推行矩阵式项目管理模式，整个 ARJ21-700 项目研制团队，自上而下组成若干一级、二级、三级团队。而采购与供应链系统融入公司

图 12-2 供应商项目管理团队模式图

管理体制改革大潮则是顺应潮流、水到渠成。

2013年,为了开展好供应商管理团队的工作,国合部组织公司三大中心的采购与供应商管理部门,抽调精兵强将,先后在团队中担任了供应商系统项目经理、采购经理、供应链经理、客服经理,人员规模达到32人。为了配合公司的IPT团队成立,采购与供应链系统将这些人员再次优化组合,并进行加强,全面派入各级IPT团队中。同时,为了帮助IPT团队中采供系统人员更好地开展工作,国合部编制了《采购与供应链管理系统人员IPT团队工作管理规定》《采购与供应链管理手册》,从分工、职责、机制、工作要求、工作流程等方面,指导IPT团队成员更好地履行职责、完成任务、服务项目。

与供应商管理团队不同,IPT团队模式下,涉及机载系统研制的各级IPT团队队长一般由设计研发中心人员担任,采购系统人员担任供应链经理、采购经理、合同经理、客服经理等。虽然团队体制有所不同,但是经过几年供应商管理团队的锻炼,采购系统人员在IPT团队日常工作中发挥出积极有效的作用,较好地完成了IPT团队的相关工作。

3)驻国外供应商现场CRT团队

从2014年下半年开始,既是为了加强对C919供应商的现场管控,也是为了加快与ARJ21-700供应商的沟通协调,公司开始组建驻供应商现场工作团队,到供应商的现场去协调和开展工作。

在ARJ21-700项目的研制历程中,从2010年8月至2011年2月,COMAC仅由供应商管理人员派驻在供应商现场工作,但是效果并不明显。而这一次的派驻,则包括工程设计、质量、适航、供应链管理、采购管理的人员组成一个团队,将整个团队派往美国和欧洲,并在美国、欧洲循环走访供应商,在每家供应商停留3天到1周;或结合实际需要,停留更长时间。2014年10月,经过充分的准备,第一批COMAC驻供应商现场工作团队CRT(COMAC Resident Team)终于成行。第一批派出的美国团队由7人组成,欧洲团队由6人组成。

CRT团队的派驻,起到了两个方面的作用。一方面,基本达到了原先预想的效果,通过CRT与供应商直接开展现场协调和管理,给予供应商一定的压力,推动供应商工作的开展；另一方面，探索了派驻国外工作的相关模式和机制，从任务下达、工作汇报、与供应商关系处理、具体问题协调渠道、保障机制等各个方面，摸索出了一条较为可行的道路，编制了一系列的现场工作手册，指导 CRT 成员开展工作。

可以说，CRT 模式的探索，是 C919 项目和 ARJ21 - 700 项目为公司供应商管理体系建立的又一项新的模式和工具。虽然 CRT 模式只在 ARJ21 - 700 项目研制尾声才推出，但却为后续项目的供应商批产管理奠定了坚实的基础。

4）人员培训

由于供应商管理团队的建设以及公司推行项目管理制度的要求，传统的职能化管理已经无法满足项目的要求。为此，采购与供应链管理系统积极组织各类培训，以提高人员的技能，激发人员的潜力。从实际情况来看，有几类培训取得了较好的成效。

第一，是团队凝聚力的培训。通过组织拓展训练和高效团队培训，采供系统的凝聚力得到了加强，尤其是总部与中心之间人员互相熟悉、互相了解，进而在工作中互相协助、互相补台。

2013 年 1 月 29 日，国合部组织供应商项目管理团队约 80 人参加了 EMERGE 公司提供的项目管理团队凝聚力培训，培训中以团队形式进行的各种挑战和任务充分地调动了各个成员的团队意识，增强团队的协同力，并增进团队的交流，取得了很好的效果。

2013 年 9 月 13—14 日，首先，组织三大中心供应商管理系统主管领导和国合部全体员工共 30 余人进行"4D 领导力培训"。4D 领导力系统以卡尔·古斯塔夫·荣格(Carl G. Jung)的"人类天性"理论为基础，形成两个坐标：基于情感和逻辑的决策以及基于直觉和感知的信息获取。对于领导者而言，"4D"代表着 4 种领导力维度的策略。在商务与生活中，人们会很自然地运用一套自我的行为策略，并倾向于与该策略相匹配的人合作。通过此次培训，增强了团队面对挑战与压力的能力和应对策略，团队合作的效率明显提升。

第二，是项目管理培训。虽然传统意义上的采供系统以接收指令、实施采购为主业，但是在项目研制阶段，采供系统全面深入地开展供应商项目管理，没有足够的项目管理技能是无法胜任这一工作的。因此，在采供系统中积极推进项目管理培训，有效地促进了供应商管理工作的开展。

从 2013 年开始，国合部派出所有供应商项目经理共 10 人参加 PMP 培训，并全部通过了 PMP 考试资格认证。PMP 是项目管理专业人士资格认证。它是由美国项目管理协会(Project Management Institute, PMI)发起的，是严格评估项目管理人员知识技能是否具有高品质的资格认证考试。其目的是为了给项目管理人员提供统一的行业标准，全面提高了国合部供应商项目经理的专业素质。

第三，是适航、质量、构型管理，甚至是设计、制造的专业培训。这些培训，极大地提升了采供系统人员的整体素质，帮助采供系统人员在开展供应商项目管理中，一定程度上发挥了项目经理的作用。

同时,充分利用供应商资源,为我方提供各类专项培训。包括 GE、霍尼韦尔、UTC、派克宇航和柯林斯等国际知名供应商给我方提供了专项的培训。

12.4.3 供应商管理文件体系及管理机制

ARJ21-700 项目供应商管理,基本形成了一套完整的管理文件,现已成体系,指导供应商管理工作。这套管理文件体系,由内部管理程序和外部管理要求两部分组成。

1) 内部程序

供应商管理程序,是公司内部开展供应商管理相关工作所依据的操作流程。ARJ21-700 项目梳理了货源开发、供应商选择、合同管理、研制阶段供应商履约管理、采购实施和供应商绩效管理六大方面的内部管理程序。供应商管理内部程序文件汇总如表 12-1 所示。

表 12-1 供应商管理内部程序文件汇总

序号	文 件 名
1	供应商管理工作任务管理程序
2	国外供应商信息征询程序
3	国内潜在供应商信息征询管理办法
4	国外供应商邀标书编写和发放程序
5	国内供应商招标书管理办法
6	国外供应商招投标管理办法
7	供应商绩效评估管理办法
8	供应商管理办法
9	供应商通信交流管理程序
10	货源开发与维护程序
11	供应商项目专项审核程序
12	供应商选择的准则和标准
13	研制阶段推进系统及机载系统供应商所需试验件管理程序
14	民用飞机项目对供应商信息发布程序
15	采购过程控制程序
16	推进系统及主要机载系统/设备合同编写、谈判及签署程序
17	推进系统及主要机载系统合同更改程序
18	供应商通信交流程序
19	供应商信息报送程序
20	ARJ21-700 飞机项目研制合同重大更改谈判管理办法

2) 对外要求

供应商管理要求,是对供应商的要求,规定了供应商应如何履行合同中规定的相关义务与责任。对供应商的管理要求,目前从合同和供应商管理要求文件(GYG文件)两个方面予以规定。在与供应商签署的合同中,主要从产品的研制、交付和服务出发,规定了供应商应承担的责任和要履行的义务。而在 GYG 文件中,则明确了供应商的具体工作程序。目前,公司共制订了 45 份 GYG 文件(见表 12‐2),从质量、适航、工艺、工装、物流、制造、构型、采购等各方面进行了规范。

表 12‐2　供应商管理要求文件(GYG 文件)

序号	文 件 名 称
1	机体供应商数据交换通用要求
2	包装、储存、防护、搬运和接收的通用规定
3	机体供应商制造类关键技术攻关项目管理办法
4	工艺源的评审与批准
5	机体供应商已交付产品质量问题
6	机体供应商不合格品控制规定
7	机体供应商未完工项目在买方区域装配、试验及检验的管理规定
8	供应商业绩评估和分级管理规定
9	供应商驻买方代表的职责和管理规定
10	总装现场短缺件的订货
11	供应商纠正措施通知及质量问题归零
12	机体供应商产品交付文件管理规定
13	材料代用单管理规定
14	飞机部件制造工艺方案编制规定
15	供应商通用要求
16	数字化制造数据接收、发送的控制
17	供应商产品交付规范书管理规定
18	在买方区域实施供应商项目的管理规定
19	制造物料清册(MBOM)的管理规定
20	国外供应商货源检验授权管理规定
21	委托代表签署制造符合性声明管理规定
22	国外供应商未完工项目交付管理规定
23	机载系统和成品供应商不合格品控制规定
24	国内供应商制造符合性检查协调管理规定
25	机载系统和成品更改实施管理规定
26	国外供应商产品接收、检验及转运管理规定
27	飞机部件检测方案编制规定
28	供应商质量管理体系评审
29	供应商数字化产品定义质量保证规定
30	机体供应商计划管理规定
31	基于成熟度的制造实施管理规定

（续表）

序号	文　件　名　称
32	供应商培训管理办法
33	机体结构件供应商质量考核办法
34	标准工艺装备管理规定
35	工艺装备设计、制造、验收及管理规定
36	工艺技术评审及工艺文件报批管理规定
37	工艺性审查及会签管理规定
38	飞机零部件互换与替换检查规定
39	供应商工程更改的协调、实施管理
40	飞机完整性协调规定
41	供应商项目的交付和运输
42	装配大纲（AO）编制的通用规定
43	制造大纲（FO）编制的通用规定

3）管理机制

除了上述管理程序，在日常工作中，公司采取了一系列措施和机制进行供应商管控。

（1）建立完善的供应商沟通机制。

为了做好与供应商的沟通工作，除了建立日常沟通的项目协调备忘录（PCM），管理协调备忘录（MCM）和工程协调备忘录（ECM）制度以外，公司还着力打造供应商大会、供应商中期检查会、供应商项目回顾会、供应商检查会等会议平台。

每年3月份召开公司COMAC供应商大会。公司邀请所有项目（目前为ARJ21-700项目和C919项目）的推进系统、机载系统、结构件、原材料、标准件等供应商参加大会。大会采用"1+2+N"形式举行。"1"即一个大会，向供应商介绍公司发展状况、市场开发、项目进展、质量要求、适航要求、供应商管理要求等；"2"为ARJ21-700项目和C919项目会议，向供应商通报项目研制计划及工作安排；"N"为每个项目的各个系统召开的系统分会，与各供应商讨论系统工作计划、解决问题的措施和具体行动项。

a. 供应商中期检查会

每年6—9月召开中期检查会，集中检查供应商工作进展和供应商大会各系统分会所制订的行动项，解决供应商研制工作中的问题。

b. 项目回顾会

国合部领导组织工程、适航、质量、商务、客服等对系统供应商的工作进行全面评估，找出问题，确定双方行动项。

c. 项目检查会

公司领导、国合部领导、项目副总师等带团赴国外供应商现场检查各工作包的研制进展。

同时，还建立了与供应商的高层互访机制，并通过电话会议、视频会议、微信群等手段，加快沟通交流的速度。上述手段的采用，不断地完善与供应商的沟通平台，保证了与供应商之间的高效合作。

（2）建立供应商评估机制。

公司建立了较为完善的供应商评估机制，包括评估与评价两个方面。其中，供应商评估除了在货源开发和供应商选择过程中的货源评估和初始评估，更重要的是建立定期评估和专项评估机制。对于机体、系统、材料标准件供应商，均在初始评估通过或有条件批准后，纳入中国商飞公司批准的供应商清册（ASL）中，并对清册中的供应商进行定期评审，只有评审合格的供应商才能继续保持其合格供应商的资质。针对机体供应商，每年度组织质量体系和特种工艺评审，以确保供应商的质量体系和特种工艺能力符合中国商飞公司的要求。

对供应商的评价，则是基于公司的供应商绩效评价制度，每月对供应商在项目管理、进度、技术、质量、交付、服务等方面的表现进行绩效考核，并将考核结果向供应商发布。

（3）启用供应商绩效提升机制。

基于对供应商日常绩效评价的情况，公司建立了对绩效不佳的供应商的绩效警示机制，对于严重影响进度、合作态度不积极、支持力度不够、重复问题屡犯的供应商按照等级发放供应商绩效警示单。绩效警示单共分三级，分别由国合部或三大中心领导、公司主管副总经理或项目总经理、公司董事长或总经理签发，对应供应商相应的高层，通过高层的协调，以促进供应商的工作，提升供应商的绩效。

（4）建立双向的信息交流机制

公司每季度向供应商发布 COMAC NEWS（见图 12 - 3），每月向供应商发布供应商绩效报告；供应商每月向我方提交合同执行情况通报，与 IPT 团队共同编写、研制周报和日报。通过建立这些双向的信息交流机制，既向供应商发布了我方的研制进展，利于供应商有效安排资源，又能及时了解供应商工作进展，以便督促和协调、解决供应商存在的问题。

12.4.4　供应商管理工具

除了建章立制，形成一套供应商管理文件体系和管理机制外，国合部还组织建立了多种供应链管理工具，配合进行供应商的管理工作。

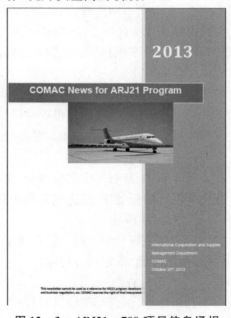

图 12 - 3　ARJ21 - 700 项目信息通报
（COMAC News）

1) COMAC News

COMAC News 又称"供应商信息通报",其作为供应商了解公司动态的正式途径之一,在项目发展阶段应运而生。它以新闻、简讯的形式,定期向供应商传递我公司的动态、两个项目的进展以及供应商月度排名等信息。

供应商信息通报按季度发出,每期以 C919 和 ARJ21-700 两个项目为主线,结合当季度公司主要发展新闻、供应商绩效考核结果,形成报告。其中,公司级新闻指公司对外交流、沟通、主要成绩等;两个项目新闻主要指在该阶段内公司两个主要项目 C919 以及 ARJ21-700 的主要进展,例如 C919 项目的机体对接进展、ARJ21-700 项目的试验试飞信息等;供应商绩效考核是指在该季度中,各供应商以工作包为单位,在供应商管理工具(简称"SMART",下文有详细介绍)中所得分数及排名。当遇重要节日、重要节点时,公司领导也会受邀为 COMAC News 致辞,向供应商表达问候、传递信心。

自创办以来,COMAC News 在供应商中反响热烈,它将新闻报道与实时数据相结合,使供应商在了解公司大事、项目进展的同时,及时掌握两个型号的最新状态,做到双方团队项目信息透明,增强团队契合度。

2) SMART 平台

SMART 平台全名为"供应商实时管理系统",是中国商飞公司的五大管理工具之一。顾名思义,该平台主要功能即为"供应商管理",且其中信息均为实时更新,是一个可通过互联网进行登录的平台(见图 12-4)。

图 12-4　SMART 平台登录界面

作为供应链管理的有力辅助工具,SMART平台至今已更新至4.0版本。该工具通过对C919、ARJ21-700两个项目的"项目计划""开口问题""风险管理"以及"供应商绩效考核"四大板块,来对供应商在项目中的日常工作进行管理、监控。

SMART平台实现了我方与供应商团队的信息交互,使双方能够实时地在平台中进行操作,从而得到信息。

目前,SMART平台在供应商与中国商飞双方的团队中起到了重要的作用,如何将日常工作用现代化的平台进行管理,也成了双方团队在日常交流过程中经常讨论的主题。

3) 供应商门户(Supplier Portal)

根据型号项目研制和供应商管理需求,中国商飞开发了主制造商-供应商协同工作门户。门户建设原则是数据源唯一、数据访问统一、访问入口统一、使用方便,主要实现以下功能:

统一的网络接入方式,通过SSL VPN实现了外网移动接入;统一业务功能入口,集成了IDEAL/CPC/SMART/FRR/文档中心等业务子系统;统一登录账号及账号申请方式;统一待办工作及消息通知入口;统一供应商数据接收方式;统一搜索。

4) 警示单(Warning Sheet)

供应商管理过程中,当供应商反复出现重大问题,现场协调、中高层协调均无结果时,COMAC将以警示单(Warning Sheet)的形式,与供应商高层就此问题进行沟通。供应商在收到中国商飞发出的警示单后,必须书面提出解决方法。

12.4.5　ARJ21-700项目国外系统供应商

ARJ21-700项目共有20家国外供应商,分别来自美国、法国、德国、奥地利和瑞士5个国家,为型号提供了24个具有研发系统产品。

12.4.6　供应商工程管理

飞机研制阶段系统供应商工程管理工作流程如图12-5所示。

1) 供应商的选择

根据飞机研制项目可行性研究报告对发动机、机载设备和材料供应商的选择要求和可行性分析,以及供应商选择准则、初步方案和管控模式的要求,供应商管理部负责编制本院供应商选择和管理计划等相关工作。

在中国商飞公司国际合作与供应商管理部的指导下,本院负责确定供应商角色、选型基本原则、合作模式、确定采购项目、采购需求等的相关工程工作,并在本院行政和总设计师系统领导下,建立上海飞机设计研究院供应商选择工作小组。

供应商管理部协调项目管理部组织各设计研究部完成RFI编写、编辑和出版工作,并向潜在系统供应商发出RFI。

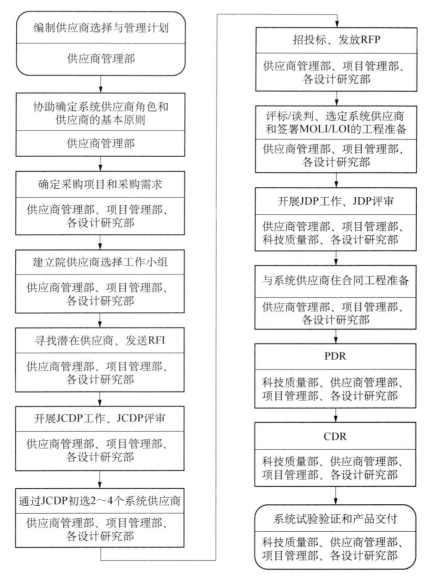

图 12 - 5 工作流程

根据各潜在系统供应商的 RFI 回复,供应商管理部协调项目管理部组织各部门对 RFI 回复进行评估,写出评估报告;制订 JCDP 计划,并按照项目计划组织开展 JCDP 工作。根据 RFI 回复评估报告和 JCDP 的工作结果,由供应商选择领导小组选定 2～4 家供应商,同时确定基本系统构架方案。

根据明确的工作包描述,供应商管理部协调项目管理部组织各设计研究部编写 RFP,并向选定的供应商发放 RFP。

在本院供应商选择工作小组领导下,供应商管理部协调项目管理部组织各部门对收到的供应商投标书进行评议,写出评标报告,并组织拟定合同技术条款,准备合同技术条款的谈判。

在中国商飞公司国合部指导下,组织相关部门参与合同技术条款的谈判。在中国商飞公司供应商选择领导小组批准确定供应商后,组织完成与供应商签订合作谅解备忘录(MOU)/合作意向书(LOI)的准备工作。

2) JDP 阶段工作要求

供应商管理部制订 JDP 工作计划,并协调项目管理部组织各设计研究部 JDP 工作。

3) 签订主合同的工作要求

根据与系统供应商的 JDP 工作情况,供应商管理部协调项目管理部组织各设计研究部完成与供应商签订主合同(Master Contract)的准备工作。

4) 详细设计阶段的工作要求

供应商管理部协助项目管理部制定详细设计阶段与系统供应商相关工作计划,并协调项目管理部组织各设计研究部的与系统供应商相关的详细设计阶段工作。

5) PDR/CDR 的工作要求

供应商管理部协助项目管理部和科技质量部制定 PDR/CDR 阶段与供应商相关工作计划,并协调项目管理部和科技质量部组织各设计研究部的 PDR/CDR 阶段与系统供应商相关的工作。

6) 系统试验验证和产品交付

供应商管理部协助项目管理部和科技质量部制订 PDR/CDR 阶段与供应商相关工作计划,并协调项目管理部和科技质量部组织各设计研究部的系统试验验证和产品交付阶段与系统供应商相关的工作。

7) 与系统供应商之间的交流通信

与系统供应商之间的技术协调以 MCM、ECM 形式进行,MCM、ECM 按中国商飞有关规定执行。MCM、ECM 经由 IDEAL 平台进行数据交换。对于系统供应商与各设计研究部或相关接口职能部门的文件资料,供应商管理部协同档案中心进行文件资料的收发和归档,并通过 IDEAL 平台按权限实现共享。

系统供应商与各设计研究部之间的会议或工作活动必须编写会议纪要,会议纪要格式参考《上海飞机设计研究院会议纪要管理规定》。

8) 文件归档

所有关于供应商与各设计研究部或相关接口职能部门的交流文件、技术文件、图纸等资料,由档案中心归档。

12.4.7　供应商构型控制

1) ARJ21‑700 项目供应商构型控制的启动时间

一旦系统结束 JDP 工作以后，批准并发放的系统 PDR 交付文件就构成了该系统的功能基线。供应商的构型控制工作也将随着系统功能基线的建立而启动，并持续进行下去。

2）ARJ21 - 700 项目构型控制范围

供应商交付的所有文件（包括 PDR 交付文件、CDR 交付文件和在项目其他阶段交付的文件等）应置于文件控制体系之内，但并不表示系统结束 JDP 以后，供应商交付的所有文件都要遵守严格的构型控制程序。供应商交付的文件是否需要执行构型控制流程应当要考虑其是否属于构型文件。

构型文件用于标识和定义产品的性能、功能特性和物理特性，定义和记录工程设计或产品构型，支持产品的制造加工、工程设计以及后勤保障等活动。

构型文件通常不包括财政、行政管理、成本或价格、管理数据或其他属于合同管理方面的内容。

构型文件应当包括：属于 CCAR - 21 - R3 第 21.31 条要求的用于定义型号设计的资料（通常包括工程图样、相关的零件细目表、工艺说明以及用于定义产品几何尺寸、材料成分、性能、制造、装配和验收试验程序的文件）；定义供应商提供的成品件的顶层规范、功能性能要求文件、接口要求文件等。

以上构型文件的分类原则只是定性的说明，各供应商应与有关的 JDP 小组协调，从而共同确定一份双方认可的构型文件清单。构型文件清单最终应经过COMAC 的批准和确认。一旦 PDR 文件被正式发放，此时的 3D 模型同样也应遵守构型控制流程。

3）ARJ21 - 700 项目构型基线

ARJ21 - 700 项目构型基线包括功能基线、分配基线和产品基线。这 3 条基线分别对产品需求和设计信息提供渐进式的定义和记录。这 3 条基线分别与 ARJ21 - 700项目整个生命周期中重要的里程碑事件紧密相连。只有在某一指定级别的构型文件被认为是完整和准确的时候，才会建立起相应的构型基线。在基线建立之后，就需要对这些构型文件进行严格的构型控制，从而避免发生未经批准的和不受控制的工程更改。

定义构型基线的功能构型文件（FCD）、分配构型文件（ACD）、过程控制文件（PCD）在内容上应相互一致和彼此兼容。从 FCD 到 ACD 再到 PCD 的过程中，所有构型文件的状态变化都应做到可追溯。如果这 3 个级别的构型文件之间存在相互矛盾之处，其优先次序为：①FCD；②ACD；③PCD。

一旦构型基线建立，供应商就应该按照本文件的要求对基线建立时已经批准的构型文件的状态进行控制和维持。为了保证基线的完整性和准确性，供应商应当将更改后的构型文件及时提供给 SADRI 相关专业批准和归档。为了保证构型文件的延续性和可追溯性，供应商应当持续提交构型文件的每一个版本，并在提交新版本的构型文件时，增加对版本间的差异和低版本的适用范围的评估。

4）接口管理

系统之间的接口要求应作为系统工程设计的一部分工作内容。在系统研制过程中对于一些需要控制的接口要求应通过适当的构型文件进行明确。接口要求也应遵守本文件中规定的构型控制程序。供应商应确保由他设计的各类硬件和软件产品的兼容性与互用性。

12.4.8　外包项目管理

外包项目管理工作流程如图 12-6 所示。

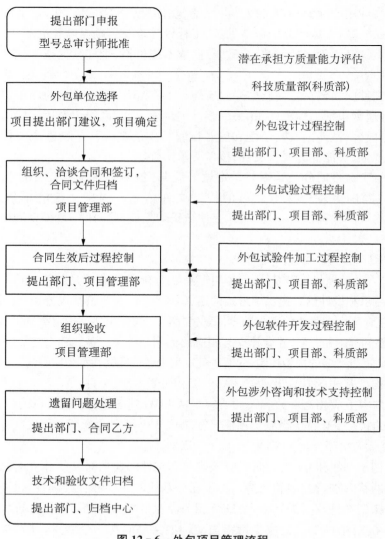

图 12-6　外包项目管理流程

1）外包项目确定

在整个飞机项目里程碑计划明确的基础上，项目部组织编制型号项目全周期科研外协项目规划，内容包含飞机项目科研外协的总体费用估算、常规必需的外协项目清单。该规划经院正式评审通过并经院长批准后，以红头文形式上报公司项目主管部门审批，审批通过后颁布实施。

依据年度科研计划，项目管理部在年底集中受理各部门申报未来一年的外包项目清单，组织业内专家和专业副总师成立评审组，通过评审会形式对外包项目的必要性、可行性和经济性进行评审。必要性应与当年的科研计划挂钩，可行性就是阐述比较国内外具备资质和能力的承担方，经济性论述外包该项目所需的预估费用，具体费用可参考外协成本价格数据库中已有的数据。

评审组形成《外包项目验收/评审报告书》，通过评审的外包项目形成外包项目计划（包含项目清单、费用、对应的年度科研计划和重大节点）作为评审报告书的附件，主管院领导担任评审组长。通过评审的外包项目计划结合当年科研费用需求以红头文形式向上级公司申报，经公司批复同意后，通过逐一立项实施。

在每年的7月底集中调整一次外包项目评审，一年两次集中申报审批外包项目。原则上，如非急需，在其他时间不再受理新增外包项目的申请。除集中申报外，确实必须临时增加的外包项目，无论金额大小，申报部门都需向项目部提交书面申请和论证报告。依据公司的有关规定，院项目部向公司对口项目部一事一报。

年度外包项目计划是年度科研计划的一部分，纳入科研年度计划考核范围。

外包项目范围可分为外包加工、外包试验、外包设计、外包软件开发以及海外专家咨询5个方面。

2）外包单位选择

可通过3种形式选择确定外包项目的承担方：依次为招投标（招投标选择原则和操作程序参见国家标准执行）、竞争谈判、独家承担（选择原则和操作程序见合同管理规定）。

外包单位在选择前，须对潜在承担方进行质量能力评估，评估合格的方可具备承担外包项目的资格，具体要求按《外包项目潜在承担方质量能力评估》执行。申报部门在立项推荐和项目管理部确定合作供方时，优先从《中国商飞公司批准的供应商清册HZ110-1-2011》和质量管理信息系统（QMIS）的"潜在承担方清单"中选择，再从中优先选择通过质量管理体系认证的航空工业单位。

3）合同签订

合同签订依据《上飞院合同管理规定（修订）》要求执行。立项联系人应在合同或技术协议中明确质量保证要求和适航要求，并经科技质量部确认，涉及适航验证活动的外包项目同时应经适航职能部门确认后方可签订合同。

4）合同生效后过程控制

（1）外包试验件。

过程控制由试验件设计负责人和项目管理部承担。

a. 试验件的设计及图样发放。

试验件设计负责人负责试验件设计,图样编号按对应的飞机型号的图样设计及文件管理制度中有关对试验用图的要求执行,试验件图样的更改按照相关型号控制文件执行,试验件图样清单由专业副总师确认后作为技术协议的附件。

试验件图样经专业副总师批准,承制单位工艺会签后(如果是适航符合性验证试验件,图样由适航职能部门提交局方审批通过后),由档案中心向承制单位正式发放。试验件设计负责人跟踪图纸的更改,将图纸更新内容及时通过档案中心发往承制单位。

b. 试验件验收。

试验件设计负责人向承制单位发出交付要求,主要内容包括图样清单(名称、图号、图号版次、交付数量),工程更改批准清单,制造偏离批准清单。

试验件设计负责人向项目管理部提交《外包项目验收/评审申请表》。组长应具有高级工程师或副部长(含)以上职称职务,参加工作未满一年的人员可以参加验收,但不得作为验收组成员。

项目管理部组织项目副总师、试验件需求部门、试验件设计负责人、科技质量部、档案中心在试验件承制单位进行验收,项目管理部酌情邀请其他部门或人员参加验收。验收组填写《外包项目试验件验收单》和《外包试验件/模型加工验收检查单》;模型验收填写《外包项目验收/评审报告书》和《外包试验件/模型加工验收检查单》。

项目管理部组织验收遗留问题"归零",科技质量部跟踪检查。在遗留问题"归零"后,如果是适航符合性验证试验的试验件,在通过适航制造符合性检查后,承制单位方可按合同要求包装起运交付试验件。如果是适航符合性验证试验的试验件,适航职能部门参与项目管理部组织的试验件验收。

验收依据主要是技术协议和合同,按照图样、技术文件等要求进行检查并核对件数。承制单位应提供产品合格证明文件、检验记录、超差处理的文件目录,核对询问单、EO、代料单、FRR 单、重量超差单、处理超差件的拒收单。产品合格证随试验件保管。如果是适航符合性验证试验件,承制单位应提供 AO 和 FO 的复印件。

c. 试验件交接验收。

交接验收主要检查试验件包装的完整性、试验件的外观检查、数量和资料的清点。试验件运抵试验目的地后,在项目管理部或试验件设计负责人、试验件承制单位和试验单位共同目击下,由试验件承制单位负责打开包装进行交接验收。上飞院参加交接人员一式三份填写《外包项目产品移交单》,三方签字。基本资料应有装箱单、合格证,适航符合性验证试验件必须有适航制造符合性检查批准标签。

如试验件是运抵本院使用，立项联系人应与仓库办理出入库手续，见《外包项目产品入库单》和《外包项目产品领用单》。

d. 试验件发生故障的处理。

试验件发生故障时，试验件设计负责人应了解并确认故障，及时给出处理意见，并在试验件验收时对故障的处理结果进行确认。对于国内供应商提供的试验件，由项目管理部协调按照合同要求进行处理；对于系统供应商提供的试验件，由科技质量部负责按照相关型号的控制文件进行处理。

e. 试验件文件归档。

交付完成后，试验件设计负责人将试验件加工中发生的设计更改单归并到图样中去。在试验件验收过程中的遗留问题归零后，试验件设计负责人依据《合同管理规定》负责撰写《项目评价与效能分析报告》，并随同试验件技术文件归档。如果是适航符合性验证试验件，适航职能部门负责将适航标签复印件提交给试验件设计负责人。

项目管理部负责合同文件的归档，包括：立项申请表、项目论证报告、承制方说明（独家承担理由说明或合同承担方选择评估报告）、外包项目报价单、合同谈判记录表、合同审批单、合同、技术协议、廉洁协议、保密协议，重大合同评审意见表。

试验件设计负责人负责技术文件的归档和预立卷工作，技术文件包括且不限于：合格证、最终的图样、验收申请单、验收单（模型验收用《外包项目验收/评审报告书》）、项目评价与效能分析报告、交接单（如有）、适航标签复印件（如果是适航符合性验证试验件），试验件制造过程的照片、录像等声像资料（如有），以及技术协议规定的其他文件材料。

运抵上飞院实验室使用的试验件，归档合格证应是原件。

在试验件验收后4周内完成试验件技术文件的归档。

f. 试验件的善后处理及保管。

外包试验所用的试验件或模型，在交付验收时，项目管理部在验收单或模型的《外包项目验收/评审报告书》上对试验件在试验结束后的处理提出明确的意见（运回上飞院、委托承试方保存、委托承试方处理，其他）。由试验承担方或合同约定方负责试验件回归上飞院的包装、运输和费用，在外包试验技术协议中也应明确试验件的后处理方式。试验负责人在编写项目评价与效能分析报告中，应有试验件后处理的说明。

（2）外包试验。

过程控制由立项联系人和项目管理部承担。

a. 试验大纲评审。

立项联系人向项目管理部提交《外包项目验收/评审申请表》。组长应具有高级工程师或副部长（含）以上职称职务，参加工作未满一年的人员可以参加评审，但不得作为评审组成员。

项目管理部组织专业副总师、试验提出部门、科技质量部、适航职能部门（适航符合性验证试验)等人员和部门组成评审组,项目管理部酌情邀请其他部门或人员参加验收。

评审组形成试验大纲《外包项目验收/评审报告书》和《外包试验大纲检查单》。

如果是适航符合性验证试验,立项联系人将评审通过的试验大纲通过适航职能部门提交局方审批。

b. 试验前检查。

在试验正式实施前,承试单位负责组织试验前准备状态检查,项目管理部门组织立项联系人、科技质量部参加由承试方组织的试验前检查,由科技质量部填写《外包试验前检查单》并交给立项联系人归档。对于适航符合性验证试验,适航职能部门需派相关人员参加由承试方组织的试验前检查。

c. 适航符合性验证试验试前制造符合性检查。

对适航符合性验证试验,适航职能部门组织协调局方前往承试单位进行适航符合性验证试验的试前制造符合性检查,立项联系人需参与局方在承试单位进行的适航符合性验证试验的试验前制造符合性检查,试验的承试方承担试前制造符合性检查的责任。

d. 试验报告评审。

在承试方完成试验报告编制,并经立项联系人初步审阅后可进行试验报告的评审。

立项联系人向项目管理部提交《外包项目验收/评审申请表》。组长应具有高级工程师或副部长(含)以上职称职务,参加工作一年内人员可以参加验收,但不得作为评审组成员。

项目管理部组织专业副总师、试验提出部门、科技质量部、档案中心、适航职能部门(适航符合性验证试验)等人员和部门组成评审组。项目部酌情邀请其他部门或人员参加评审。

评审组形成试验报告的《外包项目验收/评审报告书》和《外包试验验收检查单》。

e. 试验分析报告。

立项联系人编写试验分析报告,并完成归档,试验才能认可结束。如果是适航符合性验证试验,试验分析报告必须通过适航职能部门提交局方审批,报告得到适航的最终批准,是适航符合性验证试验完成的唯一标志。

f. 试验文件归档。

项目管理部负责合同文件的归档:

立项申请表、项目论证报告、承担方说明(独家承担理由说明或合同承担方选择评估报告)、外包项目报价单、合同谈判记录表、合同审批单、合同、技术协议、廉洁协议、保密协议,重大合同评审意见表。

立项联系人负责试验文件的归档和预立卷工作,归档文件包括且不限于:

试验任务书、遗留问题归零后的试验大纲、外包试验前检查单、各阶段的验收申请单和外包项目验收/评审报告书以及相应的评审资料、试验数据、试验报告、试验分析报告、项目评价与效能分析报告、试验过程的照片、录像等声像资料以及技术协议要求的其他文件资料等。如果是适航符合性验证试验，适航职能部门负责适航批准文件的复印件转交立项联系人归档。

承试单位提供的文件至少包含纸质和光盘各两套。一套存档案中心，一套由研究部保存。应在试验分析报告完成后4周内完成试验文件归档。

（3）外包设计。

过程控制由立项联系人和项目管理部承担。

a. 评审要求。

外包设计承担方的选择和合同签署同试验和试验件。该类外包项目至少应安排两次评审：一是对承担方所做的详细研究/设计实施方案进行评审，实施方案应得到上飞院的认可会签；二是在正式提交上飞院研究报告或设计结果前，对研究报告或设计结果进行评审。

必要时根据项目需求，在实施方案中可增加中间过程的评审节点，并按照上飞院的质量文件要求进行评审。在评审遗留问题全部归零后方可进行下一阶段的工作。

b. 实施方案评审。

立项联系人向项目管理部提交《外包项目验收/评审申请表》。组长应具有高级工程师或副部长（含）以上职称职务，参加工作未满一年的人员可以参加评审，但不得作为评审组成员。

项目管理部组织专业副总师、外包设计提出部门等人员和部门组成评审组。项目部酌情邀请其他部门或人员参加评审。

评审主要依据是合同和技术协议。

评审组形成外包设计实施方案的《外包项目验收/评审报告书》。

c. 研究报告或设计成果的评审。

立项联系人向项目管理部提交《外包项目验收/评审申请表》。参加工作未满一年的人员可以参加评审，但不得作为评审组成员。

项目管理部组织专业副总师、外包设计提出部门、档案中心等人员和部门组成评审组。项目部酌情邀请其他部门或人员参加评审。

评审主要依据是合同和技术协议。

评审组形成外包研究报告或设计成果的《外包项目验收/评审报告书》。

d. 文件归档。

项目管理部负责合同文件的归档，包括：立项申请表、项目论证报告、承担方说明（独家承担理由说明或合同承担方选择评估报告）、外包项目报价单、合同谈判记录表、合同审批单、合同、技术协议、廉洁协议、保密协议,重大合同评审意见表。

立项联系人负责技术文件的归档和预立卷工作,归档文件包括且不限于:归零后的实施方案、研究报告或设计成果,各阶段的验收申请单、验收/评审报告书和相应的评审资料、项目评价与效能分析报告,以及技术协议要求的其他文件材料等。

承担方提供的签署文件至少包含纸质和光盘各两套。一套存档案中心,一套由研究部保存。外包设计文件归档应在研究报告或设计成果评审后4周内完成。

(4) 外包软件采购或开发。

外包软件采购过程控制由立项联系人和项目管理部承担。

立项联系人在外包软件采购或软件开发项目立项前应先至发展规划部查询,确认院内是否已有相同的项目,以免重复,并在立项申请表内注明。

a. 外包软件采购。

外包软件采购承担方的选择和合同签署同试验和试验件。该类外包项目至少安排一次交付验收,通常安排在软件完成安装试运行一个月后。

在完成合同和技术协议约定的培训、试用后,立项联系人向项目管理部提交《验收/评审申请单》。组长应具有高级工程师或副部长(含)以上职称职务,参加工作未满一年的人员可以参加验收,但不得作为验收组成员。

项目管理部组织专业副总师、外包软件采购提出部门、发展规划部、档案中心等人员和部门组成验收组。项目部酌情邀请其他部门或人员参加验收。验收主要依据是合同和技术协议,以及上飞院有关软件的管理文件。立项联系人应撰写软件试运行情况报告。

验收组形成外包软件采购的《外包项目验收/评审报告书》和《计算机软件登记表》。

《计算机软件登记表》复印件存发展规划部。发展规划部登记造册,统计上飞院软件购置清单,各需要部门在立项申购软件时,需到发展规划部查询确认,以免重复购置。

b. 外包软件开发。

除以下内容外,其他同外包软件采购。

外包软件开发通常安排两次评审:一是实施方案评审,二是交付验收。评审验收同外包软件采购,发展规划部应参加。

外包软件开发一般安排三次付款:①实施方案评审通过后首付,实施方案的外包项目验收/评审报告书、合同付款节点任务完成评估表作为付款流程附件;②交付验收通过后付二期,应用开发软件承担方应提供研制总结报告,其他付款条件同外包软件采购;③质保期后付尾款,付款条件同外包软件采购。

(5) 外包涉外技术咨询和技术支持。

为快速处理在飞机型号研制中目前国内还难以解决的试验、试飞、适航取证中的技术问题,邀请国外专家提供技术支持,项目管理部寻找具备资质的境外公司,依据现行有效的《上飞院合同管理规定》,签署了试验、试飞、适航取证咨询预备合同,各设计部门提出的一次性标的涉外咨询需求,均可在项目管理部的预备合同内支付,从而为设计部门落实咨询需求提供便捷。由项目管理部负责立项、合同管理、文件归档、付款等流程。

(6) 技术支持咨询报告的评审。

立项联系人向项目管理部提交《外包项目验收/评审申请表》。组长应具有高级工程师或副部长(含)以上职称职务,参加工作未满一年的人员可以参加评审,但不得作为评审组成员。

项目管理部组织专业副总师、涉外技术咨询和技术支持项目提出部门、档案中心等人员和部门组成评审组。项目部酌情邀请其他部门或人员参加验收。

评审主要依据是合同和技术协议。

评审组形成涉外技术咨询和技术支持报告的《外包项目验收/评审报告书》。

立项联系人撰写外包项目完成后评估报告。

12.4.9　供应商质量控制

系统供应商选择阶段质量控制流程如图 12-7 所示。

1) 供应商选择过程质量控制

(1) 征求信息(requst for information,RFI)阶段。

科技质量部按照 RFI 质量条款和供应商 RFI 回复情况评估要求,对潜在供应商 RFI 回复情况的质量部分进行评估,评估结果采用质量评估表形式进行记录。RFI 回复质量评估及相关系统专业的回复评估工作完成后,评估记录提交供应商管理部,由供应商管理部汇总评估意见并形成 RFI 回复评估报告。评估报告需经科质部会签。

(2) 邀标书(requst for proposal,RFP)阶段。

供应商管理部负责发放 RFP 和接收潜在供应商反馈的 RFP 文件,并将供应商反馈的相应文件内部分发给相关部门进行评估。科质部按照 RFP 质量条款要求对潜在供应商反馈的 RFP 质量内容进行评估,当需要供应商重新进行答复或进一步澄清时,科质部应编制质量澄清条款,纳入 RFP 澄清文件中;供应商管理部负责发放澄清文件并接收供应商澄清问题的反馈。科质部对澄清问题的质量相关回复情况进行再次评估;上述 RFP 相关质量评估全部完成后,评估人员应将评估结果记录在 RFP 质量评估表中,并将经批准的 RFP 质量评估表提交供应商管理部。RFP 回复的工程相关评估完成后,供应商管理部应组织院内 RFP 工程评审,并将评审结论及潜在供应商工程排序报公司国际合作与供应商管理部。

(3) 意向书(letter of intent,LOI)合同阶段。

供应商管理部负责发放、接收潜在供应商反馈的 LOI 文件,并将文件内部分发

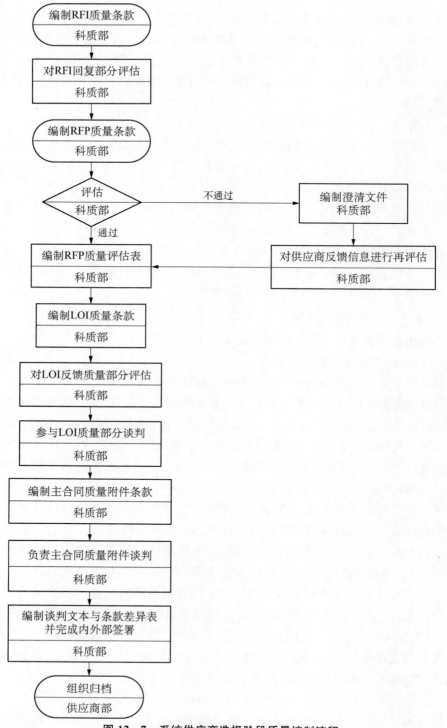

图 12 - 7 系统供应商选择阶段质量控制流程

给相关部门进行评估,科质部按照 LOI 质量条款对潜在供应商反馈的 RFP 质量内容进行评估,并根据供应商所承担的研制任务进行 LOI 质量条款的谈判,最终将双方达成一致的质量条款作为下一阶段合同质量条款谈判的基础。

（4）合同阶段。

科质部按照涵盖了上飞公司和客服公司质量要求的主合同质量附件条款（同LOI 质量条款）要求参与合同谈判工作,质量谈判团队由各中心质量主管组成,科质部各系统质量主管作为质量条款的主谈判人。

谈判完成后,科质部编制谈判文本及条款差异表,并及时完成内外部签署。其中,内部签署单由上飞院科质部批准,提交供应商管理部归档;内部签署单由上飞公司和客服公司质量部门会签,完成后由公司型号总质量师批准,外部签署单批准后提交公司科质部归档。

2）供应商研制过程质量控制

（1）风险计划管理。

管理部负责按照《项目风险管理程序》组织相关部门对供应商的《风险管理计划》进行评估批准,并按照经批准的《风险管理计划》对供应商项目风险管理进行监督。当影响到满足合同要求的风险（如交付进度、接口控制文件等）不可规避时,应要求供应商提交风险评估报告,并据此开展内部相关工作。

（2）供应商构型管理。

总体气动部构型室负责按照程序文件《构型管理》和相关型号构型管理文件对系统供应商构型管理工作进行控制。

（3）质量计划管理。

科质部负责对供应商提交的质量保证计划（QAP）、软件质量保证计划（SQAP）和硬件质量保证计划（HQAP）进行评估,如不满足合同质量条款的要求,由各研究部通过工程协调备忘录（engineering coordination memo，ECM）形式将评估意见反馈给供应商,直至评估通过后由各研究部通过平台归档。

（4）质量管理体系。

科质部负责确保在合同条款中明确供应商需在合同签订后一个月内提交质量管理体系认证证书复印件,以及证书到期前一个月内提交更新后的证书复印件的要求。合同签订后,科质部应组织各部门督促供应商按要求提交证书材料。如供应商质量管理体系认证证书过期或失效且未收到供应商相关信息时,科质部应及时上报公司科质部。

（5）质量文件。

科质部根据主合同质量章节和质量附件要求明确供应商各阶段的提交文件清单,并对供应商交付质量文件的状态进行跟踪和确认。

科质部负责组织各部门督促供应商在合同规定的期限内提交质量保证计划/机

载软硬件质量保证计划。科质部对供应商提交的质量保证计划、机载软硬件质量保证计划进行检查,并填写质量保证计划和软硬件质量保证计划检查单,并将意见反馈给供应商。在确认文件可接受后,由研究部负责按供应商文件的相关管理要求对供应商的质量保证计划进行审签确认和提交归档,科质部会签。

(6) 质量审核。

科质部参与供应商的质量管理体系评估与审核,按照《供应商质量管理体系的评审与批准》执行。

科质部参与公司或下属各中心的组织的专项质量审核,按照《供应商专项质量审核程序》执行。

(7) 设计评审。

与供应商相关工作的院内评审按照《评审过程管理》的要求实施,被评文件需要供应商提供或评审中提出需供应商落实解决的问题或建议时,供应商管理部应组织各研究部及时与供应商进行沟通协调,督促其制定纠正措施计划并落实关闭。

供应商管理部负责按照《国外主要机载系统设备工作包关键设计评审》执行组织开展供应商鉴定设计评审(critical design review, CDR)工作。评审工作开展前应组织编制 CDR 工作计划和 CDR 检查单;评审时,应对各供应商 CDR 评审报告中的评审意见进行收集汇总并跟踪管理落实情况。科质部负责 CDR 检查单中质量有关检查项的确定,并按 CDR 工作计划的安排参与各系统供应商的 CDR。CDR 团组中应明确各团队成员的职责分工,确保有团队成员负责 CDR 检查单中各项检查项的供应商完成情况确认和填写。供应商管理部应组织通过培训等方式确保团队成员理解 CDR 检查项的检查和填写要求。

(8) 供应商评价。

供应商管理部按照《供应商评价管理》组织供应商工程定期评价工作,并收集、分析与工程相关的供应商评价数据。科质部负责提供供应商质量管理体系及产品质量相关项目的评价。

(9) 关键特性分析。

科质部负责确保在合同条款中明确供应商应按照 AS9103 的要求对关键/重要特性进行识别、标识和控制,并在 CDR 之前提交关键/重要特性分析结果及控制计划的有关要求。各研究部负责对供应商提交的关键/重要特性控制计划及分析结果进行批准。

(10) 试制过程质量管理。

科质部负责确保在合同条款中明确了供应商在其制造过程中发现产品存在偏差或问题时,供应商应填写供应商产品让步接受申请表(CR)并经其内部机构处理后提交中国商飞的有关要求。当供应商提交 CR 时,各研究部应按照《不合格品控制》的要求对供应商产品让步接受进行认可。

当在试验试飞过程发现供应商交付产品存在偏离时,各部门应按照《不合格品控制》协调上飞公司向供应商发出"故障拒收报告",并要求供应商在收到之日起按照合同要求由其内部 MRB 成员完成工程处理意见,并提出纠正措施。

当收到供应商提交的产品漏检通知时,应按照《不合格品控制》的要求,对漏检的在用产品可能造成的影响进行评估并采取必要的措施。

(11) 试验/试飞质量管理。

a. 当试验/试飞过程中发生故障时,若故障原因经分析初步判断为供应商设计原因且需对故障采取纠正措施时,由相应的设计人员根据试验故障和试飞故障,填写《供应商纠正措施通知申请及处置表》提交科质部,科质部负责协调上飞公司向供应商发起供应商纠正措施通知(SCAN)。当科质部收到上飞公司转交的设计相关 SCAN 的答复时应及时提交各研究部,由各研究部负责对供应商答复的 SCAN 进行确认。

b. 当问题需要供应商进行"双五归零"时,相关研究部应按《民机项目研制质量问题技术归零和管理归零要求》负责协调供应商开展此项工作。

13　ARJ21－700 飞机项目试飞管理

13.1　概述

为了符合《民用航空产品和零部件合格审定规定》的规定,申请人进行的飞行试验。申请人实施试验是为了表明提交给审查组进行地面和飞行试验的产品满足最低的质量要求,符合型号设计,对计划的试验是安全的,表明符合规章要求。

飞行试验(简称试飞),是在真实环境中对飞机的性能、结构以及系统功能进行全面、综合的验证。飞机试飞是一项全局性的系统工程,也是飞机研制过程中极其重要的环节之一,还是验证民用航空器满足最低安全标准,具备投入商业运营资格的必经环节。

项目管理经过实践证明能够对复杂系统进行有效的管理和计划。现代项目管理理论和技术形成于 20 世纪 40 年代美国军方进行的"曼哈顿"计划。经过半个多世纪的发展,已经形成一套完整的理论知识体系。随着先进客机上大量采用先进的技术和复杂的系统,所需要进行的飞行试验项目也逐渐增多,科学合理地采用项目管理的措施能够在保证试飞质量的基础上,缩短试飞周期,提高民用飞机的市场竞争力。

13.1.1　试飞概念

通过 ARJ21－700 飞机的研发试飞、审定试飞,验证飞机对适航标准的符合性,取得中国民用航空局(CAAC)颁发的飞机型号合格证(TC)。

1) 研发试飞

研发试飞(R&D flight test),是申请人对所设计的产品进行飞行性能和使用安全性的调整试飞,由申请人自行组织开展,以调整飞机状态、冻结飞机构型为目的的试飞,也称为研制试飞。

2) 审定试飞

审定飞行试验(certification flight test/authority flight test),是审查组用于核查申请人所提交的飞行试验数据进行的飞行试验,审定飞行试验必须依据型号检查核准书(TIA)来进行,审定飞行试验只有在签发了型号检查核准书(TIA)以后才能开始。审定飞行试验,等同于《型号合格审定程序》(AP-21-03-R3)规定的:验证试飞。审定飞行试验可简称为审定试飞或局方试飞。

13.1.2　ARJ21-700 飞机试飞中存在的问题

ARJ21-700 作为我国第一架完全具有自主知识产权的民用客机,首次同时按照《中国民用航空条例》CCAR-25 部和美国的《联邦航空条例》FAR 进行适航审定试飞。与国内外其他民机试飞一样,该型民用客机的飞行试验需要面对高标准适航要求、短周期试飞要求、高难试飞技术、多复杂试飞科目、多场地试飞等问题。目前该型民用飞机的试飞现状及存在问题主要为以下几点。

1) 短试飞周期与多试飞工作量的矛盾

由于民用飞机市场经济的特点,民用飞机的飞行试验客观上是不允许试飞周期太长的。如果试飞任务不能够按照项目计划顺利完成,就会直接影响飞机的取证基础和交付进度,给制造商和客户造成不同程度的经济损失。国外民用飞机从首飞至取证周期一般约为 10~18 个月,累计飞行时间一般为 1 600~2 000 个小时。

根据民机的研制规律,民用飞机的飞行试验必须经过飞机制造商的研制试飞和适航当局的合格审定试飞两个阶段。研制试飞主要是对飞机飞行品质及系统进行检查,并对飞行暴露出的问题进行排除,使得飞机整体及其系统不断完善,达到设计规范要求。民用飞机完成研制试飞后获取型号检查核准书(TIA),就开始正式进入合格审定试飞阶段。合格审定试飞是申请人在适航当局的监控下按照适航审定程序及适航规章对试飞大纲中的试飞科目进行适航验证试飞,必要时局方会指派自己的飞行员对试飞内容进行选择性的验证飞行。

我国民用支线客机从首飞至完成研制试飞的整个过程中,在此阶段充分检查和暴露了飞机部分系统问题,经过系统调参及排故试飞,很好地完善了飞机系统功能。虽然部分科目的研制试飞远远超出了前期预期的工作量,但是为后续合格审定试飞奠定了坚实基础。在合格审定试飞阶段,要求根据试飞大纲的内容进行适航验证试飞。

我国 ARJ21-700 民用飞机共计 30 多份试飞大纲,涉及 292 个试飞科目,具体试飞内容包括:飞机性能操稳、起落架系统、动力装置系统、APU 系统、防火系统、燃油系统、空调系统、自动飞行系统、导航系统、通信系统、功能可靠性试飞等。其中很多试飞科目,如飞机性能、操稳等要求在规定的不同构型下、不同飞机重量以及最不利重心下进行试飞。还有一些试飞科目需要进行不同场地的跨区域、跨时间飞行验证,如空调系统试飞,必须进行常温天试飞(试验要求温度在 15~25℃)、高温高湿试飞(试验要求温度大于等于 40℃)、高寒试飞(试验要求温度小于等于-40℃),自然结冰试飞要求的最大连续结冰和最大间断结冰。这些特殊的自然气象,很难及时预测,即使试验中遇到一些特殊气象,又不一定能够满足试验要求,可能需要重复进行多次,才能完成试验任务。这种过多的外场试飞对整个试飞资源的合理分配本就是一种挑战,同时增加了试飞工作的复杂性。

为确保该民用飞机满足适航条款要求,在该型民机合格审定试飞中,局方在该型机上选取了除少数试飞科目由局方和申请人飞行员共同进行验证试飞,其他大部分试飞科目要求先完成申请人表明符合性试飞后,再进行局方验证试飞,也就是说这一部分试飞科目必须经过申请人表明符合性试飞和局方试飞,才算完成。甚至有些试飞科目在进行申请人表明符合性试飞前,还必须先完成必要的研制试飞。试飞任务量的翻番,无疑延长了试飞周期。

复杂且过多的任务量与研制周期尽可能短的要求相矛盾,使得项目进度存在较大风险。

2)民机试飞验证技术及管理经验不足与适航高标准的矛盾

适航验证是民机试飞中一项重要的内容,它是以保证民用航空器的安全为目标的技术管理,是民航管理者在制定各种最低安全标准的基础上,对民用航空器验证飞行中进行的管理和监督,是民机研制过程必须遵循的法律。目前国际上民机验证试飞主要采用的适航条例是美国联邦航空条例 FAR、欧洲联合适航性要求 CS 等。我国采用的适航条例是由中国民用航空总局颁发的 CCAR-25 部,该条例经过不断的修订完善,现行的有效版本与美国联邦航空局颁发的 FAR25 部基本等同并做到基本同步修订。

我国的航空工业已经经过了几十年的发展和建设,特别是在军用飞机的发展上,具备较强的试飞能力,在飞行技术、试验方法等方面有着丰富的经验,但民用飞机的飞行试验开展较晚,特别是对于民用飞机的适航验证技术和适航管理的研究工作才刚刚开始,民机试飞的相关管理条例及程序还在完善中,适航理念在试飞工作的各个环节还未得到很好的体现。

在 ARJ21-700 民用客机的适航验证试飞中,由于申请人和局方对适航条例有着不同的理解,因此,需要花大量时间在适航验证技术和适航管理上进行申请人与局方的协调、沟通。例如,在 ARJ21-700 民用支线客机试飞大纲的编制中,申请人与局方就试飞大纲的格式及内容协调了较长时间。同时作为该型民用客机在适航验证试飞过程中的支撑性文件试飞大纲,还在随着局方对适航条例的深入性理解,不断地进行修改、完善。

美国联邦航空局是通过"咨询通报(AC)"来指导民机研制、试飞单位满足适航要求。该型民机的大部分验证试飞技术是以美国联邦航空局(FAA)发布的 AC25-7《运输类飞机合格审定飞行试验指南》作为技术指导,它所提供的方法是合格审定试飞的常规方法,不具有强制性。但还有一部分试飞科目,如起落架摆振试飞、燃油结冰试飞、溅水试验等试飞科目,其相应的飞行验证技术还无法通过 AC 具体实施,需进行自主研制。虽然 FAA 鼓励申请人还可开发更为有效的和成本低廉的验证方法,但这些技术本身在飞行验证中就很难实施,且目前在国内无任何经验可借鉴,需进行自主研制,存在一定的技术风险。

3) 飞机技术状态构型逐步到位与试飞科目要求紧迫进行的矛盾

在民机试飞过程中,最为突出的一个问题是飞机技术状态很难一步到位,民机试飞是一个逐步完善的过程。飞行工作常常只能是飞飞停停,很难突破持续的飞行状态。飞机技术状态不到位时,试飞经常是面对"等米下锅"制,飞机技术状态满足试飞科目要求时,又必须"下锅即熟"制。这种试飞状态,对现场人力、物力等资源的保障和调整是极大的考验,试飞团队需要适应这种变化和调整。

4) 试飞测量参数要求多与测量系统资源有限的矛盾

试飞科目多,相应的测量参数也就会多,该型民用飞机测量参数达到 5 万多。一些特殊试飞科目,如结构载荷试飞、电源系统试飞,还需要加装专用的测试系统进行参数测量。目前国内民机试飞用的测量系统,均采用国际先进测量设备,在测量精度、测量范围等方面均可满足试飞测试要求。测量的参数越多,对于解决现场试飞中出现的各种突发故障的分析就越有利。再好的系统都有它的局限性,飞机的测试系统一样有限。随着试飞工作的不断深入,各个系统对于测试参数的需求"只增不减"。而所有的测量设备需通过机上改装来实施,改装工作过多后,势必会对飞机的构型产生一定影响,并且飞机自身结构系统对于设备的加装也是有限的。

13.2　民用飞机试飞项目管理方法和组织形式

民用飞机试飞项目具有周期长、技术复杂,占用资源多、涉及专业面宽等特点。传统的飞机试飞方法已经不能够适应民机研制要求,需要采用现代项目管理知识体系,借鉴现代项目管理的新技术、新方法,对飞行试验项目进行科学高效的管理。

13.2.1　工作分解结构(WBS)

工作分解结构是项目管理中重要的工具之一。1968 年 10 月美国空军首次实施系统工程的核心标准,工作分解结构就是其中之一。目前对工作分解结构的研究与应用已经上升到国家标准层面,如完善升级后的美国国防部手册 MIL-HDBK-881A(2005 年修订),欧洲空间标准化合作组织的 ECSS-M-10A,以及 ISO/TC176/SCI(国际化组织质量管理和质量保证技术委员会质量体系委员会)将 WBS 方法写入质量管理体系项目管理质量指南(ISO10006)。试飞项目是多项目、多专业、多资源协调工作的系统工程,利用工作分解结构(WBS)可以充分体现试飞项目的整体性、有序性和相关性。同时 WBS 能够以图形的方式表达出项目所包含的所有工作内容以及项目工作的层次感和相关性,如图 13-1 所示为某民机试飞项目的

WBS整体结构图。详尽的试飞项目WBS能够明确标识项目范围,成为项目团队内部、团队之间以及团队与利益相关者之间进行高效沟通协调的工具,能理顺工作流程,规范项目管理文件,防范部分工作单元无人负责进而出现推诿扯皮的现象,是保障试飞项目按照标准化运作的有效措施。

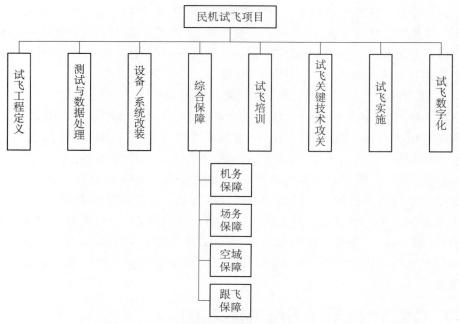

图 13 - 1　某民机试飞项目的 WBS 整体结构图

13.2.2　并行工程

并行工程是目前应用比较广泛的一种现代工程项目组织管理形式,目的是提高产品质量、降低研制成本风险、缩短产品开发周期和加快产品上市时间。为了有效应对现代飞机由于测试参数不断增加,进而要求试飞时长不断加大和随着市场竞争日趋激烈进而要求试飞周期尽量缩短的矛盾,各民机制造商纷纷采用并行工程组织试飞项目。

试飞项目采用并行试飞的前提是有统一的飞行计划、试飞大纲以及演化而来的试飞任务单、测试手段和数据处理技术。试飞项目将每架飞机和每一个试飞任务单都尽可能纳入各专业的试飞需求,对试飞任务单进行优化,将试飞约束条件相同或相近的试飞项目统编到一个任务单内,使得每次飞行任务饱满,测试参数足够多,并尽可能覆盖各专业试飞的需要。

13.3 ARJ21-700 飞机项目试飞管理

13.3.1 试飞特点

民用客机飞行测试同小型飞机飞行测试相比区别较大。其测试特点是：测试项目多，测试参数种类多，量大。带宽高，高速模拟参数多；飞机体积大，试飞工程师可随机进行各项技术参数的测试；飞机内部空间大，可在飞机上加装各种大体积的测试仪器设备，大型飞机通常是民用机种，试飞周期相对较短，测试投入成本比较低。

1) 新机试飞是设计、制造和使用诸类矛盾的大暴露与大解决

新机试飞的最大特点在于只有在试飞阶段才能有条件全面暴露矛盾。暴露出这个与那个接口之间和交接之间的欠缺或不合理。即使某系统或某装机成品在自己单独试验时是成功的，但在新机试飞这个大系统内，也会暴露出某些不适应及不协调性。一个成功的部件或产品装在新机上与新机一起使用时不一定工作会全部正常，只有参与了与新机一起试飞，暴露其矛盾或不足，从而解决了协调性后，方能与新机匹配，这个部件或产品才算成功。由此可见，新机试飞是新机研制过程中诸类矛盾的大暴露。只有彻底暴露才能彻底有效地解决矛盾。新机试飞中暴露出矛盾并不可怕，可怕的是不去认真彻底地解决矛盾。

2) 矛盾大、反复多和时间长的调整试飞会干扰定型试飞

由于新机试飞会暴露出大量矛盾和不足，因此，新机试飞必然有一个调整试飞阶段，专让新机去暴露和解决矛盾。无疑在新机调整试飞阶段必然矛盾大、反复多和时间长。有些矛盾如暴露彻底，解决也容易。有些矛盾暴露不彻底，或者认识不全面，解决矛盾就不彻底。试飞中容易出现这类反复，最好让矛盾全部暴露并彻底解决后转入定型试飞，但花费时间太长，只能在相对稳定无大矛盾暴露后转入定型试飞。即使这样，新机的调整试飞阶段也会相当长。而且在随后的定型试飞时还会暴露出深层次的矛盾。

3) 工作量大、时间紧和任务急的定型试飞会影响试飞进度

考察和鉴定新机的性能指标和质量只有在定型试飞阶段才可一项一项去完成，工作量无疑会很大。由于整个试飞进度是有限的，如调整试飞花的时间长，定型试飞的时间就紧。即使定型试飞抓得很紧很紧，往往新机定型进度还会后移。因此，新机试飞是个又急又忙的任务，难于按任务正常的程序，只能是加班加点见缝插针地进行试飞。

4) 难度大、风险高的试飞科目进行顺利

由于人们对难度大、风险高的试飞科目准备充分，力量准备周齐，因此，在定型试飞时进展均比较顺利，设想的许多隐患和矛盾很少冒出来。相反，一些常规的日

常性的试飞科目反倒容易造成差错。这种似乎反常但带有规律性的现象必须引起足够重视,每个科目的试飞均不可掉以轻心。

5) 机载成品的影响贯穿于新机试飞的始末

机载成品分成新老两种。老成品一般在新机试飞时稳定。新成品由于未经试飞的反复和认真考验,也与新机一样会在试飞中"表演一番",新成品的采用量越多、新成品的地面和空中试验不完备、新成品的元器件质量差,那么这种新成品暴露的故障和矛盾就更为严重乃至于此起彼伏,贯穿于新机试飞的开始到定型试飞的结束。更有甚者,个别新成品依赖新机为它进行地面和空中试验,严重影响新机试飞。

6) 难于改变的前松后紧的试飞工作

新机试飞往往开始时进展慢,有效的试飞少,在艰难地完成调整后,定型试飞中大量测试性的试飞在留下时间不多的情况下进行,因此,试飞工作显得时间特别紧。新机试飞中这种前松后紧的现象颇难改变,这也是新机试飞的特点。所以新机试飞后,一定要从一开始就抓得很紧很紧。

ARJ21-700飞机试飞工作有以下几大特点:

(1) 要求高。

ARJ21-700飞机是国内首架按照适航规章要求进行适航验证试飞的喷气式飞机,民航局对ARJ21-700飞机的适航审定工作极为重视,要求十分严格,全部的试飞工作均在适航规章的指导下进行,条款要求的每一点都需不折不扣地完成。

(2) 任务重。

自首飞以来,ARJ21-700飞机试飞时间长达6年。试飞任务总共包含283个科目,申请人和局方需共同完成2 572个试验点,其中局方试飞选择了近80%的试飞科目,相比国外同类民机项目最低30%左右的占比,局方试飞任务明显更多。

(3) 难度大。

ARJ21-700飞机完成了一系列重难点科目和高风险科目,其中部分科目开创了国内先河。如在飞机左边界检查全部失速性能数据失速试飞、检查运输类飞机起飞极限性能所达到速度的最小离地速度试飞、在飞机右边界验证飞机具有足够阻尼的颤振试飞等,这些科目均具有风险高、难度大的特点。另外,ARJ21-700飞机还要检查在极端气象条件下的功能和性能,进行高寒、高温高湿、自然结冰、大侧风、高原等条件下的试飞,这些均是国内支线喷气式民机研制史上的首次。

总之,ARJ21-700飞机试飞是在适航规章的要求下进行最严格、最真实、最全面的技术验证工作,具有要求高、任务重、难度大的特点,ARJ21-700飞机试飞为提高国内民机试飞技术奠定了基础,在探索民机试飞的路上走出了重要和坚实的一步。

13.3.2　试飞阶段的划分和试飞的定义

按照试飞性质的不同,分为申请人试飞、审定试飞和 AEG 试飞。申请人试飞是指申请人进行的试飞,分为申请人研发试飞和申请人表明符合性试飞两种类型。由于承担试飞任务的责任主体不同,研发试飞分为第一阶段研发试飞和第二阶段研发试飞。

1) 申请人试飞

(1) 申请人研发试飞:申请人自行组织开展的、以调整飞机状态、冻结飞机构型为目的的试飞。

(2) 申请人表明符合性试飞:申请人按照批准的型号合格审定试飞大纲开展的试飞,用于表明航空器对于民航规章的符合性。

2) 审定试飞

审定试飞用于核查申请人所提交的试飞数据,以确定对于民航规章的符合性,审定试飞必须依据型号检查核准书(TIA)来进行,审定试飞只有在签发了型号检查核准书(TIA)以后才能开始。

审定试飞按照不同组织方式可分为重复试飞和并行试飞。

重复试飞是指审查方核查申请人所提交的试飞数据的行为。审查组通过对申请人试飞结果的审查,选择审定飞行试验内容,用以确认申请人整个飞行数据包的有效性。重复试飞需在审查方审查申请人提交的相关表明符合性试飞报告后开展。

并行试飞是同时作为申请人试飞和审定试飞的飞行试验。在某些特定情况下,为减轻申请人负担,审查方认为并行试飞是适当的且可行时,可以考虑进行并行试飞。并行试飞是将审定试飞与申请人表明符合性研发试飞合并进行,此类试验同时具有申请人表明符合性研发试飞和审定试飞的两种特征。

3) AEG 试飞

AEG 试飞是指为满足飞机进入航线运营所需的运行符合性、机组型别等级和训练要求以及主最低设备清单等评审所需的试验数据为目的而进行的试飞行为,主要包括运行符合性试飞和主最低设备清单(PMMEL)试飞(可结合功能和可靠性试飞)等内容。AEG 试飞由航空器评审组(AEG)负责审查。

13.3.3　试飞管理的任务和内容

试飞管理更强调对试飞任务的管理,即对试飞任务需求、任务执行状态、计划执行情况进行动态管理,实时调整和掌控试飞工作进展情况。民机试飞规划成果的有效性和实施性需要匹配的管理方法去推动和适时地调整、维护,高效、动态的计划管理措施可以促进和保障试飞计划的实施。试飞管理可分为 3 个阶段,即试飞前管理、试飞过程中管理和试飞后管理。

试飞前管理是指试飞前跟踪科目的技术准备情况和制订科目构型到位计划,针对试飞前的准备情况实时调整和优化试飞计划;试飞过程中管理是指对试飞过程中出现的问题进行整理和分析,确认试验点执行的有效性,为下一个试验点做好准备;试飞后管理指的是及时确认架次有效性和科目完成性,为进行下一个飞行计划做好准备。

试飞管理是针对试飞任务的一个动态管理的闭环过程,即对任务的前期准备、任务执行、结果确认等环节进行实时监控,对影响试飞计划执行的问题进行及时评估和确认,然后对试飞计划进行动态调整,以确保试飞计划的规划性和科学性。

13.3.4　试飞工作的管理组织

1) 试飞工作组织体系

ARJ21 - 700 飞机项目试飞工作主要涉及以下部门和单位:中国商飞支线项目部、适航管理部、科技质量部、国际合作与供应商管理部等,上海飞机设计研究院(简称上飞院)、上海飞机制造有限公司(简称上飞公司)、上海飞机客户服务有限公司(简称客服公司)、中国商飞试飞中心和中国飞行试验研究院(简称试飞院)。

ARJ21 - 700 飞机试飞工作在行政指挥系统和总设计师系统的组织领导下开展,行政指挥系统对试飞工作的进度、风险、经费进行全面管理;总设计师系统对试飞技术工作负全责,试飞院 ARJ21 - 700 飞机型号副总设计师在项目总设计师的领导下开展工作。

2) 试飞工作分工和职责

首飞、第一阶段研发试飞,由上飞公司承担。

第二阶段研发试飞、申请人表明符合性试飞、审定试飞、AEG 试飞等,由试飞院承担。

(1) 支线项目部。

支线项目部负责 ARJ21 - 700 飞机的试飞工作顶层管理和协调。

a. 编制试飞工作的顶层管理文件,建立、完善试飞顶层管理流程,明确试飞工作分界。

b. 负责组织试飞工作顶层计划的管理和协调,制订项目试飞取证的总体目标、要求。

c. 协调解决影响试飞工作有关资源保障问题。

(2) ARJ21 - 700 飞机西安外场试验队。

ARJ21 - 700 飞机西安外场试验队是中国商飞公司 ARJ21 - 700 飞机在异地(上海以外)试飞工作的责任主体。

a. 负责异地(上海以外)试飞的组织实施,并组织建立相关管理文件和程序。

b. 负责协调制订试飞计划,年度试飞计划报支线项目部发布,月度试飞计划由试验队发布并报支线项目部。如试飞计划与确定的项目总体取证目标和阶段性节点目标相冲突,需报支线项目部批准。

c. 负责对试飞计划的执行情况进行跟踪、态势分析和风险预警,针对性地采取措施。

d. 组织协调中国商飞公司各部门和所属单位完成试飞工作相关任务。

(3) 适航管理部。

负责组织相关部门、单位做好项目试飞中的适航工作:

a. 负责与适航当局的沟通联络。

b. 明确试飞工作的适航管理原则、方法和要求,组织制订相关适航管理程序。

c. 负责试飞机特许飞行证、无线电台执照、临时国籍登记证办理。

d. 在试飞现场派驻专职适航主管,组织试飞大纲、构型评估报告的适航审批,组织进行科目制造符合性检查,协调局方试飞员按计划执行局方审定试飞任务及其他相关的适航工作。

(4) 科技质量部。

作为质量体系建立和监督的顶层管理部门,负责组织相关部门、单位重点做好以下工作:

a. 制订项目的试飞质量管理顶层文件,并监督执行。

b. 试飞过程中重大质量问题/事故/事故症候调查,组织设计、制造、试飞等相关单位采取针对性措施,避免问题再次发生,组织协调质量问题归零工作。

c. 在试飞现场派驻专职质量主管,按要求报送试飞现场重大质量问题信息。

d. 组织开展试飞现场专项质量审核,根据产品交付质量,适时开展国内外供应商的专项质量审核,以确保供应商交付的产品满足质量要求,保障试飞安全和试飞效率。

(5) 国际合作与供应商管理部。

负责组织相关部门、单位主要做好以下工作:

a. 按照试飞计划要求,督促供应商做好软件、硬件交付。

b. 根据试飞现场工作需求,协调安排国外供应商做好技术支持、备件保障、成品故障处置等工作。

c. 负责做好国外供应商跟飞人员的管理(包括保密管理)。

(6) 上飞院。

上飞院是ARJ21-700飞机项目的工程技术总负责单位,在试飞工作中承担以下职责:

a. 制订研发试飞、表明符合性试飞、审定试飞等试飞要求,负责试飞大纲和试飞任务单会签。

b. 将试飞改装设计纳入构型管理;完成试飞飞机的架内改装图纸设计和更改

控制工作,以及架外改装图纸的会签与提交审查组批准工作。

c. 负责科目试飞前飞机构型确认,参与试飞数据处理分析,负责试飞结果完整性和符合性的确认,负责组织试飞结果的快速确认。

d. 依据试飞报告编写 MOC6 试飞分析报告,负责审定试飞报告编制,并提交审查组审批。

e. 编写研制试飞阶段所需的各种手册、检查单、试飞阶段的维修要求等工程资料,提供试飞所需的相关资料。负责提出《飞行手册》《维修手册》等有关手册的验证要求。

f. 负责与系统供应商的技术协调,并配合上飞公司采购与供应商管理部门协调飞机系统供应商参与试飞的有关活动。

g. 编制试飞飞机所需的备件清单。

h. 承担与试飞相关的工程技术支持,处理试飞过程的相关技术工作,完成各阶段的相关报告。

i. 提供配套的试飞用非标地面设备、随机工具、供应商专用工具清单,并提供非标地面设备及备件,负责非标地面设备的排故工作,满足飞机的试飞使用需求,负责组织非标地面设备的鉴定工作。

j. 负责试飞员、机务人员、参试工程技术人员等的理论培训、工程模拟器/铁鸟/航电试验台培训。

(7) 试飞院。

试飞院负责 ARJ21 - 700 飞机的飞行相关工作实施和飞行安全责任,承担第二阶段研发试飞、申请人表明符合性研发试飞、审定试飞、功能可靠性试飞、飞行模拟器数据提取试飞和 AEG 试飞等任务,是试飞测试改装工作的责任单位,负责管理飞机上实施的所有架内改装、架外改装、工程更改和供应商改装项目。

a. 根据项目顶层计划节点要求,提出各架飞机的试飞计划建议,负责试飞计划的组织实施。

b. 根据上飞院提出的"试飞要求"确定试飞飞机的任务分工,制订试飞方案、编制试飞大纲、试飞任务单、风险评估单等试飞文件。

c. 组织完成所承担的试飞任务,负责试飞数据处理分析和试飞数据的有效性,参与试飞结果的快速确认,编写除审定试飞外其他科目的试飞报告。

d. 与上飞院、上飞公司协调,完成试飞飞机的测试改装方案和测试改装设计要求,完成试飞飞机的架外改装图纸设计和更改控制,完成试飞飞机的架外测试改装,对测试改装进行质量控制,并向上飞公司提交测试改装制造符合性声明及制造符合性声明所需的支持性资料,配合审查组实施制造符合性检查,并对提交的测试改装制造符合性声明负责。

e. 与上飞院和国外系统供应商协调系统测试改装和试飞相关工作,通过上飞院向供应商提出测试改装要求,并对国外系统供应商的测试改装工作进行归口管理。

f. 根据上飞院的试验要求,完成所承担的适航符合性机上地面试验(MOC5)的试验大纲和试验实施,并编制试验报告。

g. 对上飞公司承担的首飞、第一阶段研发试飞等试飞工作提供相关的技术支持及测试保障。

h. 协助编写试飞阶段所需的各种手册、检查单、试飞阶段的维修要求等工程资料,协助飞行手册等重要持续适航文件的编制。

i. 受支线项目部委托负责试飞员队伍的组建、培训和试飞员的日常管理,派遣试飞员完成上飞公司的首飞和第一阶段研发试飞工作,派出审定试飞的安全机长。

j. 负责相关手册(《飞行手册》、PMMEL等)的验证试飞工作,负责飞行模拟器数据提取试飞工作。

(8) 上飞公司。

主要负责首飞、第一阶段研发试飞,负责所承担试飞任务的试飞安全,承担后续试飞的跟飞保障工作。

a. 根据上飞院试飞要求,编制首飞、第一阶段研发试飞大纲。

b. 按照上飞院的改装设计图纸组织完成架内改装,支持试飞院和国外供应商的试飞测试改装,并对试飞院和国外供应商的试飞测试改装工作进行质量监督。

c. 参与编写研发试飞阶段所需的各种手册、检查单、试飞阶段的维修要求等工程资料。

d. 支持上飞院和试飞院完成适航符合性机上地面试验(MOC5)。

e. 负责组织首飞和第一阶段研发试飞,进行试飞数据处理分析,编写试飞报告。

f. 负责向审查组提交飞机本体的制造符合性声明,汇总试飞院提交的测试改装制造符合性声明,并配合审查组实施制造符合性检查。

g. 按照安全保密部门规定,负责国外供应商跟飞人员的管理。

h. 根据试飞备件消耗情况,及时补充备件。

i. 对制造构型进行控制,落实新增工程更改和机上撤保留工作,参与试验试飞过程中的排故工作。

(9) 中国商飞试飞中心。

在ARJ21-700飞机试飞中承担以下职责:

a. 根据项目需要,组织联合机务团队,支持试飞院机务工作。

b. 负责管理试飞工程师团队,派遣试飞工程师参与登机飞行以及支持上飞院试飞现场技术工作。

c. 根据试飞现场的需求,参与支持特殊气象等专项外场试飞的调研和保障工作。

(10) 客服公司。

客服公司在 ARJ21 - 700 飞机试飞阶段负责:

a. 试飞用技术出版物的印刷、分发、更改跟踪。

b. 协调飞行模拟器供应商,提出飞行模拟器试飞数据提取的要求,飞行模拟器数据提取,试飞期间在现场进行支持。负责确认试飞数据是否满足飞模软件开发使用需求。

13.3.5　试飞专题管理

1) 试飞大纲管理

试飞大纲是试飞要求的进一步落实,是试飞工作的基础。试飞大纲由试飞部门编写,获得设计师系统认可后提交给适航局,只有获得适航当局批准后方可使用。试飞大纲主要包括研制试飞大纲和验证试飞大纲,还有交付试飞大纲等,这里暂不讨论。研制试飞大纲按照试验架机编写,为方便管理将滑行和首飞大纲都归入研制试飞大纲中,这样研制试飞大纲就分为 4 个部分:滑行、首飞、第一阶段研制试飞和第二阶段研制试飞。验证试飞大纲按照各个系统编写,包括性能分册、操稳分册、颤振分册和结构载荷分册等。

2) 试验点管理

试验点是由试飞科目细分而来,每个试飞科目分为多个试验点,试验点完全依赖于试飞科目。随着民机技术的发展,试验点数目也随之加大,在目前的试飞中,试验点数量已经很庞大,以 ARJ21 - 700 为例,试验点数量就达到了 1 500 多个,可以预料,在未来大飞机的试飞中将面临更多的试验点,只有合理管理这些试验点才能使试飞更有效率。

3) 约束条件管理

对于不同的试飞科目,对飞机软硬件构型、专用改装等方面的要求各不相同,必须在每次试飞前满足对应科目的约束条件,以保证能安全有效地进行试飞工作。试飞工程师在安排试飞计划时,需要查询试飞科目约束条件,对于还没达到执行要求的科目,通知责任部门在试飞执行前完成相关工作。只有提交试飞科目构型评估报告至适航当局,并获得批准后方可进行该科目的试飞,所以约束条件管理功能包含了构型评估报告的局方批准状态信息。约束条件中有很多重要信息,如责任部门、风险等级、环境条件、专用改装、仪器设备等。

4) 监控记录管理

在飞机试飞过程中,需要有试飞部相关专业人员进行监控,试飞部门人员需记录飞机飞行的实际情况,在后续试飞部门登记任务执行情况和专业部门处理试飞数据时都会用到监控记录中的信息。添加监控记录界面在监控过程中主要记录以下内容：试飞的基本情况、飞机状态、起飞过程、着陆过程、任务完成情况和飞行中的特殊状况等。为方便后续查看和更正，监控记录模块还具有查询、修改等功能，由于篇幅关系，这里不再介绍。

5）任务执行情况管理

在下任务的时候即开始登记，飞行日期填写计划执行日期，起飞重量、主要涉及专业、试验类型和任务单编号按任务单填写。任务执行完后，根据实际飞行情况、监控记录和飞行员对本次飞行的反馈等信息，登记试飞任务执行情况，登记的主要内容包括：起飞时间、着陆时间、试验主要内容、故障情况等。

6）试飞进度管理

在登记完试飞任务执行情况后，试飞工程师根据试飞过程中的监控记录、任务执行情况与任务单要求的一致性、专业部门对试飞数据的处理结果等方面的内容，判断本次试飞的有效性。如果认定本次试飞有效，则标记对应试验点为完成，如果认为本次试验仍需重复，则标记对应试验点为未完成。若一架次试飞中完成了多个试验点，根据实际飞行情况分别判断其试飞有效性，然后分别标记试验点。标记试验点的过程在试验点查询界面中完成。标记试验点的实现流程，如图13-2所示。在标记试验点时，统计对应科目试验点完成数和未完成数，当科

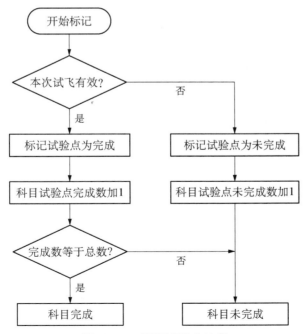

图 13-2 标记试验点流程

目试验点完成数等于科目试验点总数时,则标记对应科目为完成,否则标记为未完成。

7) 问题处理管理

问题处理管理是根据飞行员或机务填写的问题处理单信息,如处理意见和问题排除情况等,并更新问题处理数据。可以根据当月统计结果、累计统计结果和接收处理单的月份范围筛选统计结果,进行问题管理。按照涉及专业分别统计未处理数、及时处理数、及时处理率、设计原因问题数、设计原因率。统计结果有助于了解问题处理情况、各专业问题处理效率和飞机设计的合理性等。

14 ARJ21 - 700 飞机项目适航工程管理

14.1 概述

在1970年之前,美国航空器制造厂家就已经建立专家队伍来评估航空器运行过程中出现的故障、失效和缺陷对飞行安全的影响,并针对评估结果制定相应措施,来改进飞机,不断提高飞机的安全性和可靠性。

近些年来,适航风险水平控制在定量分析方法上有了很大的发展,这种方法是通过对不利于持续适航的信息进行全面的收集、分析和评估来更加精确地判定实际的适航安全风险水平,并在此基础上决定必要的措施。国外先进航空器制造厂家在这些方法的基础上,又建立了完整的标准和规范,最终形成了一个完善的适航工程管理体系,对飞机和机队进行全面的适航工程管理。

完善的适航工程管理体系在避免事故的发生、提高航空器安全性和可靠性、改进航空器的设计、提升航空器的市场竞争力等诸多方面都发挥了不可替代的作用。我国的民机制造业正处于蓄势发展的阶段,为了充分发挥适航管理的作用,对适航工程管理体系的建设也提出了必然的要求。民用飞机的成功取决于市场的成功,为保持飞机运行安全,保障航空制造业的健康发展,建设完善的适航工程管理体系,是飞机项目能顺利进行的必然要求,是对中国商飞的必然要求。

14.2 适航工程

14.2.1 基本概念

适航,就是适航性的简称,是民用航空器一种属性的专用词。英文是"Airworthiness"。英国牛津字典对适航的解释是"fit to fly",意思是"适于飞行"。适航性即航空器适宜于空中飞行的性质。民用航空器的适航性是指该航空器包括其部件及子系统整体性能和操纵性特性在预期运行环境和使用条件下的安全性和物理完整性的一种品质,这种品质要求航空器应始终处于保持符合其型号设计和始终处于安全运行的状态。适航性这个词不是出于理论或学术研究的需要,也不是出于设计、制造航空器的需要，而是出于维护公众利益的民用航空立法的需要。适航性只局限于民用航空器，最终目标是飞行中的安全性，是航空器综合性能的体现，是以预期的运行环境和使用限制为界定条件的，是一个包括设计、制造、使用和维修在内的动态系统。

1）适航规章

审定计划（certification plan，CP）是申请人制定的关于采用何种符合性验证方法来表明产品符合审定基础的计划。本文档旨在指导运输类飞机人为因素适航审定计划的制定，主要参考 ANM-99-2-运输类飞机驾驶舱人为因素验证计划检查指南（ANM-99-2 Guidance for Reviewing Certification Plans to Address Human Factors for Certification of Transport Airplane Flight Decks）以及 25 部飞机驾驶舱设计过程中飞行机组界面的考虑（Flight Crew Interface Considerations in the Flight Desk Design Process for Part 25 Aircraft）。

根据 AP 21-03 规定，型号合格审定过程可分为 5 个阶段：概念设计阶段、要求确定阶段、符合性计划制定阶段、计划实施阶段和证后阶段。

概念设计阶段是指意向申请人对潜在的审定项目尚未向中国民用航空局（CAAC）的责任审定单位提出型号合格证或型号设计批准书申请的阶段。该阶段的一项主要任务是审定计划的讨论。根据《民用航空产品和零部件合格审定规定》（CCAR-21 部）第 21.15 条的规定，型号合格证或型号设计批准书申请人在提交申请书时，应附相应的审定计划（CP）。审定计划（CP）根据拟申请项目的复杂程度和需要，可拆分为项目级和系统级或专业/专题级。意向申请人可就审定计划（CP）的编制规划与责任审查部门进行讨论，并按 AP 21-03 附录 D 的指南在本阶段编制出审定计划（CP）草案。

一份典型的审定计划（CP）至少应包含以下内容：

（1）申请人、型别和申请日期等概述信息。

（2）设计方案或设计更改方案的说明，包括示意图和原理图。

（3）预期运行环境的规章要求（如 CCAR-91 部、CCAR-121 部或者 CCAR-135 部下的运行）以确定产品的运行类别和维修大纲类型。

（4）建议的合格审定基础，包括适用规章的条、款、项，豁免、等效安全以及专用条件等。

（5）符合性验证思路和符合性方法表。对符合性方法的描述必须充分，以确定 CAAC 所需的必要数据都被收集且发现的问题都得到处理。

（6）用于表明对适用审定基础符合性的文件清单，该清单可记录符合性以表明工作的完成情况。进行这项工作时可以采用"符合性检查单"的形式，按适用于产品的规章的每一条款列出。

（7）用于生成符合性验证数据/资料的试验件和试验所需设备的清单。对于试验件，还应确定其设计特性，以此作为制造符合性检查代表确认试验件符合试验要求(如尺寸或者公差带信息)的具体指导;对于试验设备,还应确定试验设施的相关信息,确定试验前如何校准和批准设备。

(8)对颁发型号合格证后如何满足持续运行安全要求的描述。

(9)项目里程碑计划,如初步安全性评估报告的提交日期、符合性验证资料的提交日期、制造符合性检查和试验完成日期以及预期完成型号合格审定的日期。

(10)委任工程代表(DER)和委任生产检验代表(DMIR)的清单,其权限范围以及是否能批准资料或者仅提出批准资料的建议。

2)适航程序要求

对于需将审定计划拆分为项目级和系统级或专业/专题级的情况,项目级的审定计划应包含上述典型的审定计划的所有方面,系统级或专业/专题级的审定计划则至少应包含如下方面:

(1)详细的系统或专业/专题描述,包括系统或专业/专题的设计特点、功能、示意图、子系统和/或组件的描述等。

(2)系统构型控制文件,包括选装设备文件和选装软件文件。

(3)对供应商的审查事项,包括供应商概述、供应商对申请人系统集成和项目级符合性验证的支持计划。

(4)预期的运行类型和相关的运行规章要求及其符合性考虑(例如,RVSM的要求)。

(5)与系统或专业/专题相关的审定基础。

(6)指导材料,包括咨询通告、工业界指导材料、标准等。

(7)如何表明符合性的说明(地面试验、试飞、分析或者其他可接受的符合性方法)。对符合性方法的描述必须充分,以确定CAAC所需的必要数据都被收集且发现的问题都得到处理。

(8)用于生成符合性验证数据/资料的试验件和试验所需设备的清单。对于试验件,还应确定其设计特性,以此作为制造符合性检查代表确认试验件符合试验要求(如尺寸或者公差带信息)的具体指导。对于试验设备,还应确定试验设置的相关信息,确定试验如何校准和批准设备。对于上述的详细信息,可引用具体的试验大纲。

(9)包括详细试验计划的试验项目,以及制造符合性检查计划。

(10)提交表明对审定基础的符合性的文档的清单。

(11)对持续适航问题的说明,包括对适航限制项目(ALI)或审定维修要求(CMR)的说明。

3)适航工程管理的特点

(1)法规性。

(2)权威性。

(3)国际性。

（4）过程完整性和目标统一性。

（5）动态发展性。

（6）独立性。

适航工程是政府适航部门在制定了各种最低安全标准（适航标准）的基础上，对民用航空器的设计、制造、使用和维修等环节进行科学统一的审查、鉴定、监督和管理。

14.2.2 ARJ21-700 适航取证的过程

中航商飞于 2003 年 1 月 20 日向 CAAC 提交 ARJ21-700 飞机 TC 申请，于 2003 年 3 月 27 日获得 CAAC 受理申请函。2003 年 9 月 26 日召开首次 TCB 会议，2012 年 2 月 14 日召开验证试飞前的 TCB 会议，于 2014 年 12 月 26 日召开 TCB 最终会议，2014 年 12 月 30 日获得型号合格证。

1）ARJ21-700 飞机 RVSM 取证方案

根据 122JB2094A《ARJ21-700 飞机 RVSM 合格审定计划》，RVSM 取证将按照航空器组进行审定；在获得航空器组批准之前，对于有 RVSM 空域运行要求的客户，按照没有归组航空器的要求进行单架机审定。

第一步：在获得 RVSM 航空器组认可之前，对 105～110 架机进行单机 RVSM 申请。

第二步：在 104～110 架机上进行地面测量，并建立模型分析高度残差，通过试飞结果对比，建立外形与测高系统误差之间的关系，并跟踪求得 ASE 平均与 ASE3σ，获得 RVSM 航空器组认可。在 30 架飞机上进行地面测量，并进行 CFD 分析，表明飞机的制造对空速系统的影响是一致的。

2）ARJ21-700 飞机中央维护系统 TAR File 适航取证技术攻关

ARJ21-700 飞机中央维护系统 TAR file 适航取证攻关技术涉及技术管理体系的建立、交联系统适航验证试验以及多系统协同等技术与管理两个层面，其攻关技术主要由三部分工作构成：TAR file 技术管理体系的建立与实施，TAR file 软件构型冻结以及 TAR file 交联适航验证试验。

3）飞机航电系统取证工作技术

从航电系统的审定基础、符合性方法、符合性文件及重大技术问题解决方案等方面完成航电系统的取证工作。

4）ARJ21-700 飞机电气系统取证工作技术

从电源系统、照明系统的系统概述、系统组成、系统功能、审定基础、符合性方法、适航符合性验证活动总结、符合性文件状态等方面完成电气系统的取证工作。

5）ARJ21-700 飞机液压能源系统取证工作技术总结

从液压能源系统的审定基础、符合性方法、符合性验证思路、符合性文件及重大技术问题解决方案等方面完成液压能源系统的取证工作。

6）各年份的适航取证

2010 年,加快开展各项适航取证工作,组织适航审查专题会,制定取证规划和计划,开展符合性文件内审、审批和适航条款关闭,配合 FAA 影子审查,并积极开展遥感飞机适航、持续适航和 AEG 评审等相关工作,助推型号研制,加快冲刺适航取证。

2011 年,完成适航取得飞机型号检查核准书(TIA)前技术工作,年内顺利召开 TIA 前工作总结会,完成 TIA 前试验、试飞和符合性报告编制工作。12 月 28 日 ARJ21-700 飞机 TIA 准备工作阶段总结会在上海召开,会议认为 ARJ21-700 新支线飞机项目已经基本具备了进入 TIA 的条件。条款关闭实现零的突破,2011 年 7 月,SC-A005(25.856)和 25.871 条款得到关闭,实现了条款关闭零的突破,条款关闭工作取得了重大突破。11 月,25.683 条款也正式关闭。

2012 年 2 月 13 日至 14 日,ARJ21-700 飞机验证试飞前型号合格审定委员会(TCB)会议在上海召开,ARJ21-700 飞机正式获得 TIA,ARJ21-700 飞机正式进入验证试飞阶段。围绕"符合性验证试验试飞、符合性报告编制和批准工作"的主线,强化计划管理,全力推进 ARJ21-700 飞机项目适航取证工作。开展符合性文件内审和审批,组织召开了一系列 ARJ21-700 飞机适航取证工作规划研讨会,规划制定了符合性文件工作的主要任务,会同 ARJ21-700 项目部、纪检监察部对符合性文件进展状态进行跟踪,每周对符合性文件的编制情况进行检查和督促,制定了符合性文件管理办法。到 2012 年年底,组织适航专题审查会议 100 余次,累计批准各类文件 1 000 余份,其中符合性文件 405 份,批准偏离、代料、EO、ATP、试飞评估报告等近 2 000 项,推动了型号取证工作的进行。开展符合性验证试验,根据《ARJ21-700 飞机适用适航条款关闭的管理程序》对 ARJ21-700 飞机条款关闭进行了规划和计划,对未关闭条款的状态、制约条款关闭的因素进行了整理。组织各专业严格按照要求编制试验大纲、试验构型评估报告、试验偏离评估报告、试验报告、试验分析报告等相关文件,并进行严格的适航内审把关。积极协调局方审批,组织局方进行制造符合性检查和试验目击。

截至 2012 年年底,ARJ21-700 飞机累计完成 273 项符合性验证试验/检查,完成率为 92%。开展试飞适航支持保障工作,组织开展特许飞行证申请工作,累计共申请并取得 50 次研发试飞和验证试飞特许飞行证,内审并协调局方批准评估报告 600 余份。完成了 101 架、102 架、103 架、104 架的试飞改装方案以及 4 架飞机两百余份试飞改装图纸的审批工作;完成了试飞报告清单目录、试飞科目构型评估报告的批准和跟踪表;至年底完成的 32 份试飞大纲,均已得到局方批准;派 2 名适航主管在跟飞跟试现场,全面负责组织试验试飞现场的适航工作。积极配合 FAA 影子审查,按照与 FAA 签订的 MOA 项目,组织制订 FAA 影子审查工作计划和各项

FAA 参与的验证工作。根据 FAA 影子审查过程中提出的问题,制定 FAA 影子审查行动项目专题工作计划,加强与审查组进行沟通协调,组织各专业进行分析研究并完成 FAA 行动项目答复单。截至 12 月底,55 项 FAA 影子审查 MOA 项目,已完成 28 项,已进行 6 项,进行中 7 项,未到期 17 项。截至年底,FAA 影子审查行动项目共计 129 项。其中,已完成答复、已得到 CAAC/FAA 认可并关闭 113 项。FAA 影子审查问题纪要共计 108 项,现已关闭 31 项。

开展持续适航和 AEG 工作,加强持续适航体系建设工作,为保证持续适航体系试运行工作顺利开展,制订"持续适航体系试运行上飞院实施细则",细化程序文件中上飞院承担的工作内容、人员等,使其更具有可操作性;完成试运行案例选取和分析,制定试运行工作标准答案,为试运行运转提供技术保障;开展证后管理工作,组织"民用飞机证后管理研讨会",与中国民航科学技术研究院研讨了民用飞机证后管理范畴,梳理中国商飞公司证后管理内容、确定需要编制的证后管理文件和程序,同时,进一步理出证后管理工作中存在的问题及解决思路。编制证后适航管理工作方案初稿。与上海审定中心就证后适航管理工作开展技术交流,初步讨论了证后适航管理工作范畴、职责分工以及适航工作要求,明确了后续研究内容和工作思路。同时,还组织各专业编制 CCMR 项目的文件,利用现场办公会,推进 CCMR 文件审批,并开展了航空器评审组(AEG)审查工作。

2013 年,符合性报告状态共规划 2 667 份符合性报告,截至 2013 年底,累计编制 2 186 份,占 82%;累计批准 1 626 份,占 61%。条款关闭状态适用条款共计 393 条,截至 2013 年底,累计关闭 67 条(其中 31 条阶段性关闭)。影子审查技术评估报告项目状态,截至 2013 年底,54 项影子审查技术评估项目(包括符合性文件评审、验证试验、验证试飞、机上检查、软件审核等),32 项已完成,5 项已进行,3 项进行中,14 项未进行。

在型号研制初期,即需基本确定审定基础。根据审定基础,与审查方讨论确定系统合格审定计划,并贯彻到系统研制整个历程中。燃油系统符合性验证包括设计说明、计算仿真、安全性分析、实验室试验、机上地面试验、飞行试验、机上检查和部件鉴定 8 类方法。系统供应商给出取证支持计划,制定部件鉴定计划和软硬件取证计划。在系统研制不同阶段,分别完成系统鉴定、软件研发验证与审查、系统分析等工作,并为 COMAC 系统级符合性验证提供支持。

ARJ21-700 的取证中引入了 FAA 进行影子审查工作,FAA 实际上介入 CAAC 审查工作较深,对很多具体审查技术内容提出很多观点。这些观点一方面确实提高了系统研制技术和 CAAC 审查能力,另一方面也对取证造成了很大影响。FAA 的审查为案例方式,其规章条款也是在众多的案例基础上总结出来,因此 FAA 审查员往往带有个人经验的特点,审查中偏向于以往经验。FAA 的审查观点对 CAAC 审查造成很大影响,关于技术方案和符合性方法历经 4 年多讨论、论证,最终确定 CAAC 取证的技术方案和验证方案。

通过 ARJ21－700 飞机燃油系统完整的 CAAC 适航取证过程,对每条适航条款的要求进行了长期的研究分析,与 CAAC、FAA、外部专家、供应商及行业内开展大量沟通,对相关适航条款的要求有了非常清晰的理解,有力推进了系统适航取证进程和系统专业核心技术能力建设。

7) 获取型号合格证

2014 年 12 月 30 日,中国民用航空局(CAAC)在北京向中国商飞公司颁发 ARJ21－700 飞机型号合格证。这标志着我国首款按照国际标准自主研制的喷气支线客机通过中国民航局适航审定,符合《中国民用航空规章》第 25 部《运输类飞机适航标准》(CCAR－25－R3)要求,具备可接受安全水平,可以参与民用航空运输活动。同时,也向世界宣告我国拥有了第一款可以进入航线运营的喷气客机,并具备了喷气式民用运输类飞机的研制能力和适航审定能力。

8) 首架机交付

2015 年 11 月 29 日,ARJ21－700 新支线飞机首架机交付给成都航空公司。这是继 11 月 2 日 C919 大型客机总装下线后,我国航空工业又一重大突破。至此,国内航线将首次拥有自己的喷气式支线客机。

9) 正式载客运营

2016 年 6 月 28 日,ARJ21－700 飞机从成都顺利飞抵上海虹桥机场,完成了首次的载客运营,这意味着中国的航线上正式迎来了自己研发的喷气式客机。正如《解放日报》的评论:"ARJ21－700 飞机正式投入商业航线,意味着一切试验、模拟都已结束,这架飞机开始真正面对公众。最重要的是,它需要肩负起责任,确保安全上万无一失。"ARJ21－700 飞机投入载客商业运营。截至 2017 年 5 月,10 个月左右的运营期间,一直保持了 80%～90% 的较高上座率。

14.2.3   ARJ21－700 适航取证管理的方法和工具

1) ARJ21－700 适航取证的工作模式及工作分工、适航中心组织机构

(1) ARJ21－700 适航取证的工作模式及工作分工。

ARJ21－700 飞机适航取证的工作模式可归纳为:各单位的适航职能部门在项目两总系统、中国商飞适航管理部领导下开展工作;申请方大专业联络员对应于审查组的专业专题组组长,各专业适航主管对口审查组相关审查代表开展工作;中国商飞适航管理部负责适航取证的顶层规划与协调管理,上飞院适航工程中心负责组织各专业部开展适航取证工作。

2000 年,在 ARJ21－700 项目开始筹备之初,在项目筹备组中即有几位人员负责考虑、研究、策划、组织项目的适航取证工作。2002 年 4 月,ARJ21－700 飞机项目正式立项,组建了中航商飞,在筹备组负责适航工作的人员基础上组建了质量适

航部。中航商飞质量适航部历经多次部门名称、所属关系的变更,目前归入现在的中国商飞适航管理部(支线适航处),其主要职责没有变化,人员也保持稳定。在ARJ21-700项目中,中国商飞适航管理部负责与局方的总体协调、顶层的适航工作规划、顶层的适航计划制订、供应商的适航管理、制造单位的适航联络协调等。

2000年以前,640所、603所都曾有适航研究部门,但由于长期没有型号任务支撑,这些部门都被撤并到其他部门,如640所的适航研究室被并入总体气动部,603所的适航职能并入标准化部门。适航的从业人员年龄严重老化,相继退休,后继无人,适航职能严重萎缩。2002年ARJ21-700飞机项目正式立项,在参研单位内部相继建立了相应的适航管理部门。当时上海飞机设计研究所质量部抽调部分人员成立了适航组,后来质量部更名为质量适航部,历经640所与603所合并与分开、中国商飞成立等过程,于2009年(当时为适航管理处)改建为适航工程中心,人员组成也由一段时期的西安、上海两地组成到最终仅为上海人员。适航工程中心行政关系属于上飞院,但也是中国商飞适航管理部的延伸机构,接受中国商飞适航管理部的工作任务和技术指导,对于ARJ21-700飞机来说,其主要工作仍接受中航商飞适航管理部的指导,负责工程方面适航技术与管理工作。

2004年起,当时的一飞院任命了专门的适航副总师,负责ARJ21-700飞机适航取证工作的技术总协调。2008年,中国商飞成立,原由一飞院西安总部承担的研制任务陆续回归上海飞机设计研究院,这期间适航副总师职位出现空缺,先后由ARJ21-700飞机总师、ARJ21-700飞机总体副总师兼任。2010年,上海飞机设计研究院任命了专门的适航副总师,适航工程中心在总师系统、行政管理系统的领导下开展工作。

2003年,ARJ21-700飞机的申请获得局方受理之后,局方组织来自民航各地方管理局及其他所属单位的适航审定人员组建成立了ARJ21-700飞机型号合格审定审查组,分为性能操稳、结构强度、电子电气、机械系统、动力装置、持续适航等5个专业组,并任命了专业组组长、副组长。为了与审查组对口开展工作,申请方指定了大专业联络人,与审查组组长对口联络协调,大专业联络人由各专业副总师担任。大专业联络人负责就所属专业的技术意见及问题与局方进行沟通协调,与审查组专业组组长共同主持专业专题审查会并代表申请方签署会议纪要。

ARJ21-700飞机型号合格审定审查组由50~60名审查代表组成,每名代表负责一定专业范围内的审查工作。为适应审查组的工作模式,申请方适航职能部门的人员,特别是适航工程中心的人员也都按专业分工,作为适航主管分别对口审查组对应的专业组。由于审查组实行的是"审查代表负责制",申请方的工作也体现为"适航主管负责制",即每个适航主管独立开展所负责专业的适航技术与适航管理工作,包括适航技术研究、适航内审、审查活动组织等。并对内对口协调组织相关专业部开展适航取证工作。

由于适航管理本身就是技术管理工作,技术与管理难以完全区分,因此特别是在项目早期,适航管理部也参与了部分技术性工作,而适航工程中心在整个项目过程中也负责了较多的管理性工作。适航管理部与适航工程中心详细的工作分工可归纳为如下所述。

适航管理部负责的工作:PSP、PSCP 管理、设计保证体系管理、审定基础管理、符合性方法表管理、审定信函管理、审查组大组层面的工作协调管理、供应商适航管理、预投产管理、特许飞行证管理、项目适航计划管理、取证资料管理。

适航工程中心负责的工作:审定基础技术管理、符合性方法表技术管理、问题纪要管理、CP 内审与管理、符合性文件内审与审批管理、工程技术资料审批管理、试验试飞管理、专业专题组审查会管理、条款关闭管理、上飞院适航工作计划管理。

(2)上飞院适航中心的组织机构。

上飞院 ARJ21－700 飞机适航取证技术工作由上飞院适航工程中心负责,在项目两总系统、中国商飞适航管理部(原中航商飞质量与适航部)指导下开展工作,适航工程中心组织机构如图 14－1 所示。

图 14－1 适航工程中心组织结构图

除按行政划分 6 个办公室之外,适航工程中心还成立由 5 位副主任设计师任组长的 5 个技术团队,适航工程中心所有员工均按照所学专业加入各个的技术团队,开展相关工作,分别为总体综合专业(含持续适航)、结构强度专业(含制造检查)、电子电气系统专业(含软件)、机械系统专业(含安全性)、动力装置系统专业,目前 5 个大专业已覆盖,但是由于人员有限,大专业内各小专业覆盖不全,不能完全满足各专业具体工作要求。

在 ARJ21－700 飞机适航取证工作中,中国商飞适航管理部主要负责适航管理工作,包括与局方审查组整体层面的协调,以及负责供应商适航管理工作,适航工程中心主要负责适航技术工作,组织具体的适航审查。

2)适航取证技术管理工作

在飞机适航取证过程中,主要从审定基础、问题纪要、审定计划、条款关闭、FAA影子审查、审查会、符合性文件、试验试飞、制造符合性检查、适航内审、影响取证的技术问题等方面开展适航技术管理工作。

（1）审定基础。

型号合格审定基础是经型号合格审定委员会确定，对某一民用航空产品进行型号合格审定所依据的标准。例如，中航商飞于 2003 年 1 月 20 日向中国民用航空总局申请装有涡轮风扇发动机的 ARJ21－700 飞机的型号合格审定。民航总局适航审定司于 2003 年 3 月 27 日受理了中航商飞的申请（受理编号为：NATC00017A）。型号合格审定委员会按照 CCAR－21－R2 第十一条、十二条的要求，拟定了 ARJ21－700 飞机型号合格审定基础。CAAC 审查组和申请人通过签署问题纪要 G－001，就构成 ARJ21－700 飞机型号合格审定基础的适航条例/要求达成一致意见。

（2）问题纪要。

问题纪要（issue paper，IP）是用来确认和解决型号合格审定过程中发生的有关技术、规章和管理的重要或有争议问题的一种手段，也是用来确认问题处理进展情况的手段，并且是证后对问题处理情况进行总结的基础。

（3）审定计划。

系统级合格审定计划（CP）是申请方按照系统、专业或专题编制的合格审定计划，如针对飞控系统、起落架系统等复杂系统，针对性能、飞行品质等专业或针对闪电防护、防冰等专题所编制的合格审定计划。系统级合格审定计划内容是与型号的审定基础、符合性方法表、型号合格审定大纲、验证试验项目清单等文件协调一致的。

（4）条款关闭。

在审查过程中，审查方确定了"按专业进行审查、按条款进行关闭"的原则，因此，条款关闭工作是取证的收官之作，是取得型号合格证最后也是非常关键的一个环节。

随着取证工作的开展，每个条款的符合性方法、验证工作都不断发生变化。同时，由于在取证初期对各条款的符合性方法、验证任务定义存在一些错、漏等情况，因此发现需对条款关闭进行清理。

（5）FAA 影子审查。

美国联邦航空局（FAA）影子审查组根据申请人各专业的技术介绍文件，在 2010 年 4 月份共提出 52 项问题纪要清单，后续又提出了 22 份问题纪要清单（含 7 项 AEG 问题纪要清单）。申请人各专业在认真消化、研究 FAA 问题纪要的基础上，评估每项问题纪要对项目的影响程度，编写问题纪要的说明报告，并与 CAAC 进行沟通协调。2010 年 6—7 月，FAA 陆续给出问题纪要草案，并在后续陆续给出部分问题纪要的正式签署版，给出问题纪要的背景和 FAA 的观点。申请人和 CAAC 在对以上问题草案进行认真研究的基础上，根据重要程度重新对部分已经与 CAAC 签署的问题纪要和专用条件进行更新，纳入 CAAC 审查工作中。部分 FAA 问题纪要，将会在 FAA 影子审查第二阶段的审查过程中进行考虑。在 FAA 影子审查开球会上确定的 MOA 中 38 项 FAA 参与的审查项目基础上,加上在后续影子审查活动中新增的 MOA 项,目前共有 54 项 MOA 项,涉及试验试飞目击、安全性分析报告审查、软件现场审核等工作。

在后续的 FAA 影子审查活动中,根据确定的 MOA 项,以及申请人的工作安排,FAA 与 CAAC 一起参加了相应试验试飞目击、在供应商处的软件现场审核以及安全性分析报告的审查等工作。

(6) 审查会。

2007 年起至 2008 年底,为推进飞机审查工作,民航局适航司组织定期集中审查会。每月由中国民用航空(总)局通过明传电报发出通知,要求审查组全体成员在上海分召开审查组现场办公室集中审查会议,集中 1~2 周时间,讨论 CP 编制、修正案、重大技术问题等议题。

2009—2010 年,飞机审查会以专业、专题形式分组分别召开,未组织集中审查会。从 2011 年 1 月起,中国民用航空局适航审定司决定恢复每月一次适航现场办公会工作方式,目的是将分散在民航全国各地方管理局的 ARJ21-700 项目审查组成员集中一段时间,共同处理 ARJ21-700 项目适航取证过程中存在的问题。自 2011 年 1 月起至 2013 年 12 月,共召开集中审查会 34 次。在此期间,各专业专题组根据需要也会组织专业专题审查会。

(7) 符合性文件。

对申请方编制的符合性文件进行审查是局方开展型号合格审查的重要途径之一。适航工程中心对型号合格审定大纲与各系统、各专业符合性验证计划(CP)进行了核对。各系统、各专业 CP 是反映该系统、该专业审定基础、符合性方法和符合性验证任务的文件,是与局方达成一致开展符合性验证活动和审查活动的基础。CP 中包含该专业的符合性文件清单。在研究参考国外其他机型取证资料的过程中,发现对于符合性验证试验和符合性验证试飞,除应编制试验报告、试飞报告之外,还应编制试验分析报告、试飞分析报告。为此,适航工程中心更新了型号合格审定大纲,对符合性验证试验、试飞增加分析报告,但对已经完成且报告已获局方批准的符合性验证试验不再增加分析报告。

制订符合性文件管理办法,成立符合性文件 IPT 团队。团队成员定期进行沟通,及时协调解决存在的问题,对不能按期完成编制工作的,制订赶工计划;对提交局方审批的文件,定期跟踪审批状态,积极与审查代表沟通;对符合性文件编制审批存在的技术问题,逐层上报,积极推动解决。清理问题,制订措施。为清理符合性文件存在的问题,ARJ21-700 项目部、适航工程中心组织各专业部对每份符合性文件的状态进行清理,填报符合性文件编制、审批中存在的问题。对于专业部集中反映的供应商不能及时提供资料、试验报告不能及时完成等问题,指出针对性解决措施,通过供应商例会、专题协调会等方式推动解决。编制符合性文件模板和样例。按照不同的符合性文件类型，分别选取编制质量较高的符合性文件，进一步修改完善，形成每一类文件的样例。形成的样例发放至各专业部，作为符合性文件编制人员的参考。成立内审专家组，开展内审工作。为提高符合性文件通过局方审查的效率，组建成立了内审专家组，聘请院内返聘老专家以及国内相关的适航专家，对提交局方审查的文件进行内审。

（8）验证试验（含试飞）。

验证试验包括实验室试验、机上地面试验、飞行试验、机上检查、模拟器试验以及有关的设备鉴定试验。验证试验流程，如图 14 - 2 所示；验证试飞工作流程如图 14 - 3 所示。

（9）制造符合性检查。

飞机的初始适航审定包括 3 个阶段，分别为型号合格审定、生产许可审定和适航性审定。在这 3 个阶段中，制造符合性检查的工作重点尽管有所差别，但都是为了保证飞机安全，都是适航验证工作的重要组成部分。

制造符合性检查的主要目的是保证所验证的设计构型与经批准的设计构型具有一致性，制造构型能够充分代表设计构型；保证所使用的验证设备、验证环境等与经批准的验证依据文件一致；验证申请人的质量保证系统具有良好的可信度，为后续生产许可审定、单机适航证的审定等奠定基础。

制造符合性检查按照不同的原则可以有多种分类，比如试验件检查及试验前检查、结构件制造符合性检查及软件制造符合性检查、原型机制造符合性检查及批产飞机制造符合性检查、TIA 前制造符合性检查及 TIA 制造符合性检查等。

（10）适航内审。

符合性文件指申请人在型号合格审定过程中形成的表明适航符合性的文件，包括飞机符合性声明、符合性检查单、符合性综述文件（条款符合性综述报告和系统/专业符合性综述报告）以及符合性支持文件（各类试飞大纲、试飞报告、试飞分析报告、试验大纲、试验报告、试验分析报告、技术说明、安装图纸、计算方法、计算分析报告、软硬件构型索引、系统安全性评估文件、机上检查大纲、机上检查报告、鉴定试验大纲、鉴定试验报告、设备鉴定报告等）。符合性文件是申请人证明其型号设计满足审定基础的一种途径，条理清晰、内容完整准确的符合性文件是向审查方表明适航符合性的证据。

（11）影响取证的技术问题。

中国商飞成立之后，特别是公司适航管理部、适航工程中心相继组建之后，公司上下深感设计队伍的适航意识还不高，对适航取证工作带来很多的困难。为快速改变这一局面，在公司适航管理部的指导下，在上飞院的统一部署下，适航工程中心组织开展了适航攻关活动。2009 年 8—10 月，在 3 个月的时间内，在上飞院全体研制人员范围内，上下动员、积极行动，围绕提高全体员工的适航意识、切实解决影响飞

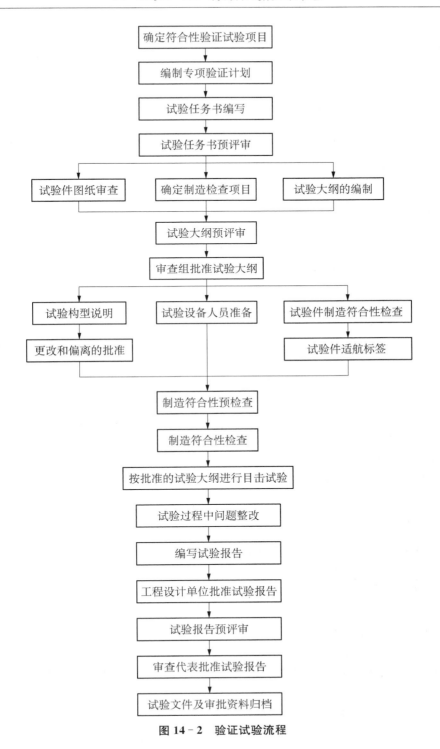

图 14 - 2 验证试验流程

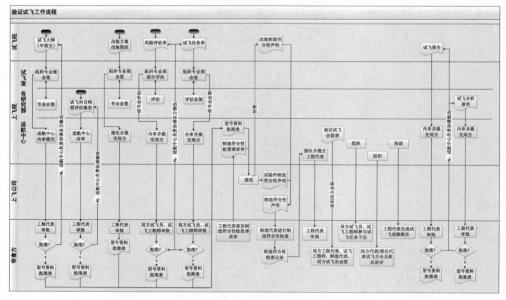

图 14-3　验证试飞工作流程

机适航取证的突出问题、建立和完善适航取证的长效机制、全面推进 ARJ21-700 项目的适航取证工作，开展多种形式的适航攻坚活动。全院各部门近 2 000 人次先后参加了 40 余次各类适航与技术专题培训，通过培训，适航意识得到普遍的加强和提高；此外，各部门积极组织开展适航条款和专业技术研究与培训，努力提升自身的适航技术水平与专业能力，为今后大型客机的研发与取证工作夯实基础。通过攻坚活动，明确适航工作职责、规范适航工作流程、编制和修订适航管理程序十几份，为建立完善的适航取证长效机制写下重要的一笔，有力推动了 ARJ21-700 飞机项目的研制与适航取证进程。

14.3　ARJ21-700 飞机项目适航工程管理

14.3.1　适航工程的特点

适航设计理念是为保证民用飞机的使用安全，国际上已经形成了一套完整严格的管理制度和办法，各国民用航空制造业和民航运输业基本上都照此办理。美国的联邦航空局(FAA)有一整套联邦航空规章 FAR，对民机的设计、制造、使用、维护、人员和企业的资格认证等在技术和管理上都有明确要求和规定，这是实践经验的积累，是国际上公认的为保证飞行安全必须满足的最低要求。适航审查是一个国家的主权。飞机要在某一国家销售和运行，必须通过该国适航当局的审查。我国研制民机要面向国内国际两个市场，就要取得中国、美国和/或欧洲的适航证，进而取得飞机使用国家的适航证。

中国民航总局适航司按国务院授权是中国的适航当局。我国在民用飞机适航性标准的符合性验证手段和方法等重要技术方面和适航管理方面已经取得了相当的经验。但由于自行研制的民机型号少，适航验证和管理技术水平与航空工业发达的国家相比仍有较大的差距。适航管理无疑是维护公众利益、保护民族工业的重要一环。目前国家正在加强对民机产业和适航工作的规划和投入。

适航，既是个技术问题，又是个管理问题。适航理念，第一条是保证航空安全；第二条是促进航空运输业的发展，保障航空安全不以牺牲飞机的性能和使用为代价；第三条是促进航空制造业的发展，帮助航空制造业以最短的时间、最小的代价符合安全标准，换句话来说，以最少的试验，最短的时间取得型号合格证，做好持续适航的基础工作是适航部门的责任；第四条是适航规章、法规条款，需要弄清楚每一条条款的建立的案例和背景，也要搞清楚先前同类飞机是怎么具体实施的。型号适航审查就是要按适航规程建立型号合格审查的审定基础、符合性方法，按适航审查程序完成型号的设计分析、制造、试验试飞并投入运营。它远远不是军机定型、战术指标的概念，它更加全面，是从大众利益出发保证飞行安全必须满足的最低要求。

2009 年 5 月 22 日，中国商用飞机有限责任公司适航工程中心正式揭牌成立。这是国内首家航空制造企业为保证航空器适航安全而成立的适航工程中心，标志着中国商飞公司核心能力之一的适航取证能力建设踏上新台阶，标志着中国商飞公司在建设一个适应现代民用飞机产业特点，可持续发展，并与国际接轨的适航体系上迈出新步伐。该中心隶属于中国商用飞机有限责任公司适航管理部，下设适航项目管理办、适航验证技术办、持续适航技术办和适航取证体系管理 4 个部门。适航工程中心将通过建立健全适航规章标准体系、适航工程师系统、适航管理内部审核系统、适航委任代表管理系统、适航管理信息化系统，建立和完善设计保证体系，肩负起型号合格符合性验证、适航体系建设的使命。

1) 中国商飞组织机构与职责

中国商飞作为实施国家大型飞机重大专项中大型客机项目的主体，总部根据业务需要设置 14 个职能部门，分别履行相应的组织管理职能。下设四大中心承担具体民用飞机及相关产品的科研、生产、试验试飞，销售及服务、租赁和运营等相关业务，分别为设计研发中心、总装制造中心、客户服务中心、试飞中心以及民用飞机技术研究中心。

设计研发中心(上海飞机设计研究院)是中国商飞公司的设计研发机构，在型号研制中承担飞机的总体设计、系统集成、试验试飞和飞机设计完整性责任，协助建立完善的设计保证系统，保证型号设计符合市场和适航要求，组织试验前制造符合性检查工作，组织完成符合性验证试验并提供适航取证(TC)符合性验证文件和证据，负责国内外供应商研发和联合设计工作的组织、管理、协调与控制。总装制造中心

（上海飞机制造有限公司）是中国商飞公司的总装制造机构，承担支线飞机和大型客机的总装制造任务。在大型客机研制中主要承担主制造单位责任，建立完善的生产质量保证体系并满足适航要求，承担试验件、原型机制造符合性责任，参与试验前制造符合性检查，提供适航取证符合性文件和证据，负责大型客机机体部件、发动机、机载系统成品等采购管理与国内外供应商制造工作的组织、管理、协调与控制。客户服务中心（上海飞机客户服务有限公司）在大型客机研制中承担大型客机的客户服务责任，按市场和适航要求建立大型客机客户服务体系和全球服务网络，开展产品全寿命周期的客户服务工作，代表主制造商并组织国内外供应商履行客户服务职责。

中国商飞公司针对民机项目成立了行政指挥系统和总设计师系统履行型号研制责任。行政指挥系统设立总指挥、常务副总指挥、副总指挥和二级单位指挥，并设立行政指挥系统办公室，办公室设在总部项目管理部，主要承担研制过程中的组织、指挥、协调和调度职能。总设计师系统包括：总设计师、常务副总设计师、副总设计师、主任设计师、副主任设计师等。在行政总指挥的统一组织领导下，主要负责型号项目设计、试验、试飞、制造、客服、适航等方面的技术工作和工程技术管理。

2）设计职能

中国商飞公司设计组织负责大型客机的设计研制工作，包括工程决策、提供供应商设计输入和审批其型号设计资料、协调解决重大技术问题、评审型号设计资料、设计更改、最终型号设计资料审批、构型管理、工程资料管理、试飞工作、制造和客户服务等。型号项目总设计师系统负责确定飞机设计要求和总体技术方案，制订研制技术规范，开展工程技术和客户服务技术研发，组织关键技术攻关，提出项目研制、试验和客户服务的技术保障要求，协调并解决研制工作中的重大技术问题，组织设计研发中心、总装制造中心和客户服务中心完成型号设计工作。中国商飞公司总部职能部门负责工程设计中的项目计划管理、质量安全管理、适航管理以及国内外供应商管理，组织设计研发中心、总装制造中心和客户服务中心完成相关工作，确保研制工作顺利有序进行。

3）适航职能

中国商飞公司组织并协调型号的初始适航和持续适航的各种工作。在型号适航工作中，中国商飞公司运用已有的组织和合作公司（包括供应商）的资源，并承担适航取证和证后管理的职责。公司实行总部适航管理部与设计研发中心、总装制造中心、客户服务中心适航职能部门两级管理。总部适航管理部负责本公司的型号适航取证、生产许可取证、持续适航和其他有关的适航工作，设有大型客机适航处、支线飞机适航处、适航技术标准处、持续适航处和适航体系管理处，是中国商飞公司对内和对外协调适航事务的唯一接口单位。

4）供应商管理

中国商飞公司采用"主制造商-供应商"的模式进行大型客机项目研制。中国商飞公司总部、设计研发中心、总装制造中心及客户服务中心共同组成大型客机项目的主制造商。供应商管理实行总部与所属单位两级管理。总部项目管理部牵头负责国内供应商的管理；国际合作与供应商管理部牵头负责国外供应商的管理，按照《国外供应商管理办法》组织和实施管理。总部科技质量部负责编制合格供应商目录，并对合格供应商组织实施质量考评工作。适航管理部负责供应商的适航管理工作以及对设计供应商设计保证系统的监控和评估。在总部主管部门指导下，设计研发中心负责国内外供应商的工程技术管理，总装制造中心负责国内外供应商的制造管理，客户服务中心负责国内外供应商的客户服务管理。中国商飞公司对各类供应商按照不同层次的划分进行分层管理，即上一级管理下一级，中国商飞公司有权对次级供应商进行监督管理。

5）各阶段适航工程管理

在型号研制初期，即需基本确定审定基础。根据审定基础，与审查方讨论确定系统合格审定计划，并贯彻到系统研制整个历程中。燃油系统符合性验证包括设计说明、计算仿真、安全性分析、实验室试验、机上地面试验、飞行试验、机上检查和部件鉴定8类方法。系统供应商给出取证支持计划，制订部件鉴定计划和软硬件取证计划。在系统研制不同阶段，分别完成系统鉴定、软件研发验证与审查、系统分析等工作，并为COMAC系统级符合性验证提供支持。系统适航取证工作历程较长，期间伴随着规章条款的变化。早期论证中已预计到某些取证风险，但对于条款变革力度估计不足。如2008年FAA发布了125修正案，2011年CAAC发布25部R4版和26部纳入125修正案内同，致使ARJ21-700飞机必须满足新的条款要求，而ARJ21-700当前设计不能满足要求。为此COMAC与CAAC历经3年多讨论及论证，最终确定采用暂时豁免后续改进符合的方式来关闭该问题。

ARJ21-700的取证中引入了FAA进行影子审查工作，FAA实际上介入CAAC审查工作较深，对很多具体审查技术内容提出很多观点。这些观点一方面确实提高了系统研制技术和CAAC审查能力，另一方面也对取证造成了很大影响。FAA的审查为案例方式，其规章条款也是在众多的案例基础上总结出来，因此FAA审查员往往带有个人经验的特点，审查中偏向于以往经验。燃油系统针对25.993条款的审查中，FAA对于机身金属燃油导管的柔性提出质疑，因为FAA审查的波音飞机机身内燃油导管基本都是采用软管，而服役的其他局方审查的飞机存在很多金属燃油导管布置在机身内的案例，如空客系列飞机、庞巴迪的飞机等。FAA的审查观点对CAAC审查造成很大影响，关于技术方案和符合性方法历经4年多讨论、论证，最终确定CAAC取证的技术方案和验证方案。

由于燃油系统试验试飞验证工作走在全机前列，因此ARJ21-700燃油系统适航取证工作走的也较快,主负责的条款关闭较早较多。但是因为早期适航工作规划、管理及经验不足,造成验证工作存在反复和调整。尤其是涉及全机的综合条款问题,工作分工不明、验证方法不清,致使燃油系统专业合格审定计划中验证工作基本结束的情况下,又必须考虑新增验证内容,严重影响验证计划。

通过 ARJ21-700 飞机燃油系统完整的 CAAC 适航取证过程,对每条适航条款的要求进行了长期的研究分析,与 CAAC、FAA、外部专家、供应商及行业内开展大量沟通,对相关适航条款的要求有了非常清晰的理解,有力推进了系统适航取证进程和系统专业核心技术能力建设。

中国商飞公司经过多年的摸索和总结,在型号研制方面已经形成一套比较成熟和完善的管理方式,特别是适航工作,作为国内首家进行完整型号适航取证的单位,中国商飞已经拥有一套自身的适航体系。

14.3.2　适航工程的任务和内容

确保航空器的适航是航空运行人或所有人、航空器制造商、维修单位、适航当局等各方的共同职责,这在规章中有明确的要求,适航体系建设最基本的目标是通过政策的实施、组织机构的组建、管理和控制保持适航安全水平。建设适航体系是政府、型号合格证持有人、运行人和所有人、维修单位等各方的责任。因此,应通过建立包含政府、型号合格证持有人、运行人、维修单位等各方的持续适航体系来达到航空器安全管理的目标。

为落实适航工程的责任,各个责任主体建立相应的体系,每个责任主体的体系必须相互衔接,形成完整的适航工程体系。适航工程管理分为初始适航管理和持续适航管理。初始适航管理是适航部门根据各类适航规章、标准和程序,对航空产品的设计符合性和制造符合性进行型号合格审定和生产许可审定,并实施持续性的监督,以颁发型号合格证件、生产许可证件及适航证件为主要管理内容。持续适航规章,是工作依据和基本准则。持续适航体系的任务是收集报告信息,主要包括对航空器持续适航造成或可能造成不利影响的故障、失效、缺陷和其他事件的资料;判定不安全状态,评估分析信息,判定飞机是否处于不安全的状态,并确定飞机不安全状态改正的期限;进行工程调查,对事件根原因和促使原因进行必要的调查和分析;制订改正措施,将适航风险水平控制在可接受的范围内;发布相应资料,主要包括服务通告、持续适航文件修订;向局方报告不安全状态,并向局方提供相关的资料;为标准规范的修订、不安全设计特征的识别、适航符合性方法的确定、设计更改方案的评估、事件/事故调查的支援等提供重要的输入等。

持续适航管理主要是指一种基于结构化风险评估方法的主动风险管理体系,通过对不利于运行安全的信息进行全面收集、分析和评估来精确地判定实际的适航风险水平,并在此基础上决定是否采取必要的措施,不断地提高飞机的安全性和可靠性,使其能始终处于安全运行状态(或持续适航状态)。为确保 ARJ21－700 飞机交付之时能够持续安全运行,中国商飞公司总部适航管理部牵头,以上飞院为主,协同客服中心和制造中心,开展持续适航体系的规划和建设工作。

1) 持续适航体系建设总体规划技术方案研究

(1) 持续适航体系建设的意义。

国际民航组织(ICAO)公约附件及其适航手册中要求型号合格证持有人建立一个体系,用于收集、分析不利于飞机持续适航的信息,并制订必要的措施;规定了持证人对其航空器故障、失效和缺陷的报告要求,并要求在规定的时限内采取改正措施。及时正确分析这些信息并视情采取纠正措施是保持航空器适航安全风险水平的有效方法。

特定型号的航空器和产品由于在标准制定或标准符合方面可能存在未明了的情况,同时由于设计和制造的缺陷可能引起不可预计的综合失效,以及可能存在意料之外的操作条件或者环境条件等因素,实际的适航安全风险水平可能会高于设定的标准。持续适航体系通过对相关信息的分析、评估和决策,并采取必要的纠正措施,达到识别并降低航空器适航安全风险水平的目的。

持续适航体系是型号合格证持有人能够对飞机进行持续安全评估和改进的体系保证。以空客公司为例:由持续适航体系产生的对飞机或者机队的检查、改装要求和各类限制,通过颁发服务通告(SB)作为贯彻方法之一,达到改善和提高航空器持续适航性的目的。

(2) 持续适航体系建设的目标。

通过对不利于飞机或者机队适航安全的信息进行收集,并采用适航风险分析方法来判定飞机或者机队是否处于不安全状态,当飞机或机队处于不安全状态时,为保持合理的适航风险水平而进行的一系列纠正措施(包括改进/改正),中国商飞持续适航体系建设应该达到以下目标:

a. 所有不利于飞机适航安全的信息均能够被收集和分析;

b. 所有从这些信息中总结分析的结果都能够被确认,并合适地运用到正在运行的飞机、正在生产的飞机和将来设计的飞机上;

c. 这些信息处理过程中产生的结果、决定和措施都能被记录和监控。

(3) 持续适航体系的规章依据和参考。

条例规定了持证人对其航空器故障、失效和缺陷的报告要求,并在规定的时限内采取改正措施。航空器制造人对其生产的航空器的持续适航性负有责任。型号合格证持有人需建立一个体系,用于收集、分析不利于飞机持续适航的信息,并制订必要的纠正措施。持续适航体系在建设时需参考的适航规章、适航管理程序和咨询通告,如表 14－1 所示。

表 14 - 1　持续适航体系建设规章要求和依据

序号	编　号	名　称
		适航规章
1	CCAR - 21	民用航空产品和零部件合格审定规定
2	CCAR - 39	民用航空器适航指令规定
3	CCAR - 91	一般运行和飞行规则
4	CCAR - 121	大型飞机公共航空运输承运人合格审定规则
5	CCAR - 142	飞行训练中心合格审定规则
6	CCAR - 145	民用航空器维修单位合格审定规定
7	CCAR - 147	民用航空器维修培训机构合格审定规定
8	CCAR - 396	民用航空安全信息管理规定
		适航管理程序
9	AP - 21 - 02	关于国产民用航空产品服务通告管理规定
10	AP - 21 - 03	型号合格审定程序
11	AP - 39 - 01	适航指令的颁发和管理程序
		咨询通告
12	AC - 91 - 10	国内新型航空器投入运行前的评审要求
13	AC - 91 - 11	航空器的持续适航文件要求
14	AC - 121/135 - 49	民用航空器主最低设备清单、最低设备清单的制定和批准
15	AC - 121 - 53	民用航空器维修方案
16	AC - 121 - 54	可靠性方案
17	AC - 121 - 55	航空器的修理和改装
18	AC - 121 - 59	航空器维修记录和档案
19	AC - 121 - 60	民用航空器使用困难报告和调查
20	AC - 121 - 64	质量管理系统
21	AC - 121 - 65	航空器结构持续完整性大纲
22	AC - 121 - 66	维修计划和控制
23	AC - 121/135 - 67	维修审查委员会和维修审查会员会报告

（4）持续适航体系的建设理念。

航空器适航风险水平的主动控制是指对危险及威胁到航空器运营安全的后续风险进行主动识别、评估和消除或将之降低至可接受风险水平的过程。这种主动性通常由提前设置监控参数的方式来体现，其控制时间点在事件发生之前，而被动控制通常在事件发生之后进行风险控制，即由发生的事件实现驱动。主动风险控制理念的优点是能够将风险关口提前而更能确保安全，其缺点是需要付出较多的资源投入。因此，在被动风险控制的基础上辅以主动风险控制，将能够更好地实现在适航风险水平与资源投入之间的平衡关系。

保证产品安全理念是指通过更多的资源投入确保航空器的适航风险水平能够控制在远低于可接受风险水平之下，使其风险水平的裕度足够大，最大限度保证产品安全。对于刚进入民机领域的中国商飞公司来说，这一理念应是合适的，即"先确保型号成功，再确保商业成功"的两步走模式。

为了实现这一理念，除了采用前述的主动风险控制之外，还在适航风险水平的评估与处理原则方面进行体现，即：①无论是定性或者定量风险评估，所给出的结果应具有较大保守性；②对于可容忍风险，将强烈建议采取纠正措施，使其恢复到可接受风险水平；③对于不可接受风险，采取的强制性纠正措施应能够使其恢复到可接受风险水平，而不是可容忍风险水平。

（5）持续适航体系工作任务及要求研究。

鉴于中国商飞持续适航体系目前的组织架构以及 CAAC 局方适航管理机构的特点，中国商飞可适当借鉴空客的持续适航体系的架构。根据第 3.5 节符合性方法的研究，可将持续适航体系的工作任务划分为信息输入、信息分析与评估、措施的制订与管理以及信息、咨询的输出几大模块，如图 14－4 所示。

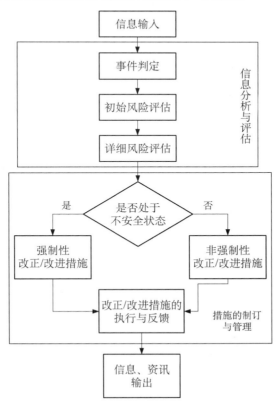

图 14－4 持续适航体系工作模块

　　持续适航体系的输入是持续适航体系建设的一个重要的组成部分,中国商飞应建立信息收集系统,确保能及时、全面收集与安全和飞机适航相关的信息。经过统计分析信息的收集主要来源于 3 个方面,来自制造商内部、外部以及民航主管适航部门发布的信息。这些信息主要包括对航空器持续适航造成或可能造成不利影响的故障、失效、缺陷和其他事件的资料。需要明确的是,运营过程中的飞行信息是巨大的,对于监控何种数据或信息,以及设定相关参数,即监控参数也是在体系建设过程中需要研究清楚的。

　　中国商飞的设计、制造和客户服务以及质量和供应商管理等单位或部门按要求对信息数据进行分析、调查和技术支持,持续适航体系管理机构作出决策和建议,并进行安全适航风险管理,这一过程包括对信息进行判定(是否为持续适航体系范畴内的事件)、对原因进行调查,对其风险进行评估以及不安全状态的确定。针对判定出的每个"导致不安全状态的事件"必须制订相应的改正/改进措施,改正/改进措施的时间限制应该满足可接受的适航风险水平的要求,改正措施应该通过持证人持续适航体系的管理机构批准或者确认。判定为"导致非不安全状态的事件",为了防止或避免该事件再次发生,型号合格证持有人可以根据实际情况制订相应的改正/改进措施,改正/改进措施应该通过持证人持续适航体系的管理机构批准或者确认。改正措施制订后,要确保改正措施在规定的时间内正确实施并能达到预期效果,则需针对改正措施的发布、跟踪监控和评估进行管理,保证改正措施能正确有效实施。经批准或者确认的改正或改进措施的发布记录、措施的跟踪监控及评估情况都应该由规定的部门进行保存。中国商飞持续适航体系的输出贯穿于体系各项工作之中,包括向客户、维修机构、供应商等发布的对外资讯类通告,也包括向局方进行的报告。

　　2) 持续适航体系组织机构与职责体系研究

　　本文针对国外先进大型客机及支线客机制造商持续适航体系的研究,负责持续适航体系工作的机构或者组织在公司应该是独立于设计系统的,但不能脱离设计,这个特点在空客公司表现得特别明显,持续适航工作是由不同的委员会担任,但建立在设计系统的基础之上。为了达到持续适航体系的建设目标、满足持续适航体系的工作需要,中国商飞持续适航体系的组织形式可借鉴这种方法,以委员会的形式进行工作,具体架构层次,则需根据中国商飞目前的组织架构与职责确定。

　　结合中国商飞的实际情况,中国商飞持续适航体系的组织形式可设置成包括持续适航委员会及下设的各个专业委员会、相关的责任部门以及必要的设计人员、制造人员、飞行人员、运行人员、维修人员、适航人员等,持续适航体系构架,如图 14 - 5所示。

　　持续适航委员会代表型号合格证持有人全面负责组织具体型号航空器持续适

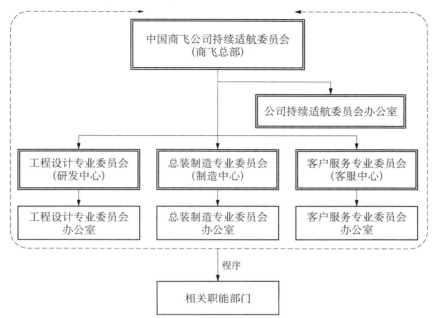

图 14－5　持续适航体系组织构架

航信息的收集、评估和决策工作,确保持续适航体系正常、高效运转。

各专业委员会是持续适航委员会的下设机构,按照持续适航委员会的授权开展工作。专业委员会的工作内容涵盖了飞机设计、制造、运行、维修等各个方面。中国商飞公司计划以三大中心行政单位为基础,在研发中心建立工程设计专业委员会,在制造中心建立总装制造专业委员会,在客服中心建立客户服务专业委员会。

持续适航委员会及各专业委员会下辖的办公室,负责委员会日常工作,各委员会之间的联络以及其他工作。持续适航委员会办公室是中国商飞公司持续适航体系与适航当局的唯一正式接口。

3) 持续适航体系接口关系研究

(1) 体系内部接口关系。

风险评估所得结果为事件的风险水平,分为绿色、黄色和红色 3 个等级,依次递增严重性。绿色代表风险水平处于可接受范围之内,对此类事件进行关注,但无需做进一步分析;黄色代表风险水平处于可容忍范围内,需要对事件进一步分析,是否为潜在危险源;红色代表风险水平处于不可接受范围之内,必须采取进一步干预行动来消除相关风险源,或控制可能导致更大风险的因素。

通过研究,风险水平为红色的事件一定会呈现为不安全状态,是需要出台强制性改正措施,同时,局方要出台相应的适航指令,要求相关方实施。黄色事件为非不安全状态事件,可能需要出台改正/改进措施(非强制性改正措施)。由此看来,风险评估的结果是不安全状态确定的输入,也进一步决定改正措施的性质。

风险评估分为初始风险评估和详细风险评估,在信息量不足的情况下,初始风险评估的工作可以仅针对事件的表面现象进行分析评估,而详细风险评估是针对事件的根原因进行分析的。初步风险评估的结果是工程调查的输入,也可作为工程调查启动的条件(绿色事件无需工程调查),工程调查作为调查事件根原因的工作,是详细风险评估工作的输入。所以,风险评估和工程调查之间是一个相互迭代的关系。

(2) 体系外部接口关系。

持续适航体系是设计保证体系的重要组成部分。初始适航阶段按各自工作内容同步开展工作,TC 结束、飞机交付运行后,相关工作转入持续适航工作程序。初始适航阶段承担型号项目设计、试验、试飞、制造、客服、适航等方面的技术工作和工程技术管理的总设计师系统,在持续适航阶段是持续适航体系技术手段(技术能力、专家团队、试验验证设施、从事主要技术分析工作)的主要依托,也是改正/改进措施的主要制定者。

工程技术支援体系为持续适航体系运转的业务接口,需要对持续适航工作中运行/维修信息和监控信息负责,为持续适航体系提供输入和输出接口,既是在役信息导入持续适航体系的主要渠道,也是持续适航体系向客户发布改正/改进措施的法定渠道;此外,提供持续适航过程中需要的技术支援,包括数据和专业人员方面。两个体系之间的协调工作应具有相应的工作方式、信息沟通机制和问题解决机制。

质量管理体系对于持续适航体系的支持表现在两个方面。一方面质量管理体系应负责:持续适航体系文件的发布与管理;对与质量体系相关的文件需进行会签;监控持续适航体系运转是否符合规定程序及规范。另一方面,质量管理体系作为业务接口需要负责收集与持续适航相关的质量信息。

项目管理部负责中国商飞持续适航体系相关计划的编制与下达、组织实施与考核。持续适航关键工作大部分会通过会议的形式进行决定,包括持续适航管理机构会议和与局方开展的持续适航审查会议,会议确定的行动项目以会议纪要的形式提交给项目管理部,由项目管理部下发给相应责任单位/部门执行并考核。

项目管理部负责中国商飞持续适航体系相关计划的编制与下达、组织实施与考核。持续适航关键工作大部分会通过会议的形式进行决定,包括持续适航管理机构会议和与局方开展的持续适航审查会议,会议确定的行动项目以会议纪要的形式提交给项目管理部,由项目管理部下发给相应责任单位/部门执行并考核。

(3) 各个中心与持续适航体系之间的关系(见表 14 - 2)。

表 14－2 各个中心与持续适航体系关系表

序号	单位	职　能
1	持续适航机构	（1）收到事件信息，组织专家分析调查 （2）根据规章要求，向适航当局报告 （3）给出"适航"要求 （4）输出任务并接受反馈，事件归零 （5）跟踪、评审持续适航体系运行有效性 （6）技术进步
2	客服中心	（1）组织抢修飞机 （2）向持续适航办公室报告信息 （3）对于持续适航体系相关工作（工程调查、风险评估等）给予技术支持 （4）根据持续适航体系输出任务开展工作（采取纠正措施，可以借助公司其他业务资源）
3	研发中心	（1）参与抢修飞机，解决重大技术问题 （2）向持续适航委员会办公室报告信息 （3）根据持续适航体系输出任务开展工作（采取纠正措施，可以借助公司其他业务资源）
4	制造中心	（1）参与抢修飞机 （2）向持续适航办公室报告信息 （3）对于持续适航体系相关工作（工程调查、风险评估等）给予技术支持 （4）根据持续适航体系输出任务开展工作（采取纠正措施，可以借助公司其他业务资源）

4）持续适航体系程序、标准与方法研究

（1）持续适航体系程序、标准与方法研究与制定的意义。

持续适航体系的管理主要涉及工程、制造、运行和维修各相关领域。整个体系可以确保任何可能导致潜在影响安全的事件都能够被收集；确保对于这些事件有一个完整的分析过程，在防止事故发生时，考虑工程、制造、运行和维修各相关领域的影响因素；确保发布和验证正确的建议，执行制订好的纠正措施，以达到保持或提高航空器适航性的目标。这个过程不仅从技术方面进行深入的研究，如标准、持续安全评估方法、体系工作流程等内容，并且从管理方面，不仅设置高级别的委员会并规定了职责，而且对企业内部程序的编制等给予足够的重视。这充分表明持续适航体系在整个公司中的必要性和重要性，是大型民用航空器制造厂商获得型号设计合格证之后，为保持其航空器持续的适航所需的关键。

根据符合性方法研究所述，要求所有型号合格证持有人必须编制经局方批准并满足本咨询通告要求的持续适航体系管理手册，说明持续适航体系的组成、程序、标准和方法。持续适航体系管理手册的批准表明型号合格证持有人建立了其满足本咨询通告要求的持续适航体系。

通过对持续适航体系的目标、原则、意义及工作任务和内容进行系统化的梳理，规划持续适航体系的总体方案，包括其相应的理念、标准、技术、方法和流程，组建相应的组织机构，规定相应职责等，在此基础上，制定编写《型号合格证持有人持续适航体系管理手册编写》，目的是为运输类飞机型号合格持有人提供通用要求和技术指导，这不仅仅为中国商飞编写管理手册提供输入，对其他主机厂也有很大的借鉴作用。

（2）持续适航体系工作流程。

鉴于中国商飞持续适航体系目前的组织架构以及 CAAC 局方适航管理机构的特点，中国商飞可适当借鉴空客的持续适航体系的架构。图 14-8 是基于中国商飞公司持续适航体系的组织架构以及持续适航体系工作任务的要求，给出公司持续适航的工作流程简图。

根据流程简图，整个持续适航体系的工作流程主要分为信息收集、事件判定、CCAR21.8 事件的判定、事件风险评估、工程调查、不安全状态判定、改正/改进措施的判定以及事件报告几个方面。

（3）持续适航体系的标准。

通过对持续适航文件及其指南材料的对比分析研究，参考中国商飞公司持续适航体系建设方案要求等，对信息和事件这两个术语的内涵进行了明确，以确保公司持续适航工作流程中的工作界面更为清晰。体系文件中所提到的信息（event），泛指在航空器的设计、制造、使用或维护过程中，发生或发现的所有影响或可能影响航空器适航、安全的各类失效、故障、缺陷、超出技术限制或偏离等情况。事件（occurrence），则是指影响或者可能影响航空器安全运行的信息。基于持续适航信息可能对航空器安全运行造成的影响或潜在影响，以及类似航空器的运行经验，为中国商飞持续适航工作中的事件判定提出了如下的事件判定基本原则：①对于符合下列要求的信息数据应该将其判定为事件，并按事件分析要求进行分析：航空器运行中威胁或可能威胁航空器安全运行的事故征候、故障、缺陷或超出技术限制的信息；产品、零部件和设备的设计中导致或者可能导致不安全状态的失效、故障、缺陷或其他信息；产品、零部件和设备制造中可能导致不安全状态的偏离的信息；产品、零部件和设备维修中威胁或可能威胁航空器安全的信息。②飞机的故障、失效和缺陷造成符合规定的情形时，应该将其判定为事件。

（4）持续适航体系风险评估方法。

民用航空器虽然经过型号审定，取得相应的证书。但由于在标准制定或标准符合方面可能存在未知的变化，或者由于设计缺陷和制造缺陷可能引起不可预计的综合失效以及可能存在意料之外的运行状况或者环境条件等，导致在其使用过程中，会遇到各种各样的故障或失效情况。航空运行人应当向局方和生产商报告各种故障和失效情况。局方和生产商对收集到的各种失效状况进行分析，来判断该飞机或

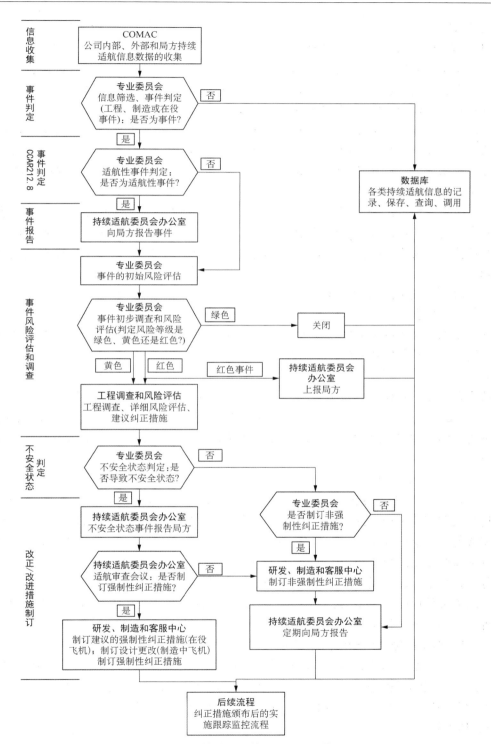

图 14-6 持续适航体系工作流程简图

该型机队是否存在不安全状况。如果存在,则必须采取纠正措施,在规定的时间限制内,完成相应的纠正措施,使该飞机或该型机队恢复到应有的适航安全水平。

风险评估是从危险事件发生的可能性以及后果来评定系统、分系统或设备的预计损失和措施的有效性。在民用飞机持续适航阶段,飞机或零部件发生失效、故障或缺陷在服役中被实际观察到后才成为事件。通过风险评估可以确定事件的发生概率以及事件导致后果的严重性,判断事件对飞机造成的影响是否超出规定的适航风险水平,并可为风险缓解措施和改正措施提供决策支持。风险越高,就需要在较短的时间内采取纠正措施;风险越低,可以允许在相对较长的时间内采取纠正措施。

风险评估可以分为定性和定量的方法,但这两种方法都需要确定事件的严重度和事件发生的可能性。需要指出的是,在事件的严重度和事件发生的可能性之间存在反比例的关系,因此,为保证安全性,事件严重度等级越高,则其发生概率就应该越低。

5) 持续适航体系建设研究对适航当局政策法规制定的推动

(1) 概述。

中国商飞持续适航体系建设之初,中国适航当局正在针对国产民用航空器的持续适航工作进行实践和探索,并编写了《型号合格证持有人持续适航体系的要求(草案)》,给类似于中国商飞这样的国内制造商用于建设持续适航体系提供指导。中国商飞在持续适航体系建设研究中,很大程度上参考了这份草案所提供的符合性方法,但是在建设实施过程中,通过实践和探索,发现了不符合实际的情况,双方就持续适航体系的建设进行多次了充分的沟通和交流,促进了双方体系某些方面认知理解上的深入。

a. 组织机构的演变

在建设初期,局方仅要求型号合格证持有人建立持续适航体系管理机构,研究过程发现仅建设相应的组织机构是不够的,还需要这个组织机构符合企业状况,能完成持续适航各项工作。中国商飞根据自身情况和资源,建立了基于强矩阵型的持续适航体系组织机构与职责体系,与中国商飞公司的目前组织形式协调一致,可充分发挥各项资源力量,经过实践表明这一形式符合目前的工作模式。之后,局方在其政策文件中完善关于"组织机构"一项要求,允许其持续适航体系组织机构的建设可设置为总分之机构。

b. 纠正措施时间期限的指导原则

在参考之前的基础上,中国商飞针对纠正措施时间期限进行了深入研究,并通过运行的实际操作进行了检验。针对这一问题,在双方的交流过程中建议局方增加了两个纠正措施时间期限的指导原则,从而有助于根据实际情况合理调整时间期限,具体如下:

需要强调的是,《型号合格证持有人持续适航体系的要求》中所给出的方法能够给出一个理论上的最大符合性时间数据。在建立影响因素的时候,大量的工程判断仍然是必须的,而且最终确定可能仍需要根据非数据的考虑进行调整,但推荐的这个方法至少能提供一个理性的始发点。若可以更快地完成改正/改进措施而不会带来非常高昂的费用或者需要中断使用飞机,应缩短时限。

c. 体系内各个接口关系

在体系工作流程的研究过程中,双方对风险评估与工程调查、风险评估与不安全状态的确定以及措施方案的制订之间的关系不是特别明确,经过多次探讨以及实践研究,双方对这些关系有了充分认识,进一步明确这些关系中的输入、输出。同时,局方将其体现在自己的政策文件中。

通过持续适航体系运行的实践,验证了持续适航体系建设的合理性,同时也为局方制定持续适航体系的政策法规提供了真实案例,在一定程度上推动了局方政策法规的完善。

（2）最终符合性方法的形成。

在体系研究和建设过程中,经过双方多次沟通和充分交流,详细制订并完善了各类事件的判定要求及其标准、风险水平评估分析、纠正措施颁布后的管理以及服务通告、适航指令等的持续适航管理工作流程,并在一定程度上跟管理当局达成了一致意见。在此基础上,管理当局针对持续适航工作进行了整理和完善,形成了《型号合格证持有人持续适航体系的要求（征求意见稿）》,给出了持续适航体系建设所需的工作原则、要素和方式,最终确定了体系建设的符合性方法。

6）主要成果

通过开展民用运输类飞机持续适航体系建设研究,建立一套完善的、适用于中国商飞公司的持续适航体系,不仅能够解决即将交付使用的ARJ21－700飞机持续安全保障能力问题,履行型号合格证持有人的持续适航责任,实现国际市场竞争力的提升,而且能够引领国内其他航空器制造商转变认识观念,推动国内民机产业链的持续适航建设,提升国产民机的持续适航保障能力。

（1）首次以主动风险控制为核心,以保证产品安全为目的,创建了一整套科学、完整、系统化的国内民用运输类飞机持续适航体系,初步形成中国商飞公司民机持续安全的保障能力,填补了国内空白,接近国际先进水平。

（2）建立了满足适航规章要求的程序、标准、方法和工具,形成了一套判定与控制航空器适航风险水平的科学分析方法,奠定了中国商飞公司持续适航体系有效运行的技术基础,初步搭建提升国产民机全寿命周期安全性/适航性的技术方法与途径。

（3）在把控中国商飞公司组织机构特征的基础上,借鉴国外先进民机制造商持续适航工作模式,创建基于强矩阵型的组织机构与职责体系,编制形成一系列完整合理的、适应中国商飞公司管理模式的管理手册及程序文件,为提高中国商飞公司资源利用率和持续适航体系运转效率奠定基础。

(4) 中国商飞公司持续适航体系的建设是构建国产民机持续适航体系全新运作模式的前瞻性探索,为国内民机制造商保障国产民机投入航线运营的持续适航能力创建了一套可持续改进的工作方法与程序,为局方制定持续适航体系的政策法规提供真实案例、加快了制定进程。

此项目的研究成果已成功应用于 ARJ21-700 飞机型号项目,在这两年多的时间里,取得了诸多成效,得到公司领导与中国适航当局的充分认可与肯定。目前,虽未能有效地反映出其经济效益,但根据国外先进航空器制造商因持续适航保障能力到位而获得的巨大商业成功经验来看,本项目研究成果所产生的经济效益将在未来飞机投入运营后逐步显现,且会以指数级方式实现效益增长,因此效益是巨大的、难以估量的。此外,在社会效益方面,本项目的研究成果对中国商飞公司本身、国内民机行业以及中国适航当局都有着巨大影响。鉴于目前良好的应用成效,本项目的研究成果将在适当优化的基础上应用于大型客机项目中,未来将推广至更多型号项目。此外,可将此研究成果进行提炼,成为国家层面相关技术规范的支撑性材料,为国内整个民机行业的持续适航保障能力奠定技术基础。可进一步将此研究成果扩展应用于军用航空领域,甚至对那些具有高度复杂系统特性、强调安全性的其他行业领域也有借鉴意义。

7) 中国商飞公司持续适航体系建设过程经验回顾

在各方的支持下,持续适航体系建设工作进展顺利,完成了体系的顶层建设,编制了体系运行程序文件及相关标准和方法,初步具备体系运转条件,同时通过运行过程中的持续改进,构建完善的持续适航体系和相应的核心技术能力。但是,持续适航体系在国内是首次建立,必然会遇到一些问题和困难,如经验数据库积累,专家队伍建设,验证设施建设等还需要我们通过长期艰苦的努力加以解决。针对中国商飞公司持续适航体系建设过程中所采取的总体思路、技术路线、项目管理等方面,总结归纳此探索过程的得失以及对民机产业链中相关方的行业影响情况。

目前,我国民航适航管理当局正在针对国产民用航空器的持续适航工作进行实践和探索,这些工作对确保我国民航的持续运行安全起到关键作用。中国商飞作为国内首家建立持续适航体系的型号合格证持有人,在体系建设过程中,与局方进行充分的沟通和交流,促进双方在体系认知的深入理解,中国商飞持续适航体系的建立也为局方制定持续适航体系的政策法规提供真实案例、加快了制定进程。同时,持续适航体系的工作也会促进民航当局适航规章的修订工作,为民用飞机设计技术的发展贡献力量。

此外,中国商飞公司持续适航体系的建设在参考国外模式的基础上,根据中国商飞的特点构建国产民机持续适航体系全新运作模式的前瞻性探索,形成了相应的研究报告和《型号合格证持有人持续适航体系管理手册编写指南》，并创建一套可持续改进的工作方法与程序，为国产民机制造商保障国产民机投入航线运营的持续适航能力提供了基础。

在建设过程中，不可避免地碰到了一些困难和问题，很多都进行了解决，还有一些如能力建设等，需要通过长期艰苦的努力加以解决，这也在另一方面提供了参考经验，在持续适航体系的建设过程中应该注意的问题：

（1）国外先进民机制造商的持续适航体系已经较为成熟，在持续适航体系建设过程中可进行多方面借鉴，比如理念、技术层面，但在工作模式方面应更多结合企业自身状况进行适当调整，切忌生搬硬套。

（2）型号合格证持有人的持续适航体系仅是适航当局、制造商、运营以及维修机构的关键一环，为了更好地保障产品的持续安全运行，在与其他相关方进行流程对接时，应在理念与技术方面实现有效对接，从而共同驱动持续适航体系的有效运转。

（3）工程数据库、风险评估团队专业能力以及工程调查技术保障能力是持续适航体系的三大核心技术能力体现，其建设周期长、投入资源多且成效缓慢的特征符合科学发展规律，应坚定不移地持续建设，且尽量提前启动规划与建设。

（4）应深刻理解"初始适航是持续适航的基础，持续适航是初始适航的延续与完善"，持续适航体系建设中的诸多技术内容传承于初始适航，比如支持风险评估的分析方法、工具以及标准等。

（5）持续适航体系的经济效益通常不会在短时间内得以体现，需要从长远利益来着眼该体系所带来的无形而巨大的综合收益。

"初始适航是持续适航的基础，持续适航是初始适航的延续与完善"，持续适航体系建设中的诸多技术内容传承于初始适航，持续适航体系的经济效益通常不会在短时间内得以体现，需要从长远利益来着眼该体系所带来的无形而巨大的综合收益。

15　经验总结与未来展望

15.1　经验总结

ARJ21-700飞机的项目管理工作随着设计研发、试飞、取证、交付运营的过程不断改进完善,在项目管理基本理论的基础上形成了商飞特色的项目管理的核心原则,具体如下:

(1) 项目管理应充分利用批准的资源,在预定的时间内达到项目目标。

(2) 产品指标的确定应可追溯到客户要求,应能满足市场需求,为公司带来经济效益。

(3) 应明确定义项目范围,并进行有效管理。

(4) 项目团队必须满足产品全生命周期的要求,并具有弹性,以达到各阶段所需的功能。

(5) 根据项目里程碑计划,制定项目计划并进行有效管理。

(6) 在转阶段过程中,应对飞机的技术指标、经济性指标等进行全面评估。

(7) 项目变更应受控。

(8) 项目成本管理应覆盖产品实现全方位、全过程、严格控制项目成本。

(9) 项目质量管理遵守公司质量管理体系要求,明确项目管理质量责任,并接受独立的质量监控。

(10) 产品及其实现过程应满足适航规章和程序的要求,并表明符合性。

(11) 应开展分级的项目风险管理,使风险处于可控状态。

(12) 应在项目批准的资源内提出项目研制各阶段的资源需求和管理方案,合理配置,高效使用资源。

(13) 项目实施应保证充分且必要的沟通,确保信息准确、及时、有效。

(14) 基于企业发展战略和项目目标,确定造/买决策和供应商合作策略,制定项目供应商管理方案,构建增值的供应链。

(15) 项目的经验总结要得到有效的固化和传承。

以上这些宝贵经验,无一不是来自切实的型号项目管理工作,其中包含着所有项目管理人员的智慧结晶,是对真实经验的高度概括总结,不仅适用于商飞在研所有机型的项目管理工作,也适用于其他工程的项目管理。

15.2　未来展望

无论是近些年国家发展的趋势,还是中国商飞型号研制的合作模式,都可以看出在未来越来越多的国际化合作已是必然。在此情况下,项目管理的国际化融合将是未来发展的主要挑战,国际项目协同管理将占据主导。面对如此现状,我们需要转变观念,以市场为导向,转换经营模式,全面增进国际化合作,增强应变能力勇于进取,在竞争中学会生存,在拼搏中寻求发展。

此外,项目管理对信息化的需求也日益增高。知识共享、信息共享乃至解决方案全球共同参与已经是当下时代发展的成果。网络化、虚拟化和远程办公都将在不远的未来实现。对于商飞的项目管理工作,这也是优化、简便管理,创建便捷办公的新趋势。

无论是机遇还是挑战,中国商飞的项目管理工作都会不断发展,保障型号工作高效、合理、全面推进,为了中国大飞机翱翔蓝天而不懈努力。

参 考 文 献

［1］ 张辉.我国大型民用飞机产业发展战略研究［D］.上海：上海交通大学,2008.

［2］ 程铁信,霍吉栋,刘源张.项目管理发展评述［J］.管理评论,2004,02(2)：59－62.

［3］ 王健,刘尔烈,骆刚.工程项目管理中工期-成本-质量综合均衡优化［J］.系统工程学报,
2004,02：148－153.

［4］ 张卫国.浅谈民用飞机客户服务［J］.中国科技信息,2008,22(22)：203－205.

［5］ 何哲.大型飞机项目风险管理研究［D］.上海：上海交通大学,2009.

［6］ 卢游杰.现代项目管理学［M］.北京：北京首都经济贸易大学出版社,2004.

［7］ 毕星,翟丽.项目管理［M］.上海：上海复旦大学出版社,2000.

［8］ 戚安邦.项目管理学［M］.天津：南开大学出版社,2003.

［9］ 赵越让.适航理念与原则［M］.上海：上海交通大学出版社,2013.

［10］ 航空器型号合格审定程序(AP－21－AA－2011－03－R4)［S］.中国民用航空局航空器适航
审定司,2011.

［11］ 杰克·克多詹姆斯,P.克莱门斯.成功的项目管理［M］.北京：机械工业出版社,1999,
232－233.

［12］ 威廉丁·史蒂文森.蓝海战略：生产与运作管理［M］.北京：机械工业出版社,2000.

［13］ 美项目管理协会.项目管理知识体系指南［M］.北京：电子工业出版社,2007.

［14］ 中国项目管理研究委员会.中国项目管理知识体系与国际项目管理专业资质认证标准［M］.
北京：机械工业出版社,2004.

［15］ 斯蒂芬·罗宾斯.管理学［M］.北京：中国人民大学出版社,1984.

［16］ 白思俊.现代项目管理(上、中、下)［M］.北京：机械工业出版社,2003.

［17］ 王文信.生产计划管理实务［M］.厦门：厦门大学出版社,2005.

［18］ 胡振华.工程项目管理［M］.长沙：湖南人民出版社,2001.

［19］ 王鹏.工程项目风险管理理论的演进［J］.西北工业大学学报.2004,24(4)：42－45.

［20］ 卢有杰,卢家仪.项目风险管理［M］.北京：清华大学出版社,199.

［21］ 白思俊.现代项目管理概念［M］.北京：电子工业出版社,2006.

［22］ 浦传彬.新机试飞的特点、规律和经验［J］.民用飞机设计与研究,2000,04：1－3.

［23］ 戴鑫.关于我国大型飞机试飞测试的一些探讨［J］.科技致富向导,2014(15).

[24] 袁冲,修忠信,田海玲,等.民用飞机试飞规划与管理技术研究[J].民用飞机设计与研究, 2014,3：1-4.

[25] 刘义虎.民机试飞管理与优化系统的设计与实现[D].南京：南京航空航天大学,2013.

[26] 李丽.我国工程项目进度管理研究综述[J].科学之友,2011,02(1)：71-72.

[27] 杨红霞.项目进度管理方法研究[J].山西建筑,2010,36(29)：208-209.

[28] 龙益.航空产品项目运行进度控制研究[D].西安：西北工业大学,2004.

[29] 江红雨.飞机研制项目进度风险分析及控制研究[D].西安：电子科技大学,2009.

[30] 袁家军,王卫东,欧立雄.神舟项目管理成熟度模型的建立和应用[J].航天器工程,2007,16 (1)：1-9.

[31] 袁家军.神舟飞船系统工程管理[M].北京：机械工业出版社,2006.

[32] 郭宝柱.中国航天系统工程方法与实践[J].复杂系统与复杂性科学,2004,1(2)：16-19.

[33] 王珉,周斌,杨菊芳,等.CMM在软件测试和试验项目中的应用[J].计算机工程与应用, 2005,41(34)：213-216.

[34] 朱光明,刘福华,段刚.直升机试飞试验管理和数据处理软件系统架构探讨[C].2006年航空 试验测试技术学术交流会,2006：16-17.

[35] 黄明石,郑权.飞行试验管理系统的设计与软件实现[J].飞行力学,2000,4(04)：14-16.

[36] 吕青松.飞机燃油系统试验台数据采集与管理系统设计与实现[D].南京：南京航空航天大 学,2014.

[37] 冯力飞.民用飞机验证试验过程中的构型管理研究[J].科技信息,2012,12(12)：381-382.

[38] 胡红东,孙树栋.大型飞机结构试验项目的实施阶段风险管理研究[J].航空工程进展,2010, 3(3)：306-310.

[39] 汤波.高速扩张背景下我国航空公司风险管理研究[D].济南：山东师范大学,2012.

[40] 池宏,宋志勇,计雷.航空安全风险管理实践[J].科技促进发展,2012,03：16-20.

[41] 岳仁田,尹小贝,白福利.航空安全风险管理模式探讨[J].中国安全生产科学技术,2007,02： 118-120.

[42] 赵慧娟.供应链管理中供应商选择的研究与应用[D].济南：山东科技大学,2003.

[43] 袁文峰.大型客机项目供应商管理若干关键问题研究[D].南京：南京航空航天大学,2013.

[44] 范艳清,江元英,张仁兴.美欧大型航空航天企业供应商质量管理的经验与启示[J].质量与 可靠性,2010,05：49-52.

[45] 余立功,王强,陈纯.科研软件项目中引入CMM的研究[C].全国第16届计算机科学与技术 应用(CACIS)学术会议论文集,2004.

[46] 刘寅斌,刘杰.基于CMM的企业信息化价值评估模型研究[C].2004计算机应用技术交流 会议论文集,2004.

[47] 美国项目管理协会.项目管理知识体系指南[M].北京：电子工业出版社,2004.

[48] 威索基.麦加里,等.有效的项目管理[M].费琳,等译.北京：电子工业出版社,2004.

[49] 刘国靖,邓韬.21世纪新项目管理[M].北京：清华大学出版社,2003.

[50] 郭俊.工程项目风险管理理论与方法研究[D].武汉：武汉大学,2005.

[51] 王东.国外风险管理理论研究综述[J].金融发展研究,2011,02：23-27.

［52］卢新来，丁常宏，任长伟，等．民用飞机研制项目风险管理研究与应用［J］．航空科学技术，2015，01：55－60．

［53］孙鑫，赵世伟．民机试飞项目管理现状及新技术影响研究［J］．科技创新导报，2015，01：180－181．

［54］李娟妮，张超．某型民用飞机试飞现状及思考［J］．民用飞机设计与研究，2013，04（04）：68－70．

［55］孙健，霍培锋．大型飞机试飞测试现状与对策［J］．测控技术，2007，3（3）：19－21．

［56］袁冲，修忠信，田海玲，等．民用飞机试飞规划与管理技术研究［J］．民用飞机设计与研究，2014，3：1－4．

［57］刘义虎．民机试飞管理与优化系统的设计与实现［D］．南京：南京航空航天大学，2013．

［58］中华人民共和国民用航空器适航管理条例［S］．民航总局，1987．

［59］王立新．适航性条例、飞行品质规范和设计准则［J］．飞行力学，2000，18（2）：1－4．

［60］FAA 的持续适航要求．CAAC 和波音公司培训教材［R］．2000，4：42－49．

［61］《民用飞机适航管理》编辑委员会．民用飞机适航管理［M］．北京：国防工业出版社，1991．

索　引

大飞机出版工程
书　目

一期书目（已出版）

《超声速飞机空气动力学和飞行力学》（译著）

《大型客机计算流体力学应用与发展》

《民用飞机总体设计》

《飞机飞行手册》（译著）

《运输类飞机的空气动力设计》（译著）

《雅克-42M 和雅克-242 飞机草图设计》（译著）

《飞机气动弹性力学和载荷导论》（译著）

《飞机推进》（译著）

《飞机燃油系统》（译著）

《全球航空业》（译著）

《航空发展的历程与真相》（译著）

二期书目（已出版）

《大型客机设计制造与使用经济性研究》

《飞机电气和电子系统——原理、维护和使用》（译著）

《民用飞机航空电子系统》

《非线性有限元及其在飞机结构设计中的应用》

《民用飞机复合材料结构设计与验证》

《飞机复合材料结构设计与分析》（译著）

《飞机复合材料结构强度分析》

《复合材料飞机结构强度设计与验证概论》

《复合材料连接》

《飞机结构设计与强度计算》

三期书目（已出版）

《适航理念与原则》

《适航性：航空器合格审定导论》（译著）

《民用飞机系统安全性设计与评估技术概论》

《航空发动机高温合金大型铸件精密成型技术》

《飞机材料与结构检测技术》

《民用飞机构件数控加工技术》

《民用飞机复合材料结构制造技术》

《民用飞机自动化装配系统与装备》

《复合材料连接技术》

《先进复合材料的制造工艺》(译著)

七期书目(已出版)

《支线飞机设计流程与关键技术管理》

《支线飞机验证试飞技术》

《支线飞机电传飞行控制系统研发及验证》

《支线飞机适航符合性设计与验证》

《支线飞机市场研究技术与方法》

《支线飞机设计技术实践与创新》

《支线飞机项目管理》

《支线飞机自动飞行与飞行管理设计与验证》

《支线飞机电磁环境效应设计与验证》

《支线飞机动力装置系统设计与验证》

《支线飞机强度设计与验证》

《支线飞机结构设计与验证》

《支线飞机环控系统研发与验证》

《支线飞机运行支持技术》

《ARJ21-700新支线飞机项目发展历程、探索与创新》

《飞机运行安全与事故调查技术》

《基于可靠性的飞机维修优化》

《民用飞机实时监控与健康管理》

《民用飞机工业设计的理论与实践》